研究生卓越人才教育培养系列教材

全球气候治理与合作教程

主　编　史贝贝　霍　焱

副主编　李　楠　李潇斐
　　　　李　濛　康　蓉

编　者　祝贵仪　杨亚亭
　　　　何晶怡　张天娇

西北大学出版社

·西安·

图书在版编目（CIP）数据

全球气候治理与合作教程 / 史贝贝，霍焱主编. -- 西安：西北大学出版社，2025.3. -- ISBN 978-7-5604-5644-7

Ⅰ.P467

中国国家版本馆 CIP 数据核字第 2025JD6958 号

全球气候治理与合作教程
QUANQIU QIHOU ZHILI YU HEZUO JIAOCHENG

史贝贝　霍　焱　主编

出版发行　西北大学出版社
（西北大学校内　邮编：710069　电话：029-88302621　88303593）
http://nwupress.nwu.edu.cn　E-mail: xdpress@nwu.edu.cn

经　销	全国新华书店	
印　刷	西安博睿印刷有限公司	
开　本	787 毫米×1092 毫米　1/16	
印　张	13.5	
版　次	2025 年 3 月第 1 版	
印　次	2025 年 3 月第 1 次印刷	
字　数	245 千字	
书　号	ISBN 978-7-5604-5644-7	
定　价	45.00 元	

如有印装质量问题，请拨打电话 029-88302966 予以调换。

前　言

全球气候变化已经对人类社会产生了许多负面影响，导致生态系统破坏、全球变暖、冰川融化、极端天气频发、农业减产等一系列问题，对人类的生存和发展构成严重威胁。面对日益严峻的气候威胁，气候治理已经成为国际社会共同面临的重要议题。

气候变化带来的影响是全球性的，仅靠一个国家或一个地区无法有效解决，所以不同国家和地区之间需要进行深度合作，在全球范围内采取减缓和适应措施，通过控制温室气体排放或开展各种保护行动来减少气候变化带来的负面影响。同时，全球气候治理不仅仅是一项技术问题，更是一项涉及政治、经济、社会、文化等多方面的复杂任务，这也要求全球各个国家进行深入的交流与合作，遵循平等、互利、共赢的原则，以最大的诚意和努力减少分歧、凝聚共识，共同应对气候变化带来的挑战。

开展全球气候治理与合作，可以逐步建立起有效的合作机制，为国家间开展气候治理提供平台。不同国家通过平台进行对话交流，展开多层次的国际气候合作，在全球范围内组织气候保护行动，增强应对气候变化的合力。开展全球气候治理与合作，可以促进各国之间进行信息共享和技术交流，而快速准确的信息共享可以帮助各国做出更为正确的决策，技术交流可以促进各国相互学习、相互借鉴，推动科技创新，实现各类绿色低碳技术的普及应用。开展全球气候治理与合作，可以促进各国进行资源整合，包括资金、物资和技术等资源的优化配置，实现各类资源的有效利用，为全球气候治理的进一步发展助力。

《全球气候治理与合作教程》旨在为广大读者提供一个较为全面、系统地了解全球气候治理与合作的有效途径，为读者深度掌握国际社会的气候治理和合作提供分析框架。全书共分为十一章：前三章主要介绍全球气候治理的背景，包括气候变化给人类带来的严峻挑战、全球气候治理的主要特征、全球气候变化带来的灾害性影响以及全球气候治理的国际合作等；第四章至第九章主要介绍全球气候治理的国际体系、国际合作组织、国际合作参与者、国际合作机制、国际产业实践以及国际气候谈判；第十章讲述全球气候治理中的中国行动；第十一章对全球气候治理国际合作的发展趋势进行展望。

  本教材的特色及学术价值在于：首先，本教材聚焦国际气候治理的国际合作研究。与现有其他教材相比较，本教材基于国际气候治理的丰富经验，从国家和地区合作治理气候的视角来解析应对气候变化的策略选择和国际战略，系统阐述全球气候治理国际合作的理论机理、机制选择以及实践基础，便于读者更好地掌握目前国际气候治理的相关理论及实践。其次，本教材强化理论研究与产业实践的融合。对于国际气候的合作治理，不仅需要在理论上弄清楚合作治理的相关理论及政策指导，而且需要在实践中掌握应对气候变化的具体产业化路径。因此，本教材特将以"新能源"为代表的产业实践路径作为重点，让读者能从产业实践的角度深入理解国际气候治理合作的路径。最后，本教材凸显中国参与并引领国际气候治理的重要贡献。中国作为有担当负责任的大国，一直积极参与并引领国际社会进行气候应对与治理工作，本教材对中国参与并引领全球气候治理的贡献予以阐述，凸显中国在国际气候治理中的重要地位，同时积极落实习近平总书记关于建设具有中国特色、中国风格、中国气派的哲学社会科学的讲话精神。与国外同类教材相比较，本教材更多侧重于气候治理的国际合作，在理论和实践层面分别强化国际合作的必要性及产业实践路径，让国内读者更多地掌握全球气候治理国际合作的发展进程以及合作机制效果等内容，对读者深入理解应对气候变化中国所做的贡献具有指导意义。

本教材编写组由西北大学史贝贝副教授、李潇斐副教授、康蓉副教授、李楠博士以及隆基绿能科技股份有限公司全球品牌总经理霍焱与品牌规划总监李濛组成。具体编写分工如下：第一章和第二章由李潇斐编写；第三章由史贝贝、祝贵仪编写；第四章和第七章由李楠、杨亚亭编写；第五章和第六章由李楠、何晶怡编写；第八章由霍焱、李濛编写；第九章由康蓉编写；第十章和第十一章由史贝贝、张天娇编写。感谢教材编写组成员花费大量时间和精力对本教材进行审阅和修改，并提出非常宝贵的意见；感谢康蓉副教授为教材的编写提供大量相关的国际资料；感谢各章作者认真查阅各类资料进行编写。同时，本教材在编写过程中得到了众多专家学者的支持和帮助，在此一并致谢。当然，限于编者的研究水平和对气候治理问题的认识水平，本教材难免存在错误或不当之处，我们诚恳地欢迎同行专家和读者进行批评指正并提出宝贵建议。

最后，衷心希望本教材能够为读者在了解全球气候治理与合作方面提供有益帮助。同时，也希望通过阅读本教材，大家能够提高对气候变化问题的认识程度，达成共识，积极关注并采取行动，共同为构建人类的美好未来贡献力量！

编者
2025 年 2 月

目　录

第一章　引言 ………………………………………………………… 1
　　第一节　气候变化给人类带来的严峻挑战 ……………………… 2
　　第二节　全球气候治理的主要特征 ……………………………… 15
　　第三节　全球气候治理从科学走向政治 ………………………… 19

第二章　全球气候变化带来的灾害性影响 ………………………… 25
　　第一节　全球气候灾害的特点与防治历史进程 ………………… 26
　　第二节　全球气候变化带来的灾害性影响 ……………………… 28
　　第三节　全球气候变化给中国带来的灾害性影响 ……………… 34
　　第四节　全球气候变化带来的典型性灾害案例 ………………… 35

第三章　全球气候治理的国际合作 ………………………………… 39
　　第一节　全球气候治理概述 ……………………………………… 39
　　第二节　全球气候治理国际合作的必要性 ……………………… 45
　　第三节　全球气候治理国际合作的体系构建 …………………… 48

第四章　全球气候治理的国际体系 ………………………………… 57
　　第一节　国际合作公约框架的发展历程 ………………………… 57
　　第二节　《联合国气候变化框架公约》及相关机制 …………… 61
　　第三节　《京都议定书》及相关机制 …………………………… 66

第四节　《巴黎协定》及相关机制 ·················· 69

第五章　全球气候治理的国际合作组织 ················ 73
　　第一节　全球气候治理的国际性合作组织 ·············· 73
　　第二节　全球气候治理的区域性合作组织 ·············· 81
　　第三节　全球气候治理的非政府合作组织 ·············· 85

第六章　全球气候治理的国际合作参与者 ··············· 93
　　第一节　全球气候治理的主要参与方 ················· 93
　　第二节　全球气候治理的"伞形集团" ··············· 98
　　第三节　全球气候治理的"小岛国集团" ············· 100
　　第四节　全球气候治理的"基础四国" ··············· 103
　　第五节　全球气候治理的其他相关联盟 ··············· 105

第七章　全球气候治理的国际合作机制 ················ 107
　　第一节　全球气候治理国际合作机制的演进 ············ 107
　　第二节　全球气候治理国际合作的市场机制 ············ 110
　　第三节　全球气候治理国际合作的技术支持机制 ·········· 116
　　第四节　全球气候治理国际合作的资金支持机制 ·········· 118

第八章　全球气候治理的国际产业实践 ················ 126
　　第一节　基于控制气候变化的产业发展逻辑 ············ 126
　　第二节　气候治理环境下的国际优势产业发育 ·········· 129
　　第三节　全球气候治理过程中的能源问题 ············· 133
　　第四节　气候治理下的中国制造崛起 ················ 138

第九章　全球气候治理的国际气候谈判 ················ 144
　　第一节　国际气候谈判的内容与冲突 ················ 144

第二节　国际气候谈判的历史困局与现实困境 …………………… 150
　　第三节　国际气候谈判困局的突破 ………………………………… 154

第十章　全球气候治理中的中国行动 ……………………………… 163
　　第一节　中国参与全球气候治理的发展进程 ……………………… 163
　　第二节　中国参与全球气候治理的国际行动 ……………………… 169
　　第三节　中国参与全球气候治理的国内行动 ……………………… 173

第十一章　全球气候治理国际合作的发展趋势 …………………… 179
　　第一节　全球气候治理国际合作的新特征 ………………………… 179
　　第二节　全球气候治理国际合作的趋势 …………………………… 184
　　第三节　全球气候治理国际合作的挑战 …………………………… 191

参考文献 ……………………………………………………………… 196

第一章 引言

内容摘要

　　气候变化是决定我们这个时代生存环境的问题,而我们正处于一个决定性的时刻。气候变化在全球范围内造成了规模空前的影响,人类活动是过去 200 年来全球气候变暖的最主要原因,特别是煤炭、石油和天然气等化石燃料的燃烧。人类活动产生温室气体,导致世界气候变暖的速度比过去 2 000 年的任何阶段都要快。引起气候变化的排放物来自世界各个角落,对每个人都产生了影响。地球是一个多圈层相互联系的系统,一个地区的变化可能会引起其他所有地区的变化。现在,气候变化的后果包括极端干旱、缺水、重大火灾、海平面上升、洪水、极地冰层融化、灾难性风暴,以及生物多样性减少等。气候变化会影响我们的健康、粮食生产能力、住房、安全和工作。人类在气候变化的影响面前显得十分脆弱。在联合国的一系列报告中,数千名科学家和政府评审人一致认为,将全球温度上升限制在不超过 1.5 ℃ 将有助于我们避免最严重的气候变化影响,并保持气候宜居。然而,目前的数据表明,到 21 世纪末,气温将上升 2.8 ℃。如果现在不采取紧急行动,未来适应这些影响就会变得更加困难,成本也会更加高昂。全球气候治理面临的挑战巨大,但解决方案也很多,许多气候变化解决方案不仅可以改善我们的生活并保护环境,还可以带来经济效益。目前应采取的全球性的行动主要是减少排放、适应气候变化的影响,以及为必要的调整提供资助。全球气候治理在百年未有之大变局中占据着重要地位,也受到政治、经济、科学等多重因素的影响。目前,全球气候治理愿景明确,但模式和路径存在巨大的不确定性。我国如何在大变局中应对气候变化挑战并把握其带来的机遇,在确保我国发展道路和发展空间的同时,引导应对气候变化的国际合作并推动全球生态文明建设,需要清晰、坚定的全球气候治理长期战略。

学习目标与要求

1. 掌握气候变化的现状、主要原因和未来气候变化可能带来的风险。
2. 了解全球气候治理的主要特征。
3. 理解全球气候治理的科学性和政治性特征。

第一节 气候变化给人类带来的严峻挑战

气候变化给人类的生存和发展带来的严峻挑战，是当今世界影响最为深远的全球性问题之一。一方面，气候变化本身的影响及带来的后果非常严重；另一方面，气候变化将在一定程度上加重其他环境和社会经济问题。因此，它不仅是一个科学问题，而且是一个涵盖能源、经济、政治等方面的综合性问题，因而日益受到国际社会的重视，成为科学界和各国政府共同关心的重大问题。

地球在 46 亿年的历史中经历了多次气候的冷暖干湿变化。在古生代之前，地球经历了两次暖冷交替；古生代时期（5.7 亿年前—2.5 亿年前），石炭纪（3.58 亿年前—2.98 亿年前）和二叠纪（2.9 亿年前—2.5 亿年前）之交时气候的显著特征是寒冷；中生代时期（2.52 亿年前—6 600 万年前）气候的显著特征为温暖；新生代（6 500 万年前至今）以来，气候以逐渐变冷为显著特征，从第四纪（260 万年前至今）开始，全球气候出现了明显的冰期和间冰期交替的模式，冷暖变化幅度较大，进入全新世（1.17 万年前至今）后，地球进入了末次间冰期以来最暖的时期，气候特征是温和而稳定，尤其是中高纬度地区气候显著变暖。过去的 2 000 年是距我们最近的一段历史时期，这一时期大的地质环境（如海陆分布、海平面高度、大陆冰量、温室气体浓度等）都相当接近现代的情况。在过去的 100 年，全球范围内特别是北半球的气温持续上升，最近的 50 年特别是最近 30 年很可能是过去 2 000 年中最暖的时期，这期间气温的增暖速率是否已经超出过去千年来气候变化的最大变率是当前科学界及社会各界所关注的焦点。

自从工业革命以来，以化石燃料燃烧和土地利用变化为代表的人类活动已经大幅度增加了大气中温室气体的浓度，导致地球温室效应增强，引起全球气候变暖，对大气、海洋、冰冻圈和生物圈的影响前所未有，引发了全球许多地区的极端天气和气候极端事件。全球变暖严重影响了人类赖以生存和发展的自然生态系统及社会经济系统，从而直接影响了经济发展和社会进步，成为人类社会可持续发展的限制因素。如果人类对温室气体的排放不加以限制，那么全球变暖可能会给人类带来灾难性的后果。因此，减少温室气体排放已经成为全人类共同的呼声和愿望。减缓气候变化的根本措施是减少人为温室气体的排放源并增加温室气体的吸收，这就需要制定相关的政策并采取一系列措施，寻找有效解决气候变化问题的最佳途径。

一、气候变化的现状

2021 年政府间气候变化专门委员会（IPCC）发布的第六次气候变化评估报告（AR6）明确指出，人类活动已经造成大气、海洋和陆地变暖，大气圈、冰冻圈、海洋和生物圈发生了广泛而迅速的变化，气候系统的一些变化是不可逆的。气候系统的很多变化与日益加剧的全球变暖直接相关，给不同地区带来了多种不同的组合性变化。

直接观测到的大气圈、冰冻圈、海洋和生物圈的变化是全球变暖的明确证据。自 19 世纪后期以来，全球气候系统的许多指标发生了至少在过去 2 000 年中未有的变化。

1. 地表与大气

温度是全球气候变化最直接的指示变量。AR6 指出，19 世纪以来的全球平均地表气温已经升高是毋庸置疑的。相比 1850—1900 年，1995—2014 年全球平均地表气温增加了 0.85 ℃（0.69～0.95 ℃），21 世纪前 20 年（2001—2020 年）增加了 0.99 ℃（0.84～1.10 ℃），最近的 10 年（2011—2020 年）增加了 1.09 ℃（0.95～1.20 ℃），这 10 年比最后一次间冰期（12.5 万年前）之后的任何一个世纪都要暖，其中陆地表面气温的升幅 [1.59 ℃（1.34～1.83 ℃）] 大于海洋表面温度的升幅 [0.88 ℃（0.68～1.01 ℃）]。自 1970 年以来，全球平均地表气温的增加速度超过了过去 2 000 年中的其他任何 50 年（高信度）；自 1850 年以来，过去 40 年里的每一个 10 年都比之前的任何一个 10 年要温暖。目前，全球平均地表气温仍处于上升趋势，全球变暖并未停滞。

中国升温速率高于同期全球平均水平，是全球气候变化的敏感区。1951—2021 年，中国地表年平均气温呈显著上升趋势，升温速率为 0.26 ℃/10 a，高于同期全球平均升温水平（0.15 ℃/10 a）。近 20 年是 20 世纪以来中国最暖的时期。2021 年，中国地表平均气温较常年值偏高 0.97 ℃，为 1901 年以来的最高值。

自 20 世纪中期以来，对流层一直在变暖。比较确定的是 2001 年以来，热带对流层上层温度要比地表温度变暖的速度快（中信度），但相对 2001 年之前变化的置信度较低。几乎可以肯定的是，平流层下部自 20 世纪中期以来一直在冷却，但是大多数数据集显示平流层下部的温度自 20 世纪 90 年代中期以来已经稳定下来，在过去 20 年里没有显著变化。自 1980 年以来，平流层中上层的温度很可能已经有所下降，但其降温量级的置信度水平较低。同样可以肯定的是，对流层顶高度在 1980—2019 年期间上升了，但对于该上升高度的量级和速率的置信度并不高。

水对地球上的生命至关重要，而占总水量不到 3%的淡水更是地球上最宝贵的自然资源之一，是人类社会实现可持续发展目标的重要基础。观测显示，自 20 世纪 70 年代以来，陆地和海洋的近地表比湿很可能在增加。自 2000 年以来，全球大部分陆地地区的相对湿度很可能在下降，特别是在北半球的中纬度地区，而在北部高纬度地区，相对湿度则有所上升。具有全球代表性的直接观测数据（自 1979 年始）显示，全球总气柱水汽含量极有可能出现增加的趋势。

自 20 世纪中叶以来，全球平均陆地降水有所增加（中信度），其中北半球中高纬度陆地降水明显增加（高信度）。自 20 世纪 80 年代以来，观测到的全球陆地降水增加速率较快（中信度），但具有较大的年际变率和空间差异。受限于有限的观测和多源数据融合手段，全球海洋降水变化的估计具有很大的不确定性。

中国平均年降水量呈增加趋势，降水变化区域间差异明显。1961—2021 年，中国平均年降水量呈增加趋势，平均每 10 年增加 5.5 mm；2012 年以来年降水量持续偏多。2021 年，中国平均降水量较常年值偏多 6.7%，其中华北地区平均降水量为 1961 年以来最多，而华南地区平均降水量为近 10 年最少。

自 20 世纪 50 年代以来，全球范围内测量的河流径流在减少，而非显著增加（低信度）。整体上而言，全球河流径流的趋势具有很大的不确定性。

中国地表水资源量年际变化明显，近 20 年青海湖水位持续回升。2021 年，中国地表水资源量接近常年值略偏多；辽河、海河、黄河和淮河流域明显偏多，其中海河流域地表水资源量为 1961 年以来最多；珠江和西南诸河流域较常年值偏少。1961—2004 年，青海湖水位呈显著下降趋势；2005 年以来，青海湖水位连续 17 年回升；2021 年青海湖水位达到 3 196.51 m，已超过 20 世纪 60 年代初期的水位。

自 20 世纪 80 年代以来，哈德莱环流的范围整体上有所扩大，尤其是在北半球，但其变化的程度只有中信度。同时，哈德莱环流的强度也有所增加，特别是在北半球（中信度）。自 1980 年以来，沃克环流很可能表现出了向西移动的趋势，但受较大数据不确定性的影响；关于沃克环流强度的长期趋势估计的置信度水平较低。

观测表明，全球季风降水表现出了显著的多年代际变化特征。自 20 世纪 80 年代以来，AR5 报告的 20 世纪全球季风降水的下降态势已经逆转，即全球季风降水在增加，这可能主要是由于北半球夏季风降水的显著增加（中信度）。

自20世纪80年代以来，北半球的气旋（热带地区以外）总数可能有所增加（低信度），但夏季深厚气旋有所减少（中信度），强气旋的数量可能在南半球有所增加（中信度）。热带地区以外的急流和气旋轨迹在两个半球均向极地移动，趋势具有明显的季节性（中信度）。

自20世纪70年代以来，全球范围内的地面风速减弱现象主要发生在陆地上，尤其是在北半球。全球海洋整体风速的估计不确定性很大，但大多数数据集显示，1980—2000年及过去的40年，南大洋、北大西洋西部和热带东太平洋表面的风速有所增强。

自20世纪80年代以来，北半球平流层下部极涡可能在冬季减弱，其位置更频繁地向欧亚大陆移动。北半球冬季发生突然变暖事件趋势的置信度很低，突然变暖事件在南半球较为罕见。

2. 冰冻圈

1979—2019年，北极海冰面积在所有月份都有所下降，夏季降幅最大（很高信度）。从第一个10年到最后一个10年，北极海冰面积的年代际均值在9月从623万km^2减少到376万km^2，在3月从1452万km^2减少到1342万km^2。北极海冰正在变得更年轻、更薄、移速更快（很高信度）。北冰洋西部的海冰积雪厚度已经减少（中信度）。1979—2019年，南极海冰面积有增有减。卫星数据显示，第一个10年的年代际均值（2月为204万km^2，9月为1539万km^2）与过去几十年（2月为217万km^2，9月为1575万km^2）的南极海冰面积差异不大（高信度），但自2016年以来大幅降低。

自1978年以来，北半球春季积雪覆盖范围大幅缩小（很高信度），有部分证据表明，这种缩小可以追溯到20世纪初。自1981年以来，北半球春季雪水当量普遍下降（高信度）。

自19世纪下半叶以来，除少数个例外，世界各地的冰川都在退缩，且还在继续退缩（很高信度）。当前全球范围内的冰川物质亏损在过去的2000年中非常不寻常（几乎所有冰川同时退缩）（中信度）。冰川物质亏损率自20世纪70年代以来有所增加（高信度）。

格陵兰冰盖的物质亏损开始于1450年，自21世纪以来物质亏损率大幅增加（高信度）。1992—2020年，南极冰盖表现出物质亏损状态（很高信度），且呈现加剧亏损状态（中信度）。

过去的40年在开始有多年冻土观测数据以来，多年冻土区0~30 m深度的多年冻土温度在升高（高信度）。在19世纪中期之后，北半球永久冻土有解冻的迹象出现（中等可信度）。

我国天山乌鲁木齐河源1号冰川、阿尔泰山区木斯岛冰川、祁连山区老虎沟12号和长江源区小冬克玛底冰川均呈加速消融趋势。2021年，天山乌鲁木齐河源1号冰川东、西支末端分别退缩了 6.5 m 和 8.5 m，其中西支末端退缩距离为有观测记录以来的最大值。青藏公路沿线多年冻土呈退化趋势。1981—2021 年，青藏公路沿线多年冻土区活动层厚度呈显著增加趋势，平均每 10 年增厚 19.6 cm；2004—2021 年，活动层底部（多年冻土上限）温度呈显著上升趋势。2021 年，青藏公路沿线多年冻土区平均活动层厚度为 250 cm，是有观测记录以来的最高值。

3. 海洋

最近几十年至最近 100 年，海洋的热含量增加率比上一次冰川消退以来的任何时候都要高（中信度）。自 1871 年以来，全球海洋很可能已经变暖，这与观测到的海洋表面温度上升是一致的。几乎可以肯定的是，1971—2018 年，海洋 0~700 m 范围内的热含量有所增加，而自 2006 年以来，700~2 000 m 深的海洋热含量很可能有所增加，自 1992 年以来，2 000 m 深的海洋热含量可能有所增加。

1950 年以来，几乎可以肯定的是，近海洋表面高盐度区域的盐度增加，而低盐度区域的盐度降低，而且这种变化趋势很可能延伸到了海洋内部。纵观洋盆区域，大西洋的盐度很可能变得更高，太平洋和南大洋的盐度变得更低。高盐度和低盐度区域之间的差异与水文循环的加强有关（中信度）。

全球平均海平面正在上升，自 20 世纪以来，全球平均海平面上升的速度至少比过去 3 000 年中的任何一个世纪都要快（高信度）。自 1901 年以来，全球平均海平面以加速的速度上升了 0.20 m（0.15~0.25 m）。

我国沿海海平面变化总体呈波动上升趋势。1980—2021 年，我国沿海海平面上升速率为 3.4 mm/a，高于同期全球平均水平。2021 年，我国沿海海平面较 1993—2011 年平均值高 84 mm，为 1980 年以来最高。

大西洋经向翻转环流在过去 8 000 年相对稳定（中信度），自 19 世纪后期开始减弱（中信度），但由于缺乏直接观测，对 20 世纪大西洋经向翻转环流整体下降的置信度较低。2005—2015 年 10 年的直接观测数据表明，大西洋经向翻转环流在减弱（高信度）；在过去的 30~40 年，西部边界流强度变化较大（高信度），1993 年以来西部边界流和副热带环流向极地移动（中信度）；自 20 世纪 90 年代中期至 21 世纪早期，北冰洋与其他海洋盆地的净水量交换保持稳定（高信度）；自 20 世纪 80 年代以来，印尼贯穿流显示出强烈的多年代际尺度变异性（较高信度）。

在过去的 40 年里，几乎可以肯定的是，全球开放海洋表面的 pH 值在以每 10 年 0.003~0.026 的速度下降，在过去的 20~30 年里，所有洋盆都观察到海洋内部 pH 值的下降（高信度）。目前全球开放海洋表面的 pH 值是至少 2.6 万年以来的最低水平，至少从那时起，目前的 pH 值变化速度是前所未有的。

4. 生物圈

自 20 世纪 60 年代初以来，北半球中高纬度地区大气中二氧化碳季节周期的振幅有所增大（很高信度），观察到的增大通常与生长季节的绿化增加和高纬度地区生长时间的增加相一致，从 2009 年左右到 2018 年，大气中二氧化碳的季节振幅有所增大（低信度）；海洋生物群落中各种生物分布的纬度和深度界限正在发生变化（高信度），生态系统的物种组成正在发生变化（中信度）；叶绿素浓度在低、中纬度部分地区分别呈现弱的负、正增长趋势，在部分高纬度地区呈现弱的正增长趋势（中信度）；目前海洋初级生产力为（47±7.8）Pg C yr-1，1998—2015 年，全球海洋初级生产力出现了小幅下降，区域变化更大，甚至呈现相反的趋势（低信度）；许多海洋生物物种的各种物候指标在过去半个世纪随地点和物种发生变化（高信度），较高营养层次生物（鱼类、部分无脊椎动物、鸟类）的生存既强烈依赖于其生命周期各个阶段的食物，又反过来影响这些生物的物候指标（高信度），从物候学的角度来看，海洋生物对气候变化的不同反应可能会威胁整个生态系统的稳定和完整；至少自 20 世纪中期以来，在除北半球热带以外的大部分地区，植物生长期的时间长度已经增加（很高信度）；在过去的一个世纪里，随着物种更替速率的加快，许多陆地物种的地理范围已经向极地或高海拔地区移动了，气候带的地理分布在世界许多地区已经发生了变化（高信度）；自 20 世纪 80 年代初以来，全球绿色植被指数（绿叶面积和质量）增加了（高信度）。

我国整体的植被覆盖稳定增加，呈现变绿趋势。2000—2021 年，我国年平均归一化植被指数呈显著上升趋势。2021 年，我国平均归一化植被指数较 2001—2020 年平均值上升 7.9%，较 2016—2020 年平均值上升 2.5%，为 2 000 年以来的最高值。中国不同地区代表性植物的春季物候期均呈提前趋势，秋季物候期年际波动较大。1963—2021 年，北京站的玉兰、沈阳站的刺槐、合肥站的垂柳、桂林站的枫香树和西安站的色木槭展叶始期平均每 10 年分别提早 3.5 天、1.5 天、2.5 天、3.0 天和 2.8 天。20 世纪 70 年代以来，我国沿海地区的红树林面积总体呈先减少后增加的趋势。2020 年，我国红树林总面积基本恢复至 1980 年的水平。

二、气候变化的主因

造成气候变化既有自然原因，也有人为原因。自然原因包括太阳活动、火山活动、气候系统内部的变率等；人为原因包括人类活动导致的温室气体排放、气溶胶变化、土地利用变化等。

地球的气候一直在自然地变化着,但最近的全球变暖程度和速度都不同寻常。最近的变暖逆转了缓慢而长期的变冷趋势,现在的地球表面温度比过去几千年来都要高。基于多种证据的综合信息(包括对最近地球气候变化的直接观测,分析树木年轮、冰芯、其他关于过去气候变化的长期记录以及基于控制气候系统的基础物理计算机模拟)表明,人类活动在推动近年来气候变化方面的主导作用是显而易见的。从 IPCC 第二次评估报告到第六次评估报告,人类对最近气候变化产生影响的证据得到了加强,最新的 IPCC 第六次评估报告(AR6,2023)得出的结论是"毋庸置疑,自前工业时代以来,人类的影响已经使大气、海洋和陆地变暖"(图 1-1)。

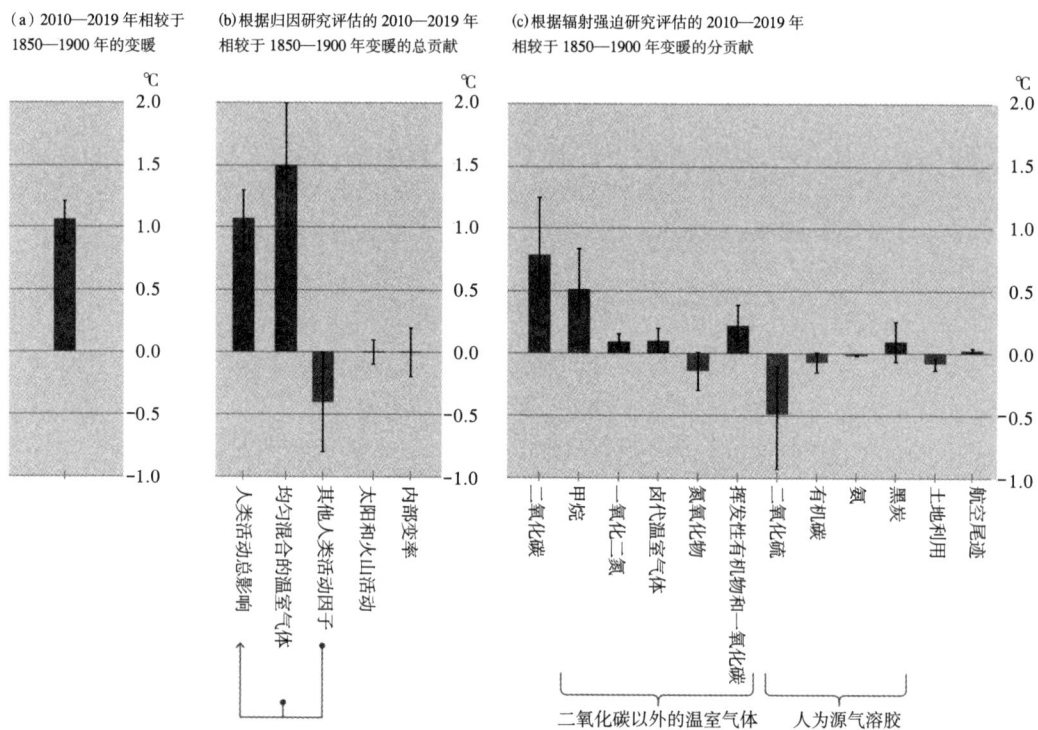

图 1-1　2010—2019 年相较于 1850—1900 年的变暖贡献评估(改绘自 IPCC AR6 WG I)

1. 气候系统驱动因子

气候系统驱动因子通过改变地球的能量平衡导致气候变化,这里用有效辐射强迫(单位:W/m^2)来描述气候系统驱动因子的影响。正的有效辐射强迫值代表变暖的影响,负的有效辐射强迫值代表变冷的影响。

目前全球大气中二氧化碳(CO_2)的浓度比过去至少 200 万年中的任何时候都高(高信度)。温室气体浓度的增加和气溶胶的变化趋势主导了 19 世纪末以来有效辐射强迫的变化，自 20 世纪 70 年代以来，净有效辐射强迫是正值状态且一直在加速变化（中信度）。

自 1750 年以来，自然因素的有效辐射强迫变化与人为驱动因素相比微不足道（很高信度）。1900 年以来的太阳活动程度很高，但与过去 9 000 年相比并无异常（高信度）。相较于过去 2 500 年，自 1900 年以来火山气溶胶的辐射强迫并无异常（中信度）。

2019 年，二氧化碳、甲烷（CH_4）和一氧化二氮（N_2O）的浓度分别达到（409.9±0.4）ppm、（1 866.3±3.3）ppb 和（332.1±0.4）ppb。自 1850 年以来，这些混合均匀的温室气体浓度的增长速度是百年来前所未有的，CO_2、CH_4 和 N_2O 的浓度从 1750 年到 2019 年分别增加了（131.6±2.9）ppm（增加 47.3%）、（1 137±10）ppb（增加 156%）和（62±6）ppb（增加 23.0%）。CO_2 和 CH_4 的这些变化大于过去 80 万年冰期和间冰期之间的变化，N_2O 的变化幅度与过去 80 万年冰期和间冰期之间的变化幅度相当（很高信度）。2019 年与 1750 年相比，来自 CO_2、CH_4 和 N_2O 的有效辐射强迫总量的最佳估计为 2.9 W/m^2，比 2011 年增加了 12.5%，2019 年卤化组分的有效辐射强迫为 0.4 W/m^2，比 2011 年增加了 3.5%。

北半球中纬度地区对流层气溶胶浓度从 1700 年到 20 世纪最后 25 年有所增加，但随后又有所下降（高信度）。自 2000 年以来，北半球中纬度大陆和南半球中纬度大陆的气溶胶光学厚度有所下降，但南亚和东非大陆的气溶胶光学厚度有所增加（高信度），这些趋势在人为贡献特别大的粒径为亚微米尺度的气溶胶光学厚度中表现得更加明显。2019 年气溶胶有效辐射强迫相较于 1750 年的最佳估计是−1.1 W/m^2。

其他短生命周期气体的变化与总体正的有效辐射强迫有关（中信度）。从 20 世纪 80 年代到 2017 年，平流层臭氧浓度在南纬 60°和北纬 60°之间下降了 2.2%（高信度）。自 20 世纪中期以来，对流层臭氧浓度在整个北半球增加了 30%~70%（中信度）。自 20 世纪 90 年代中期以来，对流层臭氧在中纬度北部地区每 10 年增加 2%~7%（高信度），在热带地区每 10 年增加 2%~12%（高信度），在中纬度南部地区每 10 年的增加值小于 5%（中信度），臭氧柱有效辐射强迫的最佳估计主要是对流层臭氧的变化。

土地利用历史变化的生物物理效应总体上具有负有效辐射强迫（中信度），自 1700 年以来，全球反照率增加的有效辐射强迫最佳估计值为−0.15 W/m^2，自 1850 年以来则为−0.12 W/m^2（中信度）。

人为辐射强迫增加的净能量有 91%加热海洋，5%加热陆地，3%加热冰冻圈，1%加热大气。

2. 人类活动对地表和大气的影响

与 1850—1900 年相比，2010—2019 年全球平均地面气温因人类活动而导致的可能变暖范围为 0.8~1.3 ℃，因人类活动而引起的变暖最佳估计是 1.07 ℃，与观测的升温幅度 1.06 ℃基本一致。其中，温室气体的强迫作用可能使全球平均地面气温上升 1.0~2.0 ℃，包括排放气溶胶在内的其他人为强迫作用可能使全球平均地面气温降低 0.0~0.8 ℃，而可归因于自然强迫的变化仅为 −0.1 ℃ ~ +0.1 ℃。此外，自 1979 年开始有全面的卫星观测以来，人类活动引起的温室气体增加很可能是对流层变暖的主要驱动因素，而人类活动引起的平流层臭氧消耗极有可能是 1979—1995 年平流层下部变冷的主要驱动因素。人类活动引起的温室气体排放是全球（几乎确定）和大多数大陆（很可能）极端冷热事件观测到变化的主要驱动因子。

自 1979 年以来，人类活动的影响很可能导致了对流层上层变湿，同时，人类活动的影响导致全球地表比湿增加及北半球中纬度大陆夏季地表相对湿度降低（中信度）。20 世纪中叶以来观测到的大范围降水变化很可能与人类活动的影响有关，人为影响加强了热带和亚热带之间的纬向平均降水对比（中信度）。人类活动的影响，特别是导致的温室气体强迫，很可能是近几十年来观察到的全球陆地区域强降水加剧的主要驱动因素。

自 20 世纪 80 年代以来，人类活动的影响可能推动了南半球纬向平均哈德莱环流向极地扩展，在北半球观察到的纬向平均哈德莱环流向极地扩展是在自然内部变率范围内的（中信度）。

3. 人类活动对冰冻圈的影响

人类活动导致的温室气体的大量排放，很可能是自 20 世纪 70 年代末以来北极海冰减少的主要驱动力，虽然自 20 世纪 50 年代以来人类活动导致的气溶胶的增加抵消了部分温室气体引起的北极海冰损失（中信度）。很可能是人类活动的影响导致了北半球自 1950 年以来春季积雪的减少。人类活动的影响很可能是 20 世纪 90 年代以来全球冰川几乎普遍退缩及格陵兰冰盖表面融化的主要驱动力。

4. 人类活动对海洋的影响

人类活动的影响极有可能是自 20 世纪 70 年代以来观测到的海洋上层（0~70 m）热含量增加的主要驱动力，这种增加延伸到深海（很高信度）。人类活动的影响极有可能导致了 20 世纪中期以来观测到的近表层和次表层海洋盐度的变化。综合冰川、冰盖表面质量平衡和热膨胀的可归因贡献，人类活动的影响很可能是至少自 1971 年以来观测到的全球平均海平面上升的主要驱动力。虽然观测表明，大西洋经向翻转环流从 2004 年到 2017 年有所减弱（高信度），而南大洋上层翻转环流自 20 世纪 90 年代以来有所增强（低信度），但观测记录太短，无法确定内部变率、自然强迫和人为强迫对这些变化的相对贡献（高信度）。

5. 人类活动对生物圈的影响

大气二氧化碳季节性循环振幅增加是大气二氧化碳浓度增加对植物生长的施肥作用增强的主要驱动因素（中信度）。几乎可以肯定的是，人类活动产生的二氧化碳排放是全球开放海域观测到的表层海洋酸化的主要驱动因素。自 2000 年以来观测到的北大西洋亚热带和赤道地区二氧化碳浓度的增加可能部分与海洋温度的升高有关，海洋碳汇是随着全球变暖而减弱的。

三、气候变化的风险

1. 当前气候变化的风险

人类活动引起的气候变化已经影响到全球每个地区的许多极端天气和气候，观测到的气候变化已经对人类和自然系统造成了不利影响和相关损害。自 20 世纪 50 年代以来，人类活动的影响可能增加了多种极端事件同时发生的概率，如同时发生热浪和干旱的频率在增加（高信度）。

人类的脆弱性和生态系统的脆弱性是相互依存的，约有 3.3 亿～3.6 亿人生活在极易受气候变化影响的环境中，发展已经受到相当大限制的地区很多，人类对气候危害的脆弱性很高。越来越多的天气和气候极端事件使数百万人面临着严重的粮食不安全问题并降低了水的安全性，其中在非洲、亚洲、中美洲、南美洲和最不发达国家、小岛屿、北极的许多地方对原住居民、小规模粮食生产者和低收入家庭的不利影响最大。2010—2020 年，高脆弱地区因洪水、干旱和风暴造成的人的死亡率比脆弱性极低的地区高出 15 倍。

气候变化对陆地、淡水、冰冻层、沿海和公海的生态系统造成了重大损害，其中包含越来越多的不可逆转的损害（高信度），如极端高温事件的增加导致了陆地和海洋生物的大规模死亡及数百种当地物种的灭绝（高信度）。气候变化对一些生态系统的影响，如冰川退缩导致的山地生态系统的变化或多年冻土解冻导致的北极生态系统的变化，正在接近不可逆转。

气候变化降低了粮食安全，影响了水安全，阻碍了实现可持续发展目标的努力（高信度）。虽然全球农业生产率总体有所提高，但气候变化在过去 50 年中减缓了这一增长（中信度）。相关的负面影响主要在中低纬度地区，但在一些高纬度地区产生了积极影响（高信度）。海洋变暖和海洋酸化对粮食生产产生了不利影响。

在全球范围内，极端高温事件的增加导致了人的死亡和发病（高信度）。与气候有关的食源性和水源性疾病的发生率（很高信度）和病媒传播疾病的发生率（高信度）都有所增加。在被 IPCC 评估的区域，一些心理健康问题（高信度）、极端事件造成的精神创伤（很高信度）及生计和文化的丧失（高信度）都与气温升高有关。在非洲、亚洲、北美洲（高信度）以及中美洲和南美洲（中信度），极端天气和气候越来越多地导致人们流离失所，人口较少的加勒比和南太平洋的小岛国家（高信度）受到的影响更大。

中国高温、强降水等极端天气和气候事件趋多、趋强。1961—2021 年，中国极端强降水事件呈增多趋势；20 世纪 90 年代后期以来，极端高温事件明显增多，登陆中国的台风的平均强度波动增强。2021 年，中国平均暖昼日数为 1961 年以来最多，云南元江（44.1 ℃）、四川富顺（41.5 ℃）等 62 站的日最高气温突破历史极值。1961—2021 年，北方地区平均沙尘日数呈减少趋势，近年来达到最低值并略有回升。

气候变化对自然和人类造成的广泛的不利影响和相关损害在各系统、地区和行业类别之间分布不均。IPCC 报告数据显示，已经在农业、林业、渔业、能源和旅游业等受气候影响的行业发现了因气候变化造成的经济损害。个人的生计也受到气候变化影响，如房屋和基础设施因气候变化遭到破坏，财产和收入、人的健康和粮食安全因气候变化受到损失。气候变化对性别和社会公平也产生了不利影响（高信度）。

在城市地区，观测到的气候变化对人类健康、生计和关键基础设施造成了不利影响。极端高温在城市中加剧。城市基础设施，包括交通、水、卫生和能源系统，受到极端天气和气候以及与之相关的缓发事件的损害，进而造成经济损失、服务中断和对福祉的负面影响。这些不利影响和损害会更集中地发生在经济和社会边缘化的城市居民中（高信度）。

2. 未来气候变化的风险

IPCC 第六次评估报告评估了对基于共享社会经济途径的五种说明性情景的气候反应。这些情景涵盖了文献中发现的导致气候变化的人为驱动因素未来可能的发展范围，包括：高温室气体和极高温室气体排放情景（SSP3-7.0 和 SSP5-8.5）的二氧化碳排放量分别在 2100 年和 2050 年前比目前水平增加大约一倍，中等温室气体排放情景（SSP2-4.5）使二氧化碳排放量在 21 世纪中叶之前保持在目前水平左右，极低温室气体和低温室气体排放情景（SSP1-1.9 和 SSP1-2.6）分别在 2050 年和 2070 年前后将二氧化碳排放量降至净零进而出现不同水平的净 CO_2 负排放量。

近期（2021—2040 年）预估中，相较于 1850—1900 年的平均值，在 SSP5-8.5 情景下，全球表面温度的 20 年平均值很可能升高 1.5 ℃，这一升温在 SSP2-4.5 和 SSP3-7.0 情景下也可能发生，在 SSP1-1.9 和 SSP1-2.6 情景下有多半可能发生。到 2030 年，相对于 1850—1900 年的平均值，在这里考虑的情景中，任何一年的升温都可能超过 1.5 ℃，可能性在40%～60%之间（中信度）。相较于最近几十年（1995—2014年），2081—2100年的全球表面温度平均值很可能在低排放情景SSP1-1.9下升高0.2～1.0 ℃，在高排放情景SSP5-8.5下升高2.4～4.8 ℃。综合以上考虑的情景和模拟路径，近期最佳变暖估计将达到1.5 ℃。气候变化带来的风险和预计的不利影响以及相关损失和损害随着全球温度的每一次上升而增加（很高信度），气候和非气候风险将日益相互影响，产生更加复杂和难以管理的复合和连锁风险（高信度）。

从近期来看，预计世界每个地区都将面临进一步增加的气候变化风险，人类和生态系统面临的多重风险也将增加（很高信度）。预计近期的危害和相关风险包括：与高温相关的人类死亡率和发病率增加（高信度）；食源性、水源性和病媒传播疾病增加（高信度）、心理健康问题增加（很高信度）；沿海和其他低洼城市和地区的洪水泛滥（高信度）；土地、淡水和海洋生态系统的生物多样性丧失（中等到很高信度，视生态系统而定）；一些地区粮食产量下降（高信度）；与冰冻圈气候变化相关的洪水、山体滑坡和供水方面的变化有可能对大多数山区的居民、基础设施和经济造成严重影响（高信度）；预计强降水频率和强度的增加（高信度）将增加因降雨造成的局部洪水（中信度）。

未来气候变化的风险和预计的不利影响以及相关损失和损害将随着全球温度的每一次上升而增加（很高信度）。相较于目前，当全球变暖1.5 ℃时，这些风险将更高，在变暖2 ℃时会更高（高信度）。全球总体风险水平被评估为高至很高（高信度）。由于不可避免的海平面上升，2100年以后，沿海地区的生态系统、居民和基础设施面临的风险将继续增加（高信度）。

随着气候进一步变暖，气候变化的风险将变得越来越复杂，越来越难以管理。多种气候和非气候风险驱动因素将相互作用，导致总体风险和跨部门和区域的风险叠加。例如，气候导致的粮食不安全和供应不稳定预计将随着全球变暖的加剧而加剧，城市扩张和粮食生产之间的土地争夺、流行病和冲突等非气候风险驱动因素相互作用（高信度）。

对于任何给定的升温水平，风险水平也将取决于人类和生态系统的脆弱性和暴露趋势。由于社会经济发展趋势，包括移民、日益加剧的不平等和城市化，全球未来面临的气候危险正在增加。人类的脆弱性将集中表现在临时居住区和数量迅速增长的较小住宅区。在农村地区，对气候敏感性高度依赖的生计将加剧脆弱性。生态系统的脆弱性将受到过去、现在和未来不可持续的消费和生产模式的强烈影响。

限制全球表面温度并不能阻止有几十年或更长响应时间尺度的气候系统导致的持续变化（高信度）。由于深海持续变暖和冰盖融化，海平面上升在几个世纪到几千年内是不可避免的，海平面将在几千年内保持上升（高信度）。但是，大幅度、快速和持续的温室气体减排将减缓海平面进一步加速上升。与 1995—2014 年相比，在 SSP1-1.9 温室气体排放情景下，到 2050 年全球平均海平面可能上升 0.15~0.23 m，到 2100 年可能上升 0.28~0.55 m；而在 SSP5-8.5 温室气体排放情景下，到 2050 年可能上升 0.20~0.29 m，到 2100 年可能上升 0.63~1.01 m（中信度）。在未来的 2 000 年里，如果将升温限制在 1.5 ℃，全球平均海平面将上升 2~3 m；如果将升温限制在 2 ℃，则将上升 2~6 m（低信度）。

气候系统发生突然不可逆转变化的可能性和影响将随着全球变暖进一步增加（高信度），包括达到临界点时触发的变化。随着气候变暖程度的增加，生态系统中物种灭绝或生物多样性不可逆转丧失的风险增加，包括森林（中信度）、珊瑚礁（很高信度）和北极地区生物（高信度）。若全球变暖 2~3 ℃，格陵兰和南极西部冰盖将在几千年内几乎完全不可逆转地消失，导致海平面上升数米（证据有限）。随着全球表面温度的升高，冰层质量损失的概率和速率也会增加（高信度）。

与潜在的非常大的影响相关的低可能性结果的概率随着全球变暖水平的提高而增加（高信度）。由于冰盖的消融过程有很大的不确定性，不能排除在非常高的温室气体排放情景（SSP5-8.5）下全球平均海平面上升会超过可能范围，即到 2100 年接近 2 m，到 2300 年超过 15 m（低信度）。在 2100 年前，大西洋经向翻转环流不会突然崩溃（中信度），但一旦发生，它将很可能导致区域天气模式的突然变化，并对生态系统和人类活动产生巨大影响。

四、气候治理的类型

全球变暖已经发生并且将持续下去，全球范围内气候变化的风险不仅会增加生态系统的风险，而且会对人居环境造成严重威胁。在此情况下，全球气候治理的重要性日益凸显。应对气候变化的政策，即气候治理的类型，包括适应和减缓。

适应主要是在已经发生全球变暖的情况下做出一系列调整反应，以期使人类社会受到的损害减少。气候变化的不利影响会削弱国家可持续发展能力，但可以通过提高适应能力来有效降低脆弱性，促进可持续发展。适应气候变化是人类社会面对气候变化不利影响和关键风险采取的主要行动，具体是指个人、地方、区域和国家各级采取行动，以减少当今气候变化带来的风险，并为未来可能发生的其他变化带来的影响做准备。

减缓主要是指通过各种政策、措施和手段减少温室气体的排放，以减慢、减小全球变暖的速度和幅度。减缓行动包括：完善制度设计，以选择更优的发展路径；加强气候立法和政策制定，为减缓行动提供支撑；促进全球气候资金的高效流动，为不同地区提供减缓保障；加强多层面国际合作，以增进全球技术创新、能力建设和资金交流。减缓行动因地区和部门以及实施的速度和规模而异，需要所有国家提高减排的速度、深度和广度，实现减缓行动与发展目标的协同。

适应和减缓这两方面的行动在减少和管理气候变化风险方面相辅相成，人类社会未来的大幅度减排行动可以降低以后的气候风险，同时可以增加有效适应的前景，减少长期减缓的成本和挑战，促进具有气候适应力的可持续发展路径。气候治理与经济社会发展、公共治理广泛交互，政策体系的设计需要更加注重多维度、多层级、多目标政策工具的交互，推动法律与规划、国家行动与非国家级行动、规制性政策与经济性政策、直接控排政策与间接气候政策间的协同，实现更全面、更深入的低碳转型。为此，需优化政策供给，在明确长期变革愿景的基础上，强化气候治理对环境健康、经济增长等其他发展目标的溢出效应，关注气候治理对社会分配的影响，加强社会观念引导和广泛参与，有助于最大化综合效应、最小化行动阻力，为气候治理构建良好的政策环境。

第二节 全球气候治理的主要特征

全球气候治理最早可追溯至 1972 年的联合国人类环境会议。作为会议成果文件之一的《人类环境行动计划》第 70 条建议中正式提出"建议各国政府注意那些具有气候风险的活动"。1979 年 2 月，第一次世界气候大会在瑞士日内瓦召开。会议指出，如果大气中二氧化碳含量保持当时的增长速度，那么到 20 世纪末气温上升将达到"可测量"的程度，到 21 世纪中叶将出现显著的增温现象。1987 年，世界环境与发展委员会发布了一份重要报告《我们共同的未来》。该报告明确提出，气候变化是国际社会面临的重大挑战，呼吁国际社会采取共同的应对行动。1988 年 11 月，世界气象组织和联合国环境规划署联合成立政府间气候变化专门委员会，开展对气候变化的科学评估活动。1990 年 12 月 21 日，第 45 届联合国大会通过了题为《为今世后代保护全球气候》的 45/212 号决议，决定设立一个单一的政府间谈判委员会（INC），制定一项有效的气候变化框架公约，由此正式拉开了国际气候谈判和全球气候治理的序幕。自 1991 年 2 月谈判启动以来，先后经过五轮谈判，气候变化框架公约政府间谈判委员会最终于 1992 年 5 月 9 日通过了《联合国气候变化框架公约》（UNFCCC）。1992 年 6 月 11 日，联合国环境与发展大会在巴西里约热内卢召开，《联合国气候变化框架公约》面向联合国各成员开放签署，及至 1994 年 3 月正式生效。

《联合国气候变化框架公约》为国际社会合作应对气候变化奠定了坚实的法律基础，是全球气候治理的基石，标志着全球气候治理时代的正式到来。此后，在《联合国气候变化框架公约》框架下于 1997 年达成的《京都议定书》和 2015 年达成的《巴黎协定》被视为全球气候治理的两大标志性成果。在全球气候治理新时代，全球气候治理逐渐转向政治化、安全化，并成为国家战略的重要组成部分，全球气候治理主体多元参与、制度互动的特征越来越明显。在此背景下，全球气候治理模式经历了深刻调整，逐渐形成自下而上的全球气候治理巴黎模式，以权力竞争为核心的领导模式之争的趋势逐渐明朗，非国家行为体领导模式的大趋势逐渐加强，传统上以国家为权力中心的治理模式出现分散化、多元化发展趋势。

一、自下而上的全球气候治理机制

在过去的 30 年中，国际社会已经形成了一个旨在应对气候变化负面影响的全球机制，其中包括了丰富的规范体系。同时，这一应对气候变化负面影响的全球机制的诞生与成长也是一个持续变动、结晶式增生的多边进程，在连续的变迁与发展之中，新的规则和组织不断出现，全球气候治理模式也在进行全面的调整。气候变化谈判是一个繁杂多变、多主体参与和耗时持久的政府间互动过程。自 1994 年《联合国气候变化框架公约》生效以来，各国为解决气候治理问题，还陆续缔结了《柏林授权》《巴厘行动计划》《哥本哈根协议》等多项国际条约。上述条约的缔结实质上遵循了《联合国气候变化框架公约》与《京都议定书》的宗旨、原则和整体框架，使其成为国际制度演进的核心，这种模式也可以称为自上而下模式。《京都议定书》呈现了以缔约方量化减排承诺目标为特征的全球气候治理机制，首次在全球气候治理进程中确定了具有法律约束力的量化减排目标。发达国家与发展中国家在《联合国气候变化框架公约》和《京都议定书》中被认定应当在应对气候变化问题上承担"共同但有区别的责任"，这是京都模式的基础。其中发达国家在《坎昆协议》下自主提出全经济范围量化减排目标，发展中国家以"国家适当减缓行动"自主承诺其减缓目标。在过去近 20 年，这种自上而下的全球气候治理机制取得了不容忽视的减排成效，引领了世界低碳发展潮流，使可再生能源产业、新能源技术成为经济危机中创造新经济增长点、扩大就业的新领域，同时也促进了减缓气候变化的国际合作。但这种机制与预期仍存在较大差距，世界范围内一直对《京都议定书》的减排效果和公平问题存在争议。

20 世纪 90 年代以来，全球气候治理模式经历了从自上而下的京都模式向自下而上的巴黎模式的结构性转变。2015年达成的《巴黎协定》，在转向自下而上的全球气候治理模式和各方责任趋向"共同"的问题上，都进一步对"共同但有区别的责任"和"各自能力原则"进行了新的解释，所有缔约方都要通过国家自主贡献（Nationally Determined Contributions，NDCs）做出应对气候变化的承诺。《巴黎协定》正式确立了以国家自主贡献机制为核心的全球应对气候变化制度的总体框架。国家自主贡献是指各缔约方基于平等原则、共同但有区别的责任原则，综合各自具体国情和发展现状，为了实现到21世纪末将全球平均气温升幅控制在工业化前水平以上低于2℃之内并努力将气温升幅限制在工业化前水平以上低于1.5℃之内的目标，而自主提出的减缓及适应目标，以及实现目标需要实施的手段，包括资金、技术和能力建设相关的信息，并且每五年通报一次国家自主贡献。国家自主贡献的主要特点是，在共同减排的基础上强调有区别，同时又在有区别义务的基础上模糊了共同的责任，其产生的效果是增强国家减排执行力，调动国家和非国家实体的积极性。自下而上模式的出现大大缓解了之前各主权国家不配合的状况，气候谈判有了新的进展，突破了传统责任分配的限制，有利于调动参与主体最广泛的积极性，使其充分发挥自身优势。该机制给予各缔约方充足的空间以充分考虑自身的实际情况和减排能力，增强应对气候变化的决心，利用道义心、国际形象等软约束制衡可能出现的行动疲软。另外，不同国家提出的具体目标和行动计划不尽相同，容易提供多方面的意见，有利于吸取各缔约方气候变化政策的精华和智慧。《巴黎协定》的国家自主贡献机制成为全球气候治理机制最大创新的同时，也大大增加了全球气候治理效果的不确定性。虽然条款规定了自主决定贡献的共性框架，但是各国提交的文本仍存在显著差异，如具体目标阐述方式、覆盖的经济行业及温室气体范围、实施条件和公平性阐述等，降低了量化目标间的可比性，阻碍了目标的定量分析，也间接加大了气候谈判的工作量，减缓了谈判进度。由于缺乏强制力约束，减排效果切实考验各方承诺的力度和可信度。虽然《巴黎协定》的实施将有助于减少全球温室气体排放，但仍没有足够把握将升温幅度控制在2℃以内。

二、多层多元的全球气候治理体系

自下而上的全球气候治理机制虽然缓和了原本两个阵营间的针锋相对，发挥了参与主体的主动性和灵活性，但是弱化了全球领导力，使各种集团和联盟的利益诉求更加多元化，关系更加错综复杂。目前已形成了多层的领导模式和多元的参与主体在全球治理中共同发挥作用的体系。

首先是全球一致性领导模式。以联合国为核心的气候治理体系能够很典型地反映这种全球一致性领导模式。联合国机构中以联合国大会为代表的多边协商制度本身就要求各个参与方要协商一致,基于联合国平台延伸出来的以之为核心的全球气候治理领导模式也不可避免地具有了这一特点。作为全球气候治理的核心机制,《联合国气候变化框架公约》的缔约国本身就是全球气候治理的主要力量。这种追求全球一致性的大多边领导模式在全球气候治理体系中占据了重要地位。这种领导模式主要的组织依托是联合国,遵循了尊重国家主权和尽可能地囊括更多国家参与到全球气候治理进程中的理念,希望在全球不同地区和国家达成一致和形成共识,共同推动全球气候治理。然而这种追求全体一致的领导模式具有较大的脆弱性,其受到关键国家的影响较大,同时在协调各个国家不同的利益诉求时,可能导致在最终的共识性成果中出现过多的妥协,进而在现实推进中很难达到目标。但不可否认,以联合国为核心的全球气候治理大多边领导模式在唤起国际社会和不同国家的环境意识和凝聚共识等方面具有不可替代的作用。遗憾的是,因为其巨大的妥协性和难以逾越的国与国之间的利益鸿沟,这种领导模式每每想采取强有力的行动时都受到来自各方面的巨大掣肘,这也使得一些关心环境问题的国家和组织转而寻找更为高效的治理领导模式。

其次是大国协同领导模式。大国协同领导是全球治理的方式之一,在多边气候治理难以取得突破的情境下,这种方式对于打破气候治理困境至关重要。气候治理领域的大国协同领导是两个及以上的大国在气候领域共同领导治理进程的合作模式,主要大国通过合作积极引领气候变化治理进程,合作达成多边或者全球气候协定,共同向国际社会提供气候治理所需的包括资金、技术等在内的诸多要素。中国、美国和欧盟都是全球气候治理的积极力量,拥有突出的合作能力及合作意愿。国际上的主要大国针对环境问题自发开展合作,这种主要大国之间的协同领导也成为全球气候治理领导中的一种主要模式。中欧、中美和欧美之间在全球气候治理问题上曾经形成过不同的对话和协调机制,如二十国集团峰会就是大国协调气候治理问题的重要平台。2005 年形成的主要发达国家与发展中国家 G8+5 对话机制也将能源环境问题作为重要议题。发展中国家内部也存在相应的协调机构,如气候变化领域中的"基础四国"就反映出发展中大国在全球气候治理体系中的协调立场。巴黎气候变化大会是全球气候治理结构变化的分水岭,在这之后,全球气候治理初步呈现出了"中美共治"的新型结构。2013 年,为促进两国在气候变化领域开展对话合作,中美两国成立中美气候变化工作组,这一工作组日后成了两国合作交流的"首要机制"。中美两国根据气候合作的政治共识和行动计划,最终携手与其他国家在巴黎气候大会上达成了协议,这给国际社会未来推进全球气候治理注入了强有力的信心。中美两国合作还为《巴黎协定》总体目标和原则的确定、实施路线图的确定和落实扫除了首要障碍，可以说两国合作成为落实《巴黎协定》并凝聚全球共识与合作行动的压舱石。由此可见，小多边领导模式高度依赖于大国之间达成的共识，一旦一个主要国家出现态度转变，就会给整个系统带来巨大冲击。例如，特朗普政府退出《巴黎协定》，就对中美气候合作和整个《巴黎协定》的贯彻执行，甚至对全球气候治理体系带来了巨大冲击。

自联合国气候谈判启动以来，全球气候治理的基本结构经过不断演进，逐渐形成了以《联合国气候变化框架公约》及其框架下的《京都议定书》和《巴黎协定》为核心，包括国家行为体、次国家行为体和非国家行为体在内的全球多元多层治理体系和网络，特别是非国家行为体的作用日益上升，已成为全球气候治理发展的重要趋势。在全球气候治理机制中，非国家行为体已占据重要的一席之地，包括城市、非政府组织、企业在内的次国家行为体和非国家行为体在全球气候治理中具有独特作用，在环境意识培养、信息数据收集、政策监督、项目实施、低碳技术创新及全球网络构建等领域的重要性日益凸显。非国家行为体以其中立性、专业性、能动性等特点，在全球气候治理进程中往往起到对国家间气候治理体系的重要补充甚至引导作用。在国际气候治理体系中，国际组织、非政府组织、跨国公司和城市等都有重要的影响力，是气候治理领域的重要参与者。城市在领导全球气候治理议题、促进气候治理进程中的作用越发显著，城市气候外交甚至成为一个相对独立的全球气候治理网络，在很多情况下可以不依赖国家权威而发挥治理作用。非国家行为体的领导模式包含了多利益攸关方的积极参与和互动，能够极大地调动社会的力量，同时能够避免国家间政治的天然不信任和自私的属性。而各个非国家行为体主要通过创新治理议题和治理模式、倡导先进理念、推动议程设置、积极发动国际舆论影响各国环境政策落实等措施推动全球气候治理进程，发挥自身的领导力。但是在当今的国际体系中，国家仍然是毋庸置疑的主要行为体，非国家行为体领导作用的发挥主要体现为对国家行为体施加影响的间接形式。同时，非国家行为体不受国家结构形式和政权组织形式法定程序的约束，其内部的寡头属性和自身独立性也导致其行为的不可预测，这些都成为非国家行为体领导模式不可回避的缺陷。

第三节 全球气候治理从科学走向政治

全球气候治理经过 30 多年的曲折发展，已形成了自身的演进规律和特征。第一，全球气候变化的严重性和紧迫性已经得到国际社会的普遍认可，大部分国家有广泛的共识和强烈的合作意愿，力图寻求各自利益诉求的契合点和均衡点，承认必须通过国际合作才能实现全球长期减排目标。第二，围绕"共同但有区别的责任"这一原则，从由发达国家强制减排且向发展中国家提供资金支持，到要求发展中国家量化减排，到最终将发展中国家统一纳入自主贡献减排的协议中，"公平"问题始终备受争议。第三，全球气候谈判是一个复杂、多边和持续的政府间互动过程，各国需要综合多种因素不断调整本国气候政策，竞争与合作贯穿始终。第四，无论气候谈判如何划分减排责任，现实的各国减排目标之和依旧无法达到将升温幅度控制在 1.5 ℃ 以内的目标，各国减排任务艰巨，将涉及国内产业结构调整、行业升级、技术革新、消费观念和行为转变等方方面面。第五，全球气候治理的进程受到多重因素的影响，除了世界或国内经济、政治、能源、环境等，甚至突发的人类健康问题都会影响气候变化。

未来国际气候治理体系的发展，就如何实现控制升温幅度最终目标，需要统一全球之力，将规则落实到行动，需要各方继续释放共同应对气候变化挑战的政治意愿以及转变发展方式的智慧和勇气，需要技术的快速突破和生产生活方式的根本性转变，需要为推动建立公平有效的全球应对气候变化机制、实现更高水平全球可持续发展、构建合作共赢的国际关系做出切实努力。如果公平高效的国际气候治理体系仍无法建立，各国仍拖延实施减排行动，错过最佳的减排时机，那么未来面临的风险以及付出的治理成本很有可能会成倍增加。全球气候治理在百年未有之大变局中占据重要地位，也受到政治、经济、科学等多重因素影响。目前，全球气候治理愿景明确，但模式和路径存在巨大不确定性。我国如何在大变局中应对气候变化挑战并把握其带来的机遇，在确保发展道路和发展空间的同时，引导应对气候变化国际合作并推动全球生态文明建设，需要清晰、坚定的全球气候治理长期战略。

一、气候变化的科学性认知

气候变化的科学研究无论是在气候系统观测、数据集分析还是在古气候信息中都取得了较大的进展，更加丰富、可靠的观测数据和古气候信息反映出当代气候系统的变化范围广、速度快，有些变化为数千年所未有。例如，在几套知名的全球地表温度数据集中，对一些历史时期温度缺测的插补技术的改进和历史数据量的增加使对全球地表温度趋势的估计更可靠。AR6 指出，相对于 1850—1900 年，2001—2020 年这 20 年平均的全球地表温度升高了 0.99 ℃，而 2011—2020 年 10 年平均的全球地表温度上升约为 1.09 ℃。1850 年以来，最近 40 年的每个 10 年的全球地表温度都相继比此前的任何一个 10 年要暖。在 50 年时间尺度上，20 世纪 70 年代以来的全球变暖在近 2 000 年历史上比任何时期都要快。从海洋和冰冻圈的变化来看，2011—2020 年全球平均海洋表面温度升高了 0.88 ℃；过去一个世纪全球海洋的增暖为末次间冰期结束以来（约 1.1 万年）最快；2011—2020 年平均北极海冰面积达到 1850 年以来最小，夏季北极海冰面积至少是过去 1 000 年里最小的；20 世纪 50 年代以来全球几乎同步的冰川退缩至少在过去 2 000 年未曾发生。全球平均海平面上升速率持续增大，1901—1971 年海平面平均上升速率为 1.3（0.6～2.1）mm/a，1971—2006 年增加至 1.9（0.8～2.9）mm/a，在 2006—2018 年进一步增加至 3.7（3.2～4.2）mm/a（高信度）。这些证据表明，1900 年以来的全球平均海平面上升在近 3 000 年的历史上比任何一个世纪的都要快。生物圈变化的评估虽然受制于遥感观测数据的时间长度和数据均一性的问题，但研究表明，20 世纪 70 年代以来的陆地生态系统的变化与全球变暖一致。气候区向极地移动，20 世纪 50 年代以来北半球热带外地区生长季的长度平均延长了两天。从 AR6 来看，生物圈变化的有关评估结论的丰富程度和可信度仍需进一步加强。多重证据表明，气候变化已经影响到地球上各个区域，过去所经历的变化将随着全球继续升温而加剧。

目前科学界对气候系统基本特征的理解是科学的、扎实的、完善的。19 世纪的科学家确定了影响气候系统的主要自然因子，他们还假设化石燃料燃烧排放的 CO_2 可能导致人为气候变化。自 20 世纪以来，气候变化的主要自然驱动因子，包括入射太阳辐射的变化、火山活动、轨道周期和全球生物地球化学循环的变化等，已得到系统的研究。20 世纪 70 年代，科学家进一步确定了其他主要的人为驱动因子，包括大气气溶胶、土地利用变化和非 CO_2 温室气体等。IPCC 在 1990 年得出的结论是：人类活动造成的气候变化很快就会变得明显，但还不能确认它已经发生。今天，有大量证据表明气候自工业革命以来确实发生了变化，而人类活动是造成这个变化的主要原因。AR6 是 IPCC 第一次无可置疑地将全球变暖归因于人类活动的影响。物理理论预测了人类活动对气候系统的影响和可能产生的特定的变化特征，而且我们在观测和气候模拟中都能看到这些特征。例如，夜晚比白天变暖得更快，更少的热量逃逸到太空，低层大气（对流层）正在变暖，但高层大气（平流层）已经冷却。这些已经证实的预测主要是由温室气体浓度增加而非自然因素驱动变化所引起的。更重要的是，报告也首次确认了气候变化在加剧极端天气气候事件（如极端热浪和强降雨事件）中的作用。人类活动正使包括热浪、强降水和干旱在内的极端气候事件变得更频繁和更严重。此外，通过分析过去几十年对全球平均地表气温和变暖的时空特征的预估，发现这些预估与随后的观测大体一致，这证明了气候模型在人类活动对气候影响方面的预估能力。

对未来气候变化预估方法的改进减少了对未来气候变化认识的不确定性,除非大力、迅速、持续减少温室气体排放,否则无法将升温幅度限制在 1.5 ℃,甚至 2 ℃以内。采用的气候模式对物理、化学和生物过程有科学的描述,且分辨率越来越高;对气候反馈有了更深的认识,对全球地表温度、海洋热含量、海平面高度等一些气候变化关键指标基于历史观测、气候模拟和气候敏感度认识等约束了多模式预估结果,减少了气候变化预估的不确定性,为应对气候变化奠定了更加坚实的科学基础。气候模式能够比以往更好地模拟地球气候系统;综合过程理解、器测记录、古气候数据和萌现约束等评估得到的平衡态气候敏感度不确定范围缩小;结合实际观测的变化与模拟、简单模式模拟器的模拟结果等多重证据对温度、海洋热量和海平面进行了约束预估,改进了未来气候变化的评估结果。IPCC 第一工作组报告中主要考虑五种假设情景:SSP1-1.9、SSP1-2.6、SSP2-4.5、SSP3-7.0 和 SSP5-8.5,分别代表极低、低、中、高、极高排放情景。这些假设情景提高了确定性程度。目前科学界一致的结论是在考虑所有排放的情景下,至少到 21 世纪中叶全球平均地表气温将继续升高,在极低和低排放情景(SSP1-1.9 和 SSP1-2.6)下全球升温幅度控制的最优估计分别为 1.4 ℃和 1.8 ℃,全球升温幅度有可能在 21 世纪内被分别限制低于 1.5 ℃和 2 ℃;在中等排放情景(SSP2-4.5)下全球升温幅度控制为 2.7 ℃;但在高和极高排放情景(SSP3-7.0 和 SSP5-8.5)下,升温幅度可达 3.6 ℃和 4.4 ℃。

认知气候变化是一个科学问题,存在学术之争。如何应对气候变化则事关经济增长和社会发展,涉及国家利益和全球可持续发展。自 1990 年以来,国际上已经组织了六次关于气候变化的评估,其结论极大地影响了国际气候治理的进程。然而历届气候谈判证实,气候变化既涉及科学问题,又涉及政治问题。气候变化是一个典型的全球性问题,没有一个国家可以自行解决。制定更加合理的科技政策,以应对气候变化,这需要政府及政府间的行动。气候变化议题提供了一个考察科学与政治关系的良好视角。

二、气候变化的政治性认知

气候治理也是一个政治问题,清晰界定南北国家的治理责任是推进全球气候治理的关键。如何平衡发达国家过去排放产生的历史责任与发展中国家在现阶段高速发展过程中形成的当代责任一直是全球气候危机治理争论的焦点。政治逻辑指各国利益在全球气候治理领域的渗透及作用。政治逻辑关注国家利益,各国利益的差异及其动态演变将影响全球气候危机治理进程。不同国家利益的交织决定了全球气候治理是利益冲突与政治妥协并存的过程,气候治理需要协调多方利益,其本质是多方博弈。国家利益的差异导致各国对合作应对气候变化持有不同的态度，既有积极参与者，也有消极反对者，并形成了欧盟、"伞形集团""G77＋中国"三大谈判集团。政治逻辑的核心是国家利益，关注国家利益与气候治理的兼容性。

政治性因素具有左右国际气候治理体系的能力。自《联合国气候变化框架公约》签署以来，气候谈判的政治性便毫无保留地显现出来了。如今气候谈判的各主题，比如减缓、适应、透明度、资金、技术与能力建设，每一个都与国家主权和利益息息相关。气候谈判本身就是政治博弈的过程，国际气候治理体系的演变也明显受到了政治性因素的推动，由《联合国气候变化框架公约》和《京都议定书》演化出的气候谈判中发达国家和发展中国家两大阵营对立的局面和如今的气候谈判中各谈判集团的形成，其背后都是政治力量和国家利益在推动。特别是当《巴黎协定》确立了自下而上的治理体系后，各国采取国家自主贡献的方式参与全球气候治理。突发性政治事件也同样具有重要影响。例如，在2009年，IPCC爆出的一系列有损其科学性的事件破坏了IPCC第四次评估报告所形成的政治动力，从整体上削弱了2009年的哥本哈根国际气候谈判。全球气候治理的"不可能三角——治理全球化、治理效率、国家主权"也说明国家主权在气候治理格局中的关键角色，气候议题的政治性在很大程度上影响着国际气候治理体系和治理效率。再比如当年美国、俄罗斯和加拿大出于自身利益退出《京都议定书》协约国，同样严重阻碍了气候谈判的进展。如今的气候变化问题涉及众多关键性的大国博弈点，不仅仅是减排责任与贡献之争，更多的是国际气候秩序的规则制定权、话语权之争以及国际道义制高点之争。

全球气候治理中科学与政治的关系主要体现在科学评估与政治谈判上。国际气候评估与谈判通过议程、评审及机制协调所产生的影响已成为全球气候治理的主要特征。纵观过去30年的国际气候治理历史，两者大体呈现出评估推动谈判、大国否定评估、评估破坏谈判、谈判支配评估的关系，形成了以下规律：气候领域内科学不确定性越高，国际谈判越需要评估的持续参与；评估结论在国际谈判中接受度越高，其影响力越大，而评估机构的影响力越大，越需要在国际谈判进程中证明其可靠性；国际气候评估机构影响力越大，大国越容易干预评估过程和控制评估结论。两者之间关系的变迁源于两个维度：一是评估内部的科学共识与制度设计开放性。共识度越高、评估制度设计越具开放性，评估越容易推动谈判的进程。二是外部因素，如大国干预及评估结论在传播中的影响。大国过度干预评估，或是评估在传播中被国际媒体误用，会导致评估与谈判形成消极关系。

本章小结

人类活动已经造成大气、海洋和陆地变暖，大气圈、冰冻圈、海洋和生物圈发生了广泛而迅速的变化，其中气候系统的一些变化是不可逆的。基于多种证据的综合信息表明，人类活动在推动近年来气候变化方面的主导作用是显而易见的。IPCC 第六次评估报告得出的结论是"毋庸置疑，自前工业时代以来，人类的影响已经使大气、海洋和陆地变暖"。人类活动引起的气候变化已经引发全球各个地区的许多极端天气和气候，观测到的气候变化已经对人类和自然系统造成了深远的不利影响以及相关损失和损害，未来气候变化的风险和预计的不利影响以及相关损失和损害将随着全球气温的每一次升高而增加。在全球气候治理的曲折进程中，中国需要清晰、坚定的全球气候治理长期战略来引导应对气候变化国际合作并推动全球生态文明建设。

思考习题

1. 地球的温度在漫长的历史中发生过多次变化，当前的变暖与以前有何不同？
2. 我们如何知道人类活动是造成当前气候变化的主因？
3. 简述当前全球气候治理的主要特征。

拓展性阅读

第二章 全球气候变化带来的灾害性影响

内容摘要

不断变化的气候使得极端天气和气候事件的频率、强度、空间范围及持续时间发生了改变。气候变化在一定时期会给某些地区带来利益,但是在脆弱性不断增强的情况下,其将导致全世界许多地区遭受不利影响和灾害的增加,因此联合国指出,有必要加强灾害风险管理和气候变化适应的紧密联系。联合国报告显示,全球气候灾害数量在 21 世纪的前 20 年出现了"令人震惊"的上升,极端天气已经成为 21 世纪最为主要的灾害来源,气候变化在 21 世纪主导着灾害的格局。由气候变化导致的气候灾害给人类的生存和发展带来了巨大的影响,不仅给相关受灾国家包括生命、财产、环境、旅游资源等在内的利用价值造成不可逆转和永久性的损失损害,甚至还可能引发全球范围的能源短缺以及经济和政治动荡。气候灾害所致损失损害具有显著的全球性特征,在发达国家,气候灾害造成的可衡量经济损失和保险损失更大,而在发展中国家,气候灾害造成的死亡率更高,经济损失占国民生产总值的比例更大,遭受的损失损害最为突出。鉴于此,如何加强气候灾害防治能力建设并进一步完善气候灾害防治国际环境法机制成为摆在人类面前亟待解决的、关乎人类持续存在和发展的关键问题。

学习目标与要求

1. 了解全球气候灾害的特点与防治历史进程。
2. 熟悉全球气候变化带来的灾害性影响。
3. 掌握全球气候变化给中国带来的灾害性影响。
4. 学习全球气候变化带来的典型灾害案例。

第一节 全球气候灾害的特点与防治历史进程

天气、气候或水文事件的极端影响，一旦超过时间、空间和对人类影响的强度三个方面中至少一个阈值条件，就可以变为气候灾害。极端事件常常但并不总是与气候灾害相联系，这种联系取决于特定的物理、地理、社会条件，在某些条件下，非极端事件也可能导致气候灾害。气候灾害可进一步理解为由自然和人为因素结合导致的气候极端事件造成某个社区或社会的正常运行出现剧烈改变，造成大范围人员、物质、经济或环境的不利影响，如干旱灾害、洪涝灾害、风灾（包括台风、狂风、风暴潮）等，以及由此引起的土地沙漠化、沙尘暴、盐碱化、山体滑坡、泥石流、农作物生物灾害等。

较之其他自然灾害类型，气候灾害主要具有以下特点：第一，全球生态系统的一体性决定大气的环流效应以及大气、海洋、陆面的相互作用可导致同一时期在不同半球、不同纬度、不同地区、不同国家接连发生严重的气候灾害。第二，气候灾害作为一种不受国界限制的全球性威胁，容易引发全球范围的多米诺骨牌效应，发生于某一国家或地区范围内的气候灾害造成的不利影响会波及全球环境、人口、政治、经济、文化、卫生、安全等各个方面，具有全球属性。第三，20世纪中叶以来，全球气候变暖程度的不断加深导致气候灾害的类型化特征明显，且不同类型的气候灾害的影响范围及周期性等特点存在较大差异。第四，气候灾害常常发生于发展不平衡的地区，如环境退化、在危险地区快速和无规划的城市化、管理失控和贫困人口缺少生计等暴露度和脆弱性高的地区，这是气候极端事件与脆弱的社会条件相互作用的结果。有证据表明，暴露度和脆弱性是导致气候极端事件发生并决定气候灾害后果严重程度的主要驱动因素。

迄今为止，联合国协调引领国际灾害防治已有30多年的历史。1987年12月11日联合国大会通过决议将1990—2000年定为"国际减少自然灾害十年"，其目标之一为"增强每一国家迅速有效地减轻自然灾害的影响的能力"，而气候灾害防治机制问题则于1989年12月在第44届联合国大会通过的《国际减灾十年行动纲领》中被首次提出，并特别注意发展中国家的气候灾害防治机制问题，要求国际社会协助发展中国家估计灾害的潜在破坏力并建立预警机构和抗灾机构。为实现包括此目标在内的五项目标，此纲领一并规定了国家一级须采取的政策措施及联合国将采取的行动。随后，第三次世界减灾大会及其通过的相关减灾战略与行动框架中对于气候灾害防治机制问题均有涉及。

此外，2015 年 9 月 25 日，联合国大会通过的第 70/1 号决议《变革我们的世界：2030 年可持续发展议程》提出的与灾害风险关系紧密的 17 个可持续发展目标中的目标 9、目标 11 和目标 13 与气候灾害防治能力建设密切相关，包括为了实现可持续发展目标向发展中国家提供财政、技术和技能支持，创造有利的政策环境，以低廉的价格普遍提供因特网服务等。2016 年国际法委员会制定的《发生灾害时的人员保护条款草案》贯穿灾害发生的全过程，规定在灾前阶段、灾害发生后的立即应对行动与早期的恢复阶段，包括灾后重建阶段，应对灾害的国际合作包括提供人道主义援助，协调国际救灾行动和通信，提供救灾人员、设备和物资以及科学、医学、技术资源。2020 年 12 月 21 日，联合国大会第 75/216 号决议《可持续发展：减少灾害风险》强调易受灾发展中国家应得到特别关注，面对气候灾害，必须加强国际合作，预防、限制和减少重大损失损害的发生并优先向发展中国家提供能力建设方面的支持。

至关重要的是《联合国气候变化框架公约》下"气候变化影响相关损失和损害华沙国际机制"（简称"华沙机制"）的确立及其发展、《巴黎协定》第 8 条的相关规定、政府间气候变化专门委员会《2012 年〈管理极端事件和灾害风险推进气候变化适应特别报告〉决策者摘要》《气候变化 2014 年综合报告》等，无一不与气候灾害防治机制的构建密切相关，气候灾害防治机制经过不断细化、充实和完善，逐渐形成了当前气候灾害防治机制框架。《联合国 2030 可持续发展议程》、联合国减灾署《2015—2030 年仙台减灾框架》《巴黎协定》等一系列国际公约体系为全球推进适应政策和行动提供了有力支撑。其中，《巴黎协定》明确要求各个成员国要将气候适应目标纳入"国家自主贡献方案"，指出适应气候变化是从国际到地方共同面临的挑战，确定了提高气候变化适应能力、加强抗御力和降低脆弱性的全球适应目标，要求各国分享知识和经验，定期开展适应行动的监测与更新。2020 年联合国发起了可持续发展目标"行动十年"计划，呼吁加快应对气候变化等全球面临的最严峻挑战。此外，联合国《生物多样性公约》《联合国防治荒漠化公约》也强调了适应气候变化的协同作用、促进社会福祉与可持续发展的国际共识。2021 年 10 月，联合国《生物多样性公约》第 15 次缔约方大会（COP15）在中国云南昆明召开，"生态文明：共建地球生命共同体"理念作为大会主题被首次纳入联合国公约文件。

第二节　全球气候变化带来的灾害性影响

IPCC 第六次评估报告（AR6）第二工作组报告《气候变化 2022：影响、适应和脆弱性》在《气候变化 2014：影响、适应和脆弱性》《全球升温 1.5 ℃特别报告》和《气候变化与土地特别报告》的基础上，从粮食的供应、安全性、可获取性、稳定性等影响粮食安全的四个方面进行了气候变化影响评估，包括气候变化对种植业、畜牧业、林业、其他自然产品、海洋和内陆渔业、多种复合系统等多个领域观测到的影响、预估风险和适应选择，并延伸到粮食供应链系统及提升粮食安全和气候恢复力的路径。就作为粮食安全基础的种植业方面来说，报告以更丰富的研究成果揭示了气候变化对作物产量、适宜种植区、病虫草害、餐桌供应链系统及粮食贸易等关键因素的影响，展示了"气候变化与粮食安全"相关的国际研究新进展。

过去几十年来，人类活动引起的气候变暖阻碍了中低纬度地区农业生产力的增长（中信度）。1961—2015 年的气候变化使全球全要素生产率（TFP）增速放缓了 21%，其中非洲、拉丁美洲和加勒比海地区增速放缓 30%～33%。在过去的 20—50 年，气候变化影响因地区和作物而异，对东亚部分地区的水稻以及北欧的小麦产量有积极影响，对撒哈拉以南非洲、拉丁美洲和加勒比海、南亚、西欧和南欧的作物以负面影响居多。在不同地区，影响长期产量变化趋势的气候因素也不同。在气温升高 1 ℃的背景下，西非地区极端高温和降雨出现频次增加，使谷子产量减少 10%～20%，高粱产量减少 5%～15%；在澳大利亚，1990—2015 年降雨量减少和气温升高使小麦的产量潜力降低 27%，导致产量增长缓慢；在欧洲南部，气候变暖对几乎所有主要作物的产量产生了负面影响，导致近期产量停滞。

IPCC AR6 指出，在不采取适应气候变化措施的情况下，即使考虑 CO_2 施肥效应，21 世纪气候变化对作物产量的影响仍以负面为主，但是在不同作物、时间、地区中差异很大。气候变化使玉米、大豆、水稻及小麦产量每 10 年分别减少 2.3%、3.3%、0.7% 及 1.3%。自 19 世纪后期以来，地表 O_3 浓度大幅增加甚至在某些地区达到了危害植物、动物和人类的水平（高信度）。据评估，2010—2012 年 O_3 导致的大豆、小麦、水稻和玉米平均产量的损失分别为 12.4%、7.1%、4.4% 和 6.1%，同时，O_3 造成大量损失的地区也面临病虫害、高温、干旱和土壤养分胁迫造成产量损失的高风险。CH_4 排放通过直接增加温室气体浓度和作为前体物促进地表 O_3 浓度升高，显著影响了作物产量（中信度）。1850—2010 年由于人为温室气体排放，四种主要作物——大豆、小麦、水稻和玉米——的净产量损失为 6.5 %～12.5 %，其中超过一半的产量损失可归因于 CH_4 排放导致的气温和 O_3 浓度升高。

气候变化下病虫害发生频率增加、面积扩大是影响作物生产的一个严重问题。自 1960 年以来，许多重要的农作物病原体组和害虫以平均 2.7 km/a 的速度向高纬度地区扩张。不同的有害生物种群对气候变化反应不同，一些物种正在改变其当前分布范围，而另一些则在当前分布范围内持续或消失（高信度）。这些不对称的分布变化可以创造新的物种组合或解耦现有的物种组合，对未来作物生产和粮食安全产生难以预测的影响。

极端气候事件影响作物产量，对粮食安全和生计具有负面影响（高信度）。导致作物损失的相关气候灾害正在增加（中等证据，高度一致）。全球约 75% 的收获面积存在与干旱相关的产量损失，且近年来有增加趋势；高温热浪降低了小麦和水稻的产量；高温和干旱的综合影响使全球玉米、大豆和小麦的平均产量分别下降了 11.6%、12.4% 和 9.2%。在欧洲，由于干旱和高温造成的农作物损失在过去 50 年里增加了两倍。在全球范围内，洪水灾害在过去 50 年也有所增加，直接导致作物减产，并通过推迟播种间接导致作物减产。

至少从 20 世纪中叶以来，突然发生粮食生产损失的频率已经增加（中等证据，高度一致）。干旱、洪水和高温热浪导致局部地区粮食供应不足，粮食价格上涨，威胁到数百万人的粮食安全、营养和生计（高信度）。2015—2016 年厄尔尼诺现象造成的干旱，部分归因于人类活动的影响（中信度），对非洲东部和南部以及美国中部等地区造成严重的粮食不安全（高信度）。

在食物安全方面，气候变化会影响真菌的生长和地理分布扩张，进而污染食物和饲料，使食物安全状况恶化（高信度）。CO_2 浓度升高和干旱胁迫将显著增加黄曲霉毒素的产生。在增温 2 ℃ 的情景下，欧洲玉米中黄曲霉毒素污染的风险将增加，会有近 40% 的地区超过当前的法定阈值，有害真菌的发生将增加，并从热带和亚热带地区扩展到缺乏适当监测和风险管理能力的新地区（中信度）。作物中有害真菌的增加以及由此导致的主要粮食作物污染将增加人类和动物的真菌接触风险（高信度）。由于气候变暖引起污染物生物累积增加（高信度），加上病原体、寄生虫、真菌、病毒丰度和毒性的变化，将使食物安全状况进一步恶化。随着温度的升高，沙门氏菌和弯曲杆菌等细菌病原体出现的概率将会增加（高信度）。降雨强度增加将促进重金属向水系淋溶（高信度）。气候变化与污染物相互作用会进一步放大污染物的毒害作用。在粮食贮存方面，较高的温度和湿度会提升贮存成本，导致粮食损失和品质下降，减少生产者收入，提高消费者支出（中信度）；温度升高会导致有害昆虫繁殖率增加和外源激素有效性发生变化，从而增加粮食贮存损失（高信度）。贸易在全球粮食供应中起着重要作用，国内和国际贸易可能受到气候变化的显著影响（中等证据，高信度）。首先，气候变化对作物生产影响存在区域差异，将导致可盈利的产品出口地发生变化。其次，气候变化导致的区域天气变率加剧将使用于国内消费和国际贸易的粮食比例发生变化。再次，气候变化影响下的极端事件会影响粮食价值链，运输和分配受到干扰的国家更容易受到气候变化的影响，从而面临更大的自然灾害风险。气候变化的影响将使 21 世纪中期全球大多数地区的粮食价格升高，对各地区粮食进口成本产生不同的影响（高信度）。

气候变化背景下极端高温、干旱和洪水等受气候因素驱动的灾害的发生强度和频率增加，加剧了粮食不安全。CO_2 浓度升高虽然有助于提升植物光合作用和缓解干旱胁迫，进而对粮食作物和饲料作物产生有利影响，但是对粮食作物的营养品质具有不利影响；对流层 O_3 浓度升高已经阻碍了作物产量的提升（高信度）。

气候变化已经对所有粮食生产系统产生了破坏，预计将来的影响范围会更大。极端气候事件造成的粮食突然损失会降低粮食安全，气候变化引起的农作物和牲畜病虫害暴发还会影响粮食供应和获取。与气候变化相关的热胁迫导致劳动生产力下降。在高湿高温环境下从事体力劳动的人最容易受到热胁迫（高信度），热胁迫导致的中等户外工作的劳动能力、供给和生产力损失估计在 2%～14%，总体估计 2000—2015 年户外工作的生产力损失为 5.3%（中信度），在低收入热带国家高达 14%。高度脆弱的职业群体包括热带国家从事户外工作的低收入农民、农场工人和牲畜饲养者（高信度）。还有证据表明，热胁迫通过营养摄入量的变化影响劳动力供应。如果不采取适应性措施，热胁迫对农业劳动力的影响将随着气候变暖而增加（高信度），可采取的适应措施包括冷却工作环境、改进监测系统和提高劳动者自身对监测预警信息的应用能力等（高信度）。

气候变化导致的干旱、洪水和热带风暴等极端事件的增加，是近期一些地区粮食不安全率上升和出现严重粮食危机的关键驱动因素（高信度）。极端天气事件减少粮食产量，提高粮食价格，使获得健康食品和安全饮用水更加困难，加剧粮食不安全和营养不良。自 2005 年以来，严重干旱事件的发生频率增加，导致非洲、亚洲和太平洋等受影响地区的粮食不安全。人为因素导致的气候变暖也加剧了由大规模海洋表面温度振荡引起的极端气候事件，如 2015—2016 年厄尔尼诺事件在东南亚东部和非洲南部引发了严重干旱，导致 2016 年有 2 050 万人面临严重的粮食不安全，还有 590 万儿童体重偏轻。作为粮食净购买者的城市和农村低收入家庭尤其受到粮食价格上涨的影响，从而导致消费的食物种类减少（高信度）。妇女、少数民族等特定群体将更容易受到粮食不安全的影响。由于贫困、资源有限、歧视和边缘化（高信度），传统居民往往更容易受到影响并可能因此丧失具有重要文化意义的食物和传统生态知识。

食物可利用性是指身体最有效地利用食物的方式，包括食物准备、食物品质和家庭内部分配。气候变化通过影响食物安全、饮食多样性和食物品质等方面影响食物利用，通过影响动物疾病、有害藻华、海洋毒素和致病菌素及其他食源性和水源性传染病增加粮食安全风险（高信度）。气候变化和极端事件的增加减少了在农村市场出售和购买的多样化食物的供应和获取，从而减少了农村小规模生产者和消费者获得负担得起、多样化食品的机会，特别是在内陆和低收入国家（高信度）及边缘群体社区。气温升高可能导致食物数量和质量下降，进行户外游戏和农业活动的暴露更大，以及中暑、传播媒介疾病和腹泻疾病的可能性增加，在多种因素共同作用下，低收入国家的农村儿童特别容易受到影响，出现营养不良。大气中 CO_2 浓度升高会降低谷物中蛋白质、铁、锌和一些维生素的水平，直接导致食物品质下降，其影响随作物种类和栽培品种的不同而不同（高信度）。气候变暖还会改变浮游植物的长链多元不饱和脂肪酸含量，从而降低海产品品质。

气候变化已经改变了作物生长季节的开始和持续时间，并使一些地区的降水变率增加，对低收入和小规模生产者的食物摄入量、营养状况和收入产生了影响（中等证据，高度一致）。气候变化对中长期粮食供应的稳定性有负面影响。气候变化引起的不利天气事件的数量频次和强度增加，会减少粮食供应，增加局地价格波动，影响粮食生产者生计和扰乱粮食运输，从而降低粮食稳定性。

根据 2021 年 9 月世界气象组织发布的《天气、气候和水极端事件造成的死亡人数和经济损失图集（1970—2019）》可知，近 50 年全球与天气、气候和水相关的灾害数量共有 11 072 件，约占所有灾害的 50%，造成 206 万人死亡，约占总数的 45%，带来 3.64 万亿美元的经济损失，约占总数的 74%。全球极端天气、气候事件频发，给人类可持续发展带来巨大威胁。联合国《灾害的代价 2000—2019》的报告指出，过去 20 年间，全球共记录了 7 348 起灾害事件，造成 123 万人死亡，相当于平均每年有近 6 万人被灾害夺去生命，贫困国家的因灾死亡率比富裕国家高出四倍多。与此同时，过去 20 年间的灾害事件还给全球带来了 2.97 万亿美元的经济损失，受灾人口总数高达 40 亿人，其中还有许多人不止一次受灾。与之相比，全球在上一个 20 年，即 1980—1999 年报告的自然灾害数量为 4 212 起，死亡 119 万人，受灾人数超过 30 亿人，经济损失总额为 1.63 万亿美元。报告指出，与气候相关的自然灾害数量激增是造成灾害数量上升的最主要原因，1980—1999 年，全球报告的气候相关灾害事件数量为 3 656 起，而 2000—2019 年则为 6 681 起，增加了约 82.7%。

气候变化风险对经济金融的影响不容忽视。气候变化直接影响生态环境，作为一种负外部性因素，也会通过一系列传导渠道，影响经济和金融体系，极易带来金融体系系统性、结构性问题。

气候变化引发实体经济损失，影响经济增长目标。气候变化，尤其是极端天气直接给实体经济带来重大损失，造成企业经营成本骤然上升，甚至使其面临破产压力。世界气象组织发布的《2020 年气候服务状况报告》显示，在过去 50 年中，全球共发生超过 1.1 万起气候相关自然灾害，致使 200 万人丧生，所造成的经济损失高达 3.6 万亿美元；虽然记录表明，灾难造成的死亡人数在逐年下降，但经济损失却在逐年上升。

气候变化引发资产负债表恶化，影响金融稳定。频发的自然灾害使保险公司面临的索赔频率和金额远超预期，甚至出现巨额保险赔付情况。据统计，2020 年因气候灾害造成的全球保险公司损失近 760 亿美元。2021 年年初至年中，美国的极端严寒、全球各地的野火和暴雨引发的洪灾，让保险公司的理赔金额飙升。2021 年上半年，极端天气让全球保险公司损失 400 亿美元，是 2011 年上半年（发生了日本和新西兰地震）以来最严重的同期保险损失，也是有记录以来的同期第二大损失。未来 20 年，保险业虽有能力支撑自然灾害导致的成本上升，但是随着损失的增大，可能导致保费进一步增加。气候变化不仅使保险公司承保的风险大大增加，还导致保险产品越来越难以定价，保险公司的经营压力增大。气候变化风险导致银行贷款质量下降。气候变化可能导致受灾地区抵押物受损或贬值。例如，被洪水淹没的社区房价大幅下降，部分资产折旧加速；相关企业经营中断，将造成银行贷款违约概率和违约损失上升。研究表明，飓风"桑迪"过后，银行收紧了受飓风影响较大企业的信贷标准，体现为收取更高利率并要求更多抵押品。市场参与者的行为还可能强化负面影响，加剧信贷收紧。另外，国际清算银行（Bank for International Settlement, BIS）指出，资产负债表受到冲击的金融机构可能面临流动性资金紧缺，难以在短期内进行再融资的困境。气候风险使部分国家可能出现债务违约。剑桥大学等机构的研究认为，到 2030 年有 63 个国家可能因为气候变化而被调降信用评级；预计借贷成本的相应增加将使各国到 2100 年的年度偿债支出总额增加 1 370 亿美元～2 050 亿美元。对于受到疫情影响的新兴经济体来说，气候危机将带来更多压力。联合国环境规划署估计，在发展中国家，年度适应成本到 2030 年将高达 3 000 亿美元，到 2050 年将上升到 5 000 亿美元。富时罗素指出，在出现最糟糕的"热室地球"的情况下，到 2050 年，包括马来西亚、南非、墨西哥在内的发展中国家，以及意大利等发达经济体都可能出现债务违约。

低碳转型引发高碳行业承压，市场波动不容忽视。瑞士保险公司在年度报告中指出，如果2050年未实现《巴黎协定》中的气候变化目标，全球经济将萎缩10%，低碳转型迫在眉睫。但低碳转型的相应政策不可避免地会影响相关行业的经营发展，同时伴随市场波动。碳密集型企业利润下降，偿债能力下降。对化石能源的限制导致相关碳密集型企业价值下降，经营困难，信用风险增加。更高的碳排放标准和环保要求还会增加相关企业的经营成本，如更换设备、改用清洁能源、上交碳排放税收等，这会导致企业利润下降、偿债能力下降、违约风险增加。高碳行业发展受到冲击，带来市场风险增加，转型压力不仅影响企业经营，还会影响市场预期，可能引发市场对资产进行重新定价。消费者和投资者转向低碳产品和投资，同时伴随碳密集型资产抛售，股票价格将进一步波动，高碳行业投资者可能遭受损失。研究表明，如果在2100年能够实现将温度上升幅度保持在1.5 ℃以内的目标，一个由3万家公司组成的投资组合的价值将因低碳经济转型损失13.16%。

气候变化挤压货币政策调整空间，影响货币政策传导。气候变化不仅会影响金融稳定，还会从供给端和需求端影响宏观经济变量，从而影响货币政策传导，挤压货币政策调整空间，弱化其宏观调控能力。气候变化造成需求冲击和供给冲击，影响宏观经济变量。需求方面影响消费、投资、对外贸易等。例如，改变消费模式、增加融资成本、抑制投资需求等；供给方面影响劳动力、技术和产出。例如，研究表明气温升高会引起生产力降低。宏观经济变量是央行出台政策、开展宏观调控的重要依据，气候对这些重要变量的影响给央行进行宏观调控带来新挑战。气候变化的复杂性使货币政策决策更加困难。气候变化带来的相关风险及次生灾害的持续时间、规模和对通胀预期等方面的影响存在很大的不确定性。预判失误会极大限制货币政策作用的发挥，甚至可能产生负面效果。气候变化阻碍货币政策目标实现。首先，气候变化和政策转型可能会造成通胀和产出的短期波动，如果不能及时解决，会造成通货膨胀率与核心通胀率之间出现持久差异，影响通胀预期，央行将长期面临产出下降而通胀上升的"滞胀"困境。其次，气候变化造成劳动力供给减少、储蓄行为增加、产出降低等影响，导致市场利率下行，当央行想要通过调节政策利率刺激经济时，较低的市场利率水平使得央行的货币政策利率工具难以发挥预期的引导作用。再次，气候风险会增加金融机构的预防性资金需求，如银行和保险公司提取超额准备金，弱化了央行货币政策工具的调节效力，干扰货币政策传导。

气候变化风险可能引发跨境传导的风险传染效应。在经济全球化的背景下，气候变化风险将通过贸易、产业链和金融等渠道进行传导，与遭受影响而经济困难的经济体联系紧密的国家或机构将受到波及,通过连锁反应与发酵,甚至可能造成系统性、全球性的金融动荡。值得关注的是,天气相关灾害给部分国家带来一系列损失,受灾地区的劳动力、土地、自然资源等生产要素遭到破坏,灾后修缮和重建需要大量人力、物力,大大增加了财政负担。国际货币基金组织(International Monetary Fund,IMF)指出,对于一些发展中国家或财政赤字严重的国家,面对气候变化的脆弱性,甚至会影响国家的主权信用评级。标普、惠誉等大型评级机构也在逐步将气候因素纳入主权评级模型。

第三节 全球气候变化给中国带来的灾害性影响

联合国《灾害的代价2000—2019》的报告指出,2000—2019年,亚洲共发生了3 068起自然灾害,居全球之首,其次是美洲(1 756起)和非洲(1 192起)。在受影响的国家方面,全球十个受灾最多的国家中有八个位于亚洲,其中中国共发生577起灾害事件,居全球首位,其次是美国(467起),印度(321起)、菲律宾(304起)和印尼(278起)分别位列第三到第五位。这些国家大都国土面积广阔、地质类型众多,且灾害风险地区的人口密度也相对较大。

我国是世界上遭受自然灾害最为严重的国家之一。在全球气候变化的背景下,我国重大自然灾害乃至巨灾时有发生,自然灾害呈现出种类多、分布地域广、发生频率高、造成损失重、灾害风险高等特点。由于我国是典型的季风气候国家,气候复杂多样,时空变化大,自然灾害中气象灾害尤为突出,其中暴雨具有季节性特征突出、强度大、持续时间长、范围广等特点。据IPCC报告,我国可能是最受全球气候变化影响的区域之一,高温、洪涝、风暴及低温等自然灾害均会对经济产生不同程度的影响。2000年以来,我国于2006年、2008年、2010年、2016年、2021年及2022年遭受了较重的干旱、雪灾、暴雨洪涝等极端气候灾害。

近年来,我国极端天气、气候事件呈现频发态势,带来的气候风险日益凸显。据国家气候中心的评估结果,1984—2020年,全国每年因气象灾害导致的直接经济损失总体呈现增加趋势,但占国内生产总值比重呈现明显减少趋势。若以2020年的价格计算,年平均经济损失约为4 815.2亿元。近30年,每年因灾死亡及失踪的人数平均约为3 039人,由1991—2010年的约4 007人,下降为2011—2020年的约1 102人,下降趋势明显。我国极端天气、气候事件造成经济损失增加和死亡人数减少的特点与全球规律基本相符。

就灾害影响看，根据2003—2020年气象灾害损失统计，暴雨洪涝灾害导致的直接经济损失占比最大（44.8%），其次为干旱（19.4%）、台风（17.8%）。因暴雨洪涝死亡的人数占比最多（63.4%），其次为强对流天气（24.7%），台风和低温冷害所占比例分别为10%和1.8%。

第四节 全球气候变化带来的典型性灾害案例

温度：2022年全球平均温度比1850—1900年的平均值高出了1.15 ℃（1.02～1.28 ℃）。2015—2022年是1850年有仪器记录以来最暖的八年。尽管连续三年出现了有降温效应的拉尼娜现象，但2022年仍是第五或第六个最暖的年份。像这样的"三峰"拉尼娜现象在过去50年中只发生过三次。

温室气体：二氧化碳、甲烷和一氧化二氮的浓度在2021年达到了观测到的最高纪录，2021年是可获得全球综合值（1984—2021年）的最后一年。从2020年到2021年，甲烷浓度的年度增长是有记录以来最高的。特定地点的实时数据显示，这三种温室气体的水平在2022年都在继续上升。

冰川：2021年10月—2022年10月，有长期观测数据的基准冰川经历了平均厚度超过1.3 m的变化。这一损失比过去10年的平均水平大得多。在有记录的10个质量平衡负值最大的年份（1950—2022年）中，有6个发生在2015年以后。自1970年以来，累积的厚度损失达到了近30 m。由于冬季降雪少、2022年3月撒哈拉沙尘入侵和同年5月至9月初的热浪等一系列原因，欧洲阿尔卑斯山打破了冰川融化的纪录。瑞士的冰川冰量在2021—2022年期间损失了6%，在2001—2022年期间损失了三分之一。夏季融化季有史以来第一次未留下任何积雪，即使在最高的测量点也是如此，因此未有新冰积存。2022年7月25日，瑞士的一个气象气球在5 184 m的高度上记录到了0 ℃，这是其69年记录中的最高零度线，也是第二次零度线高度超过5 000 m。阿尔卑斯山脉最高峰勃朗峰顶也报告了新的温度纪录。对亚洲高山区、北美西部、南美和北极部分地区冰川的测量也显示出冰川质量在大幅减少。在冰岛和挪威北部有一些质量增加，这与高于平均水平的降水和相对凉爽的夏季有关。在1993—2019年期间，全球冰川损失了超过6 000 Gt的冰量。这相当于西欧最大的湖泊莱蒙湖（也称日内瓦湖）大小的75个湖泊的水量。格陵兰岛冰盖的总质量平衡连续26年为负。2022年2月25日，南极洲的海冰降至 192 万 km²，是有记录以来的最低水平，比长期（1991—2020 年）平均值低近 100 万 km²。在该年的余下时间里，海冰持续低于平均水平，在 6 月和 7 月创下了新低。2022 年 9 月夏季融化结束后，北极海冰并列成为卫星记录中第 11 个最低的月度最小范围。

海洋热含量：2022 年，海洋热含量达到了新的观测纪录。温室气体滞留在气候系统中的能量约有 90% 进入海洋，在一定程度上缓解了更高的温度上升，但对海洋生态系统造成了风险。在过去的 20 年里，海洋变暖的速率特别高。尽管拉尼娜现象持续存在，但在 2022 年，58% 的海洋表面至少经历了一次海洋热浪。

海平面：2022 年，全球平均海平面高度继续上升，达到有卫星观测记录以来（1993—2022 年）的新高。在有卫星记录的第一个 10 年（1993—2002 年，2.27 mm/a）和最近的一个 10 年（2013—2022 年，4.62 mm/a）间，全球平均海平面上升速率翻了一番。在 2005—2019 年期间，冰川、格陵兰岛和南极洲的陆地总冰量损失对全球平均海平面高度的上升贡献了 36%，海洋变暖（通过热膨胀）贡献了 55%。陆地储水的变化贡献了不到 10%。

海洋酸化：二氧化碳与海水发生反应，导致海水 pH 值下降，称为"海洋酸化"。海洋酸化威胁着生物体和生态系统。IPCC 第六次评估报告的结论是："具有很高信度的是，公海表面的 pH 值现在是至少 26 000 年来的最低值，至少从那时起，当前的 pH 值变化率是前所未有的。"

极端天气：干旱笼罩了东非，截至 2023 年 1 月连续五个雨季的降雨量都低于平均水平，这是 40 年来持续时间最长的一次，在干旱和其他冲击的影响下，估计整个地区有 2 000 多万人面临着严重的粮食不安全。2022 年 7 月和 8 月破纪录的降雨导致巴基斯坦发生大范围洪灾，1 700 多人死亡，3 300 万人受到影响，近 800 万人流离失所，总破坏和经济损失估计为 300 亿美元。2022 年 7 月（比正常情况高出 181%）和 8 月（比正常情况高出 243%）都是巴基斯坦全国有记录以来最潮湿的月份。在 2022 年夏季，破纪录的热浪影响了欧洲，在一些地区，极端炎热的天气与异常干燥的条件同时出现，在西班牙、德国、英国、法国和葡萄牙，与欧洲大范围的高温有关的死亡人数总共超过 15 000 人；中国也经历了自有全国纪录以来范围最广、持续时间最长的热浪，从 6 月中旬一直持续到 8 月底，导致了有记录以来最热的夏天，升温幅度超过 0.5 ℃，这也是有记录以来第二个最干燥的夏天。2021 年 6 月和 7 月，异常的热浪影响了北美洲西部，许多地方打破台站纪录，温度高出 4~6 ℃ 并导致了与高温相关的死亡达数百人。2021 年 7 月 9 日，加利福尼亚州死亡谷的温度达到 54.4 ℃，与 2020 年近似值并列成为至少自 20 世纪 30 年代以来世界温度纪录的最高值，这是美国大陆有记录以来的最热夏季。加利福尼亚州北部的迪克西大火始于 2021 年 7 月 13 日，到 10 月 7 日过火面积约为 39 万公顷，是加利福尼亚州有记录以来最大的单次火灾。2021 年 8 月 11 日，西西里岛一个农业气象站的温度达到 48.8 ℃，暂时成为欧洲纪录，而凯鲁万（突尼斯）的温度达到了创纪录的 50.3 ℃。2021 年 8 月 14 日，蒙托罗（47.4 ℃）创下了西班牙全国纪录，而同一天是马德里有记录以来最热的一天，为 42.7 ℃。2021 年 7 月 20 日，吉兹雷（49.1 ℃）创造了土耳其的全国纪录，而第比利斯（格鲁吉亚）出现了其有记录以来最热的一天（40.6 ℃），地中海地区许多地方发生了重大野火，阿尔及利亚、土耳其南部和希腊受灾尤为严重。2021 年 2 月中旬，异常寒冷的天气条件影响了美国中部和墨西哥北部的许多地区，得克萨斯州受到的影响最严重，普遍出现了至少自 1989 年以来的最低温度。2021 年 4 月初，异常春寒暴发影响了欧洲许多地区。2021 年 7 月 17—21 日，中国河南省遭遇了极端降雨，7 月 20 日，郑州市一小时的降雨量达到 201.9 mm（中国的全国纪录），六小时降雨量为 382 mm，而这次事件的总降雨量为 720 mm，超过了其年平均值，暴雨导致了超过 302 人死亡，报告的经济损失达 177 亿美元。2021 年 7 月中旬，西欧发生了自有记录以来最严重的洪水，7 月 14—15 日，德国西部和比利时东部的一个地面已饱和的广大区域，降雨量达 100～150 mm，引发了洪水和滑坡，并导致 200 多人死亡。2021 年，严重的干旱再次发生，连续两年影响了南美洲副热带大部分的地区，在巴西南部大部分地区、巴拉圭、乌拉圭和阿根廷北部地区，降雨量远低于平均值，干旱造成了重大的农业损失，而 7 月末的寒潮暴发加剧了损失，使巴西的许多咖啡种植区受损，河流水位低还减少了水力发电生产，并中断了河运。从 2020 年 1 月—2021 年 8 月的 20 个月是美国西南部地区有记录以来最干燥的时期，比此前的记录低 10% 以上。

粮食不安全：截至 2021 年，全球共有 23 亿人面临粮食不安全问题，其中 9.24 亿人面临严重的粮食不安全问题。据预测，2021 年有 7.679 亿人面临营养不良，占全球人口总数的 9.8%。其中一半在亚洲，三分之一在非洲。

2022 年，印度和巴基斯坦季风期前发生的热浪造成了作物产量下降。再加上在乌克兰的冲突开始后，印度禁止小麦出口和限制大米出口，威胁到了国际粮食市场内主食的供应、获取和稳定，给已受到主食短缺影响的国家带来了高风险。

流离失所：2022 年在索马里，由于干旱对牧民和农民生计的灾难性影响，近 120 万人成为境内流离失所者，其中有 6 万多人在同一时期越境进入埃塞俄比亚和肯尼亚。同时，在索马里受旱灾影响的地区，收容了近 3.5 万名难民和寻求庇护者。在埃塞俄比亚，还有 51.2 万名与干旱有关的国内流离失所者。巴基斯坦的洪灾影响了约 3 300 万人，包括受灾地区收容的约 80 万名阿富汗难民。截至 2022 年 10 月，约有 800 万人因洪灾而在国内流离失所，约有 58.5 万人在救济场所避难。

环境：气候变化对生态系统和环境有重要影响。例如，最近重点评估了青藏高原周围独特的高海拔地区，这是除北极和南极之外最大的冰雪储藏地，结果发现全球变暖正在导致温带范围扩大。

气候变化也在影响自然界中反复出现的事件，如树木开花或鸟类迁徙的时间等。例如，日本樱花的开花时间自公元 801 年以来就有记载，由于气候变化和城市发展的影响，自 19 世纪末以来，樱花的开花时间已提前。2021 年，盛花期是 3 月 26 日，这是 1 200 多年来最早的记录。

在一个生态系统中，并非所有的物种都会对相同的气候影响做出反应或以相同的速度做出反应。例如，50 年来 117 个欧洲候鸟物种的春季迁徙时间显示出与其他春季事件的不匹配程度越来越高，如落叶和昆虫飞行等，这些活动对鸟类的生存很重要。这种不匹配很可能导致一些迁徙物种的种群数量下降，特别是在撒哈拉以南非洲越冬的物种。

本章小结

随着全球变暖进程的加快，全球极端天气、气候事件不断增加，应对气候变化、降低灾害风险是联合国制定的实现人类可持续发展的重要目标。在全球气候变化的背景下，气候灾害所致损失和损害具有显著的全球性。在发达国家，气候灾害造成的可衡量经济损失和保险损失更大；在中国，自然灾害呈现出种类多、分布地域广、发生频率高、造成损失重、灾害风险高等特点。

思考习题

1. 简述全球气候灾害的特点。
2. 举例说明全球气候变化给中国带来的灾害性影响。

拓展性阅读

第三章　全球气候治理的国际合作

内容摘要

气候问题涉及巨大的时空尺度，具有高度复杂性和不确定性，给人类生存和发展带来了严峻挑战。气候变化对每个国家都是不可回避的威胁，也是每个国家无法凭借自身之力解决的灾难，开展国际气候合作是唯一有效的应对途径。迄今为止，国际气候合作已走过 30 余年的历程，国际社会中负责任的政府和有识之士已展开多角度、多层面的行动，在双边、地区性合作乃至全球性合作上均取得了巨大成就。

学习目标与要求

1. 理解全球气候治理的内涵和核心要素。
2. 熟悉气候问题的特征和开展国际气候合作的必要性。
3. 了解国际气候合作的起源和发展历程。
4. 掌握全球气候治理国际合作的内涵、体系以及合作进展。

第一节　全球气候治理概述

一、全球气候治理的内涵

全球气候治理这一概念自建构开始便表达了强烈的"全球主义"理念，将全球气候问题对人类灾难性影响的科学预测传达至世界各国，使其向着一个科学设定的全球性目标发展，打造一种人类命运共同体的图式或前景。由于当今世界面临着环境污染、气候变暖、疫病传播、恐怖主义等超越国界而存在的全球性问题，任何一个国家都无法独善其身，全球治理成为各国携手应对全球性挑战的必然要求。全球治理超越传统的民族、国家的界限，通过具有约束力的国际规则解决全球性的冲突，维持正常的国际政治经济秩序，其治理模式被誉为成就世界美好未来的必由之路。21 世纪以来，随着全球化进程的不断深化和新兴经济体的崛起，权力分散和多极化趋势愈发明显，全球治理体系将更加开放，更多依托以国际规则为基础的多边协调机制。

作为全球治理体系中的重要有机组成部分，全球气候治理镶嵌于现存国际政治经济秩序与国际权力格局之中。全球气候治理体系在全球治理体系发展历程中逐步建立、完善和运转，其历史沿革以及改革诉求深刻反映了 21 世纪以来全球政治和权力格局的变迁，与全球治理下的经济、贸易、安全、投资等国际体系及航空航海等合作领域相互影响、深刻联系。

全球气候治理一词尚无统一而权威的概念界定，其内涵是全球范围内多元化多层次的主体为应对气候变化问题而做出的共同努力。全球气候治理本质上是各国和地区在全球气候问题下对环境和资源要素的再分配，以及对全球及各国利益的协调、竞争与合作。而全球气候治理的共同目标是全球多元参与者积极合作，共同维护全球气候系统的平衡，实现人类未来可持续发展。

全球气候治理这一内涵包括三个关键要素：① 治理的主体。全球气候治理实践中的参与主体包括主权国家、政府间组织、非政府组织和跨国公司等。当前，气候治理实践的参与主体愈发多元化，它们分别根据自身的组织优势，在全球气候治理中发挥着重要作用。② 治理的客体，即全球气候变化问题。由于全球气候问题的复杂性和气候影响的广泛性，全球气候治理的客体不仅包括单一的气候问题，还涉及与气候变化相关的经济、政治、能源、安全等相关领域。③ 治理的方式，即应对气候变化问题的手段。减缓和适应是应对气候变化的两大方式。减缓即通过人为干预减少人类活动所致的温室气体排放，从而减缓并阻止气候变化的发生，其一直以来都是应对气候变化国际合作的核心。适应则是基于实际已经发生的或预期会发生的气候变化及后果，增强自身能力建设，进行自然或人类系统的调整以适应这一气候变化，利用气候变化带来的机遇，降低因气候变化导致的损失和危害。适应主要涉及健康、水管理、防洪以及城市发展领域。

二、全球气候治理的理论视角

1. 可持续发展理论

可持续发展是全球气候治理的思想基础。世界环境与发展委员会在《我们共同的未来》报告中阐述了可持续发展（Sustainable Development）的概念，即可持续发展是既满足当代人的需要，又不损害后代人满足其自身需要的能力的发展。气候变化问题与人类的生存与发展紧密相连，是人类实现可持续发展面临的巨大全球性挑战之一。

可持续发展理论起源于1987年世界环境与发展委员会的报告《我们共同的未来》，报告系统阐述了"可持续发展"的理念和基本原则，论述全球环境与发展问题并提出行动建议，其作为纲领性文件奠定了可持续发展的理论框架。1992年6月，在世界环境与发展大会上，102个参会国家首脑共同签署《21世纪议程》，并发表《里约宣言》，可持续发展这种全新的理念终于成为全人类的共识。2000年，千年首脑会议通过了《联合国千年宣言》，提出千年发展目标（MDGs），实现了可持续发展从理念到全球行动议程的转化。

可持续发展理论以公平性、持续性、共同性为三大基本原则。公平性原则包括两个方面：一是本代人的公平，即代内之间的横向公平；二是代际公平，即世代之间的纵向公平。可持续发展理论要求当代人在考虑自己的需求与消费的同时，也要对未来各代人的需求与消费负起历史的责任。持续性原则是指人类的经济建设和社会发展不能超越自然资源与生态环境的承载能力。这意味着，可持续发展理论不仅要求人与人之间的公平，还要顾及人与自然之间的公平。共同性原则是指必须采取全球共同配合的行动才能实现可持续发展的总目标。因此，达成既尊重各方的利益，又能保护全球环境与发展体系的国际协定至关重要。

2. 产权理论

西方经济学者提出的气候变化理论以产权理论为基础。学者们认为气候变化问题及其危害实质上是一个与市场相关的问题，由于市场缺失和产权不清晰，温室气体排放对全球环境所造成的负面成本无法反映在价格中，发生了气候"开放获取的悲剧"。学者们主张建立一个自由市场框架，将外部性内生化以解决气候问题，具体包括碳交易、碳税和碳补偿等方案。

现代产权理论的创始人是1991年诺贝尔经济学奖获得者科斯（Ronald H. Coase），科斯定理是经济学家对其产权基本观点的概括性表述。科斯定理是关于产权安排、交易费用、资源配置效率之间内在联系的理论。科斯定理指出：若交易成本为零、产权界定清晰，那么无论产权如何，都可以达到帕累托最优；若交易成本不为零，则取决于产权如何界定才能使社会总福利或产值最大化。科斯定理的核心内涵：一是交易成本一旦大于零，那么产权将是重要的；二是产权界定不同，则隐含的交易成本也不同；三是尽管可以选择不同的交易方式，但只能消除部分而不是全部与权利初始配置相关的社会福利损失。因为交易成本为正，产权交易的代价会很高。

在全球气候治理领域，产权理论对应对气候变化问题具有重要指导意义。碳排放权交易（Carbon Emission Permits Trade）是产权理论在该领域的重要实践。碳排放权交易赋予二氧化碳排放权以商品的属性，允许其在市场上自由交易。通过该交易，具有技术优势的企业可以转让其剩余排放权，碳排放成本高的企业可以购买获得额外排放权。碳排放权交易能有效将环境成本在企业内部化，已成为减排的重要途径。此外，气候治理中所需的低碳、节能、减排等创新技术也涉及知识产权问题。

三、全球气候治理的核心要素

资金、技术和能力建设是全球气候治理的核心要素和重要保障。气候减缓和适应行动的实施过程和实施效果最终需要落实到资金、技术和能力建设层面。由于发达国家和发展中国家不同的历史累积碳排放、经济发展水平和气候变化应对能力，《联合国气候变化框架公约》将缔约方划分为发达国家和发展中国家，二者承担"共同但有区别的责任"。自20世纪90年代开始，发达国家同意率先采取减排措施，并承诺为发展中国家应对气候变化的行动提供资金、技术和能力建设支持。

1. 资金

气候资金是应对气候变化行动的重要保障。对于气候资金问题的讨论始于1992年《联合国气候变化框架公约》的签订，该公约达成了发达国家缔约方向发展中国家缔约方提供应对气候变化的资金支持这一共识。《联合国气候变化框架公约》对气候资金做出明确规定，主要包括：① 发达国家为发展中国家提供"已经到位"的资金而非"动态"的融资或筹资过程；资金应符合"新的、额外的"和"充足、可预测的"特征。② 发展中国家是否开展应对气候行动及行动力度取决于发达国家"是否出资"或"出资几何"。

当前，全球环境基金、绿色气候基金等多个组织在UNFCCC框架下并行，发挥其重要作用。与此同时，UNFCCC框架外资金机制也逐步繁荣，全球气候融资的规模有所扩大，融资渠道也有所拓宽，全球主要气候基金组织详见表3-1。尽管如此，气候合作的资金缺口依然很大，资金不足问题（特别是用于适应气候变化的资金不足）严重制约了以发展中国家为主的相关国家的气候行动。

表 3-1　全球主要气候基金组织

UNFCCC 框架下	全球环境基金（GEF）	◆成立于 1991 年，全球最早投入运营的国际环境资金机构，同时担当包括《联合国气候变化框架公约》在内的六个国际环境公约的多边资金机制 ◆GEF 以提供赠款为主，同时负责运营《联合国气候变化框架公约》体系下的气候变化特别基金（SCCF）和最不发达国家基金（LDCF）
	气候变化特别基金（SCCF）、最不发达国家基金（LDCF）	◆2001 年，《联合国气候变化框架公约》第 7 次缔约方会议决定成立 SCCF 和 LDCF 作为《联合国气候变化框架公约》资金机制运营实体 ◆气候变化特别基金（SCCF）建立目的：补充 GEF 重点领域和其他双边和多边资金的不足，优先资助适应领域行动 ◆最不发达国家基金（LDCF）设立初衷：支持最不发达国家通过国家适应行动计划确定最迫切的适应需求项目
	适应基金（AF）	◆2009 年正式投入运营，资金来源为《京都议定书》下清洁发展机制（CDM）项目产生的经核证减排量的 2%的收益、发达国家自愿捐资及少量投资收入 ◆AF 的优势在于通过在用款国指定国家操作实体（NIEs）或区域操作实体（RIEs）的方式，为用款国直接提供符合国家所有权以及国家需求的资助（而不是通过机构或多边发展银行），且能够对小型的、为地方量身定制的适应项目提供目标化的支持
	绿色气候基金（GCF）	◆2010 年年底，《联合国气候变化框架公约》第 16 次缔约方会议决定设立绿色气候基金，并确定基金为《联合国气候变化框架公约》资金机制的运营实体之一 ◆GCF 主要为发展中国家应对气候变化领域的项目、规划、政策及其他活动提供资金支持。GCF 的设计使其同时兼有资金操作实体和资金媒介的功能，在引入以发展参与为基础的制度下进行合作设计，且能够与 GEF 和 AF 指定的国内实体进行合作，已成为 UNFCCC 框架下资金机制的主渠道
UNFCCC 框架外	气候投资基金（CIF）	◆2008 年，由 14 个国家出资设立（包括八个欧洲国家和美国、加拿大、日本、韩国、澳大利亚、西班牙）。在 GCF 方案实施前，CIF 是规模最大的气候基金 ◆CIF 四个关键项目——清洁技术基金（CTF）、气候适应试点项目（PPCR）、森林投资项目（FIP）、扩大可再生能源项目（SPER），旨在大规模支持 48 个气候变化和适应活动 ◆最重要的是 CTF 项目，主要为中等收入国家提供低息贷款，支持其在清洁能源、能效以及可持续交通领域的技术示范、发展和转移
	全球能源效率和可持续能源基金（GEEREF）	◆欧盟 2008 年设立全球能源效率和可持续能源基金（GEEREF），资金总额为 1 亿欧元，主要来自欧盟、德国和挪威
	非洲风险能力（ARC）	◆在适应领域，非洲发展了 ARC 项目作为泛非洲干旱风险机制 ◆该机制下，参与的非洲国家每年缴付保费，也有一部分资金来自捐款。如果某年的卫星气候指数表明会出现对抗严重的干旱，ARC 就会为投保的政府支付保费

资料来源：启岩．对气候资金问题的回顾与思考［J］．中国财政，2016（13）：58-60．

2. 技术

科学、技术和创新对于设计应对气候变化的有效措施而言是至关重要的。气候技术的创新突破、大规模扩散和应用是实现全球应对气候变化目标的核心，也是全球气候治理的重要工作内容。《联合国气候变化框架公约》出于寻求维护国际技术市场秩序和加快气候技术开发与转让步伐平衡的目的，对发达国家提出了向发展中国家转让气候技术的要求。《联合国气候变化框架公约》明确提出发达国家要"酌情促进、便利和资助向其他缔约方特别是发展中国家缔约方转让或使它们有机会得到无害环境的技术和专有技术，以使它们能够履行本公约的各项规定。在此过程中，发达国家缔约方应支持开发和增强发展中国家缔约方的自身能力和技术"。

气候技术包括两个方面：一是气候减缓技术，是指那些直接作用于温室气体减排的技术，如风能、太阳能和生物质能等清洁能源技术；二是气候变化适应的相关技术，是指那些借助于政府干预并主要针对集体和公共产品的技术，如农业、水资源、生态系统和公共健康等领域的应对技术。

气候技术开发和转让问题自 1992 年首次被纳入《联合国气候变化框架公约》以来，一直在国际气候政策领域受到广泛关注，其在减少温室气体排放和适应气候变化后果方面的作用"被视为变得越来越关键"。技术机制目前是《联合国气候变化框架公约》内促进合作开发和向发展中国家转让气候技术的主要途径。技术机制由技术执行委员会（TEC）、气候技术中心和网络（CTCN）组成，前者是其政策部门，后者是其执行部门。技术执行委员会的工作重点是确定并推荐能够支持各国加快气候技术的开发及转让的政策。气候技术中心和网络通过提供技术援助、宣传气候技术信息和知识、促进合作与能力建设三种关怀服务促进技术转让。当前，资金有限是制约 CTCN 提供预期水平服务能力的关键因素。在巴黎谈判中，发达国家和发展中国家之间对技术开发和转让无害环境技术以减轻气候影响的问题存在很大争议，尤其是关于技术创新的含义，确定哪些行为应该得到支持以及《联合国气候变化框架公约》如何提供支持的问题，这些分歧有待在未来进一步磋商解决。

3. 能力建设

能力建设是发展中国家治理气候的重要手段和主要关注点。IPCC 报告显示，在 2019 年提交的 168 个国家发展计划中，能力建设是众多国家最迫切需要的支持。能力建设通常包括三个层面：个人（侧重于知识、技能和培训）、组织或机构（侧重于组织绩效和机构合作）和系统性（通过政府监管和经济政策创造有利环境）。气候治理能力建设包括一系列形式：促进技术开发、传播和部署；获得气候融资；教育、培训和提高公众意识；透明、及时和准确的信息沟通等。2015 年，巴黎能力建设委员会（PCCB）成立，其作为加强能力建设工作的主要机构，负责为气候变化培训和能力建设提供指导和技术支持、提高公众意识以及分享气候知识。此外，关于能力建设的区域、双边气候合作和伙伴关系活动日趋增多，也为发展中国家的气候变化行动提供了重要的人力和机构能力建设支持。

由于许多发展中国家仍然面临着重大的能力挑战，这将削弱其有效或充分执行气候行动的能力，因此，能力建设活动的重点是使发展中国家能够采取有效的气候变化行动，尤其是特别容易受到气候变化影响的最不发达国家和小岛屿发展中国家。IPCC 报告表明，适应的能力建设优先于减缓的能力建设，国家发展计划中最主要的能力建设要素是研究和技术。此外，发展中国家对减缓和适应气候变化的教育、培训和意识提高的需求在国家发展计划中占有突出地位，特别是最不发达国家。

第二节　全球气候治理国际合作的必要性

气候是一个典型的高度复杂、非线性和开放的巨系统，涉及地球环境与人类社会的诸多方面。由于温室气体在大气层留存周期长，其影响会不可分割地扩散到整个世界，因此气候变化问题具有棘手的跨代外部性和跨国外部性，涉及巨大的时空尺度，具有高度复杂性和不确定性，对全球环境和社会生活带来严峻挑战。面对如此复杂的气候变化，迫切需要对其进行科学认识，从经济学视角展开多维度分析。通过设计、实施和执行多国合作政策，各国才能确保有效的气候变化治理。

一、气候问题的长时间尺度和跨代外部性

弗兰克·因克罗佩拉（Frank P. Incropera）曾在《气候变化：科学、经济、政治和人类行为交叉的一个邪恶问题——复杂性和不确定性》中指出，不同于传统的环境问题（其不利影响会立即或在近期显现），由于温室气体停留时间长、生态系统平衡的速度慢，加之人类行为和社会经济系统的延迟反应，今天排放的负面影响并没有在当代完全显现，而是随着时间的推移可能要过几十年才能产生诸如海平面上升、气候异常等严重后果。世界各地的人们已深受过去排放的影响，而目前的排放又将在未来产生潜在的灾难性影响。在应对气候变化问题上，当代人需承担追溯性的代际义务和前瞻性的代际义务。

需要当代人应对的气候变化后果，往往是过去世代而非当代人的温室气体排放行为造成的。工业革命以来，发达国家的工业生产是全球温室气体历史排放的主要来源，甚至挤占了当前发展中国家在工业化进程中理应拥有的碳排放空间。随着全球化进程的深入和国际分工体系的发展，发达国家将部分高碳产业转移至发展中国家，使得发展中国家形成高碳的产业体系和路径依赖。可见，发达国家应当承担更多的气候治理责任，与各国探讨建立基于代际公平的碳排放权分配方案，率先实现自身减碳承诺并向发展中国家提供合理的资金支持和技术援助。只有在全球气候治理集体行动的背景下，才能评估一个国家的贡献和承担的责任是否足够。全球评估在公平和科学的基础上讨论负担分摊，是鼓励各国积极应对气候变化的关键。

气候治理存在代际间搭便车的趋势。由于气候治理行动需要在当下就付出高昂的成本，但其收益在遥远的未来才能实现，所以部分人希望将应对气候变化的成本推给未来的几代人。气候治理如何在代际间的利益分配上进行合理权衡，是一个重要问题。普遍认可的解决办法是基于全球气候问题的背景建立一套共同的跨期费用收益框架，从成本和收益两方面分析气候应对的目标及对策。在成本核算方面，应先确定减缓和适应的目标，随后估计相应的气候治理成本及成本分担。在收益核算方面，应首先对气候变化在生态系统、水资源、农业等不同领域的影响进行经济损失评估，并应用贴现率估现值，而后估计气候治理收益及利益分配。为了科学、具体地衡量长时间跨度的成本和效益，代际贴现已成为当前研究的经典方法。

二、气候变化的大空间尺度与全球外部性

气候变化不是一个地区或国家的问题，它是全球性的。各国排放的温室气体进入大气层参与全球大气循环，造成的气候变化影响也波及全球范围。按照气候科学原理，温升目标提出了对全球温室气体排放的上限约束，要求对全球大气层中的温室气体容量进行管控。因此，气候变化已经演变为全球气候公共财富的管理问题。由于气候变化的治理成本和治理收益只能在全球范围实现内在化，在一国往往无法实现成本和收益的平衡，因此，搭便车问题极为普遍，呼吁各国共同采取气候治理行动面临巨大挑战。

气候变化在全球范围内的巨大空间尺度涉及这样一个事实，利益和脆弱性是不对称的，即富裕国家获得的利益最大，最不脆弱，而贫穷国家获得的利益最少，最为脆弱。因为资本的积累和增长与温室气体排放呈现为一种正相关的关系，但气候变化带来的损失在边缘国家并不成比例。此外，不同发展水平的国家和地区应对气候变化的能力也有明显差距。1992 年签署《联合国气候变化框架公约》的 195 个缔约国有着截然不同的立

场和观点：一些国家是化石燃料出口国，一些国家是进口国；一些国家使用大量可再生能源，一些国家使用很少；部分国家十分富有，部分国家相当贫困；有些国家极易受到气候变化的影响（如小岛屿经济体和热带国家），有些国家则相对不那么脆弱（如高纬度地区气候寒冷的国家）。这些差异导致了在全球气候治理行动上各国存在不同的意见和利益分歧。

可见，各国的决策主体均需要处理好全球气候利益和本国经济发展利益之间的关系。经济学解决传统的外部性问题的措施多基于国家层面，即假定存在中央政府。在一个主权国家内部，中央政府可以对环境产权做出明确的界定，此后选择相关的政策手段，如环境规制、财政与税收手段（即庇古的解决方案）和排放权交易手段（即科斯的解决方案）等。但对于全球气候治理问题，国际上既不存在一个超越国家主权的世界政府，也不存在一个凌驾于各国主权之上的纯粹超主权的治理模式，无法像前者那样解决全球外部性问题。只有通过设计、实施和执行多国合作政策，各国才能确保有效的气候变化治理。气候变化对每个国家都是不可回避的威胁，也是每个国家无法凭借自身之力解决的灾难。国际气候合作是唯一有效的途径，这既是个体理性必须做出的选择，也是集体理性提出的要求。

三、气候变化问题的不确定性

气候变化问题存在高度不确定性以及巨大的甚至不可逆的风险。2018年诺贝尔经济学奖得主诺德豪斯曾指出："气候变化就像一个巨大的赌场，经济增长在气候和地球系统中产生了意想不到而又十分危险的变化，这些变化将导致不可预知的后果。我们正在掷气候骰子，其结果可能产生惊喜，也可能十分危险。"当气候系统受到的外部干扰超过临界阈值，破坏了系统的恢复能力时，将造成系统的失衡甚至崩溃，并且这种变化是不可逆转的。北极夏季海冰、西非季风、亚马逊热带雨林、北方森林、厄尔尼诺、格陵兰冰盖和西南极冰盖等正是地球气候系统中具有高度敏感性和指示作用的临界点。目前，人类对于明确气候变化问题前因后果所需的知识库还远远不够完整，在厘清复杂气候系统的驱动因素方面存在不确定性，在确定气候变化的具体结果方面存在不确定性，在政策的有效性、减排成本和技术演化方面也存在不确定性，这种不稳定性和复杂性使得解决气候变化问题面临巨大挑战。

不确定性不是无所作为的理由。面对气候变化的不确定性，不解决全球变暖的根源、不积极准备气候变化应对之策，仅仅呼吁进行更多的研究是微不足道的。《联合国气候变化框架公约》指出："各缔约方应当采取预防措施，预测、防止或尽量减少引起气候变化的原因，并缓解其不利影响。当存在造成严重或不可逆转的损害的威胁时，不应当以科学上没有完全的确定性为理由推迟采取这类措施。"那么，面对气候变化问题存在的不确定性以及存在大规模不可逆风险等特征，如何才能有效作为？IPCC 第六次综合报告指出，可以通过灵活、多部门、包容的长期规划和适应行动来避免适应不良，与此同时，这一行动可以使得许多部门和系统受益。国际社会倡导建立气候变化风险评价框架，并基于此确定全球应对气候变化的减缓与适应目标。近年来，部分国家及地区重点探讨应对气候变化不确定性的决策方法，认为动态适应性规划是可行思路，将动态适应性规划体系纳入了国家及地区的发展战略与政策中。

综上所述，气候变化问题的全球外部性、跨代外部性和不确定性特征，意味着地球上没有国家能够独立应对，也没有国家可以独善其身。应对气候变化是人类必须肩负的长期而艰巨的历史责任，减缓和适应气候变化是人类发展史上规模空前的综合性系统工程，其所需的人力、物力和财力非一国或几个国家所能承担。不仅如此，应对气候变化更是一个协同的过程，其进展和成功与否取决于各方的配合和努力。因此，需要各国一道站在全人类福祉的高度，在考虑子孙后代可持续发展的背景下，共同制定应对气候变化的全球议程，积极展开减缓与适应各领域的深度国际合作。通过国际社会的合作共同应对全球气候变化，维护气候系统的可持续性，维护全人类生存和发展的共同利益。

第三节　全球气候治理国际合作的体系构建

一、全球气候治理国际合作的内涵

在国际关系理论中，合作指"行为者通过政策协调的过程，不断调整自身的行为，适应他者目前和以后的需要"。合作是一组关系，"这组关系不是建立在压迫或者强迫之上的，而是以成员的共同意志为合法基础的"。而关于国际合作的概念，学者俞正梁认为，是"国际关系行为主体全面或局部的协调、联合等协力行为，是一种相互适应，它是基于各行为主体在一定领域和范围内利益或目标的基本一致或部分一致"。

随着环境问题规模和范围的扩大及治理难度的增加，环境治理不再仅仅是国家内部的事务，各国纷纷开展国际合作，通过政策协调采取一致行动。作为国际环境合作最重要的组成部分之一，全球气候治理国际合作尚无全面且权威的定义。气候治理国际合作本质上是一种政治谈判和博弈，旨在促使个体参与集体行动，以使整体气候行动的收益大于单方行动的收益，实现国际社会的福利最大化。全球气候治理国际合作是世界范围内的多层次主体为缓解和适应气候变化所进行的双边或多边的共同努力。随着气候治理国际合作的深入开展，气候治理国际合作的内涵日趋丰富，既包含了国家主体之间的国际协议、国际机构及其气候行动，如全球气候协议和法律文书、涉及较少国家的诸边协议以及专注于特定经济和政策部门的协议，也包含非国家和次国家行为主体（包括地方政府部门、行业联盟、私营公司以及民间社会组织等）之间的跨国协议和气候行动。

二、全球气候治理国际合作的发展

对于全世界共同面对的严峻的气候变化问题，越来越多的国家意识到，加强国际气候合作是维护人类文明可持续发展的一个根本前提。迄今为止，全球气候治理国际合作已走过30余年的历程，国际社会中负责任的政府和有识之士已展开多角度、多层面的行动，在双边、地区性合作乃至全球性合作上均取得了巨大成就。全球气候治理国际合作的发展历程大致可以分为四个阶段。

1. 全球气候治理国际合作的序幕

早在19世纪中期，气候领域的国际合作实际上已经开始。但由于当时人类对于气候变暖的认知较少，故合作仅仅发生在科学领域。

1947年，世界气象组织（WMO）成立，气候合作拥有了合作的制度组织平台。

1979年，第一届世界气候大会召开，标志着国际科学界在形成对气候变化的共识方面取得了重大进展。

1985年的维拉赫会议是气候问题政治化的一个重要标志。会议提议由联合国环境规划署、世界气象组织和国际科学联盟理事会共同组成一个特别小组，在必要的情况下，应"着手考虑全球性公约问题"。这一建议为后来全球范围的国际气候合作指明了方向，即解决气候变化问题需要国际合作，合作要在一个全球性公约的框架下进行。

2. 全球气候治理国际合作的初步探索阶段

1988年是气候治理国际合作历程中十分重要的年份。9月，联合国第43次大会首次将气候变化问题列入正式议题。会议决定成立政府间气候变化专门委员会（IPCC）。11月，世界气象组织和联合国环境规划署（UNEP）联合建立IPCC，负责收集、整理和汇总世界各国在气候变化领域的研究工作和成果，提出科学评价和政策建议。

1990年，联合国第45/212号决议正式决定发起《联合国气候变化框架公约》谈判，并成立政府间谈判委员会。

1991 年,《联合国气候变化框架公约》谈判正式启动,最终于 1992 年达成协议,1994 年正式生效。《联合国气候变化框架公约》的制定和签署在全球应对气候变化国际合作发展历程中具有里程碑意义。它是世界上第一个以全面控制温室气体排放应对全球气候变暖问题的国际公约,是国际社会开展气候变化问题国际合作的基本框架,为应对气候变化国际合作奠定了法律基础,是具有权威性和法律约束力的关于开展气候变化国际合作的指导性文件。截至 2023 年 8 月,《联合国气候变化框架公约》的缔约方国家已达到 198 个。

3. 全球气候治理国际合作的曲折前行阶段

由于涉及领域和利益广泛,自《联合国气候变化框架公约》生效后的第 1 次缔约方大会开始,气候治理国际合作便陷入了激烈的斗争中,全球气候治理国际合作进入曲折前行阶段。

1997 年,《联合国气候变化框架公约》第 3 次缔约方大会(COP3)召开并通过《京都议定书》,为附件一缔约方规定了具有法律约束力和时间表的温室气体减排义务。为帮助发达国家以较低成本实现减排目标和促进发展中国家实施可持续发展战略,《京都议定书》设置了三大灵活市场机制,包括国际排放交易机制(IET)、联合履约机制(JI)和清洁发展机制(CDM)。

2000 年,《联合国气候变化框架公约》第 6 次缔约方大会(COP6)召开,会上欧美国家之间分歧严重,谈判被迫停止。2001 年复会通过《波恩政治协议》,挽救了《京都议定书》。

2001 年,美国政府以成本太高、待遇不公和科学不确定性为由,宣布拒绝执行《京都议定书》。作为当时世界上最大的温室气体排放国,美国的退出使气候治理国际合作遭受重大打击。

2004 年,俄罗斯国家杜马和联邦委员会批准《京都议定书》,随后俄罗斯签署《京都议定书》。《京都议定书》在遭受美国退出的挫折后,于 2004 年 2 月 16 日正式生效。

2007 年,《联合国气候变化框架公约》第 13 次缔约方大会(COP13)达成了"巴厘路线图"。会议明确了《京都议定书》第一承诺期目标以及 2012 年之后应对气候变化的谈判议程,为"后京都时代"气候治理国际合作指明了方向。

2012 年,《联合国气候变化框架公约》第 18 次缔约方会议(COP18)通过将《京都议定书》有效期延长至 2020 年的决定,明确将 2013—2020 年设定为《京都议定书》第二履约期。但随后,相关国家就新阶段的履约问题"反悔",气候治理国际合作再次陷入僵局。

4. 全球气候治理国际合作的新起点

2015年12月12日,《联合国气候变化框架公约》第21次缔约方大会（COP21）通过《巴黎协定》，在总体目标、责任区分、资金技术等多个核心问题上取得实质性进展，被认为是气候变化国际合作进程中的历史性转折点。

2016年,《巴黎协定》正式生效，建立了以国家自主贡献（NDCs）为核心的全球行动模式。《巴黎协定》是人类应对气候变化行动的重大飞跃和全球气候治理进程的里程碑。

2017年6月，美国政府宣布将退出《巴黎协定》；2020年11月，美国正式退出该协定，成为迄今为止唯一退出《巴黎协定》的缔约方。

2021年2月，美国正式重新加入《巴黎协定》。同年11月,《联合国气候变化框架公约》第26次缔约方会议（COP26）发布《格拉斯哥气候公约》与中美《格拉斯哥联合宣言》，标志着全球气候治理国际合作进程迈出新的步伐。

三、全球气候治理国际合作的体系

政府间气候变化专门委员会在其第五次评估报告（AR5）的第三工作组报告中，梳理了当前已签订的国际、跨国、区域、国家、次国家和非国家协议以及已开展的其他形式的气候合作，总结了全球气候治理国际合作的体系架构。国际气候合作体系表现出以《联合国气候变化框架公约》为基础，多层次、多主体广泛参与国际气候合作的特征，如图3-1所示。

全球气候治理国际合作体系包括三个层次上的气候合作，即国际层次、国家或者地区层次以及次国家层次。其中，国际层次的合作包括：①《联合国气候变化框架公约》及其缔约方会议上签署的国际协议（如《京都议定书》《巴黎协定》等）。② 联合国的其他气候相关组织机构（如政府间气候变化专门委员会、联合国开发计划署、联合国环境规划署、国际民用航空组织、国际海事组织、联合国国际伙伴关系基金等）。③ 联合国以外的气候合作组织（如世界银行、世界贸易组织等）。④ 其他环境条约（如《蒙特利尔议定书》《环境变化条约》《生物多样性公约》等）。涉及国家或地区两个层面的气候合作包括：① 其他多边俱乐部（如经济体能源与气候论坛、二十国集团、REDD+伙伴关系）。② 双边协定（如美国—印度、挪威—印度尼西亚双边气候协议）。③ 适合本国的缓解行动（NAMAs）和国家适应行动方案（NAPAs）。不同于国际层次和国家层次以政府为主体开展的气候合作，次国家层次气候治理合作的参与主体包括地方政府、私人部门、非政府组织。

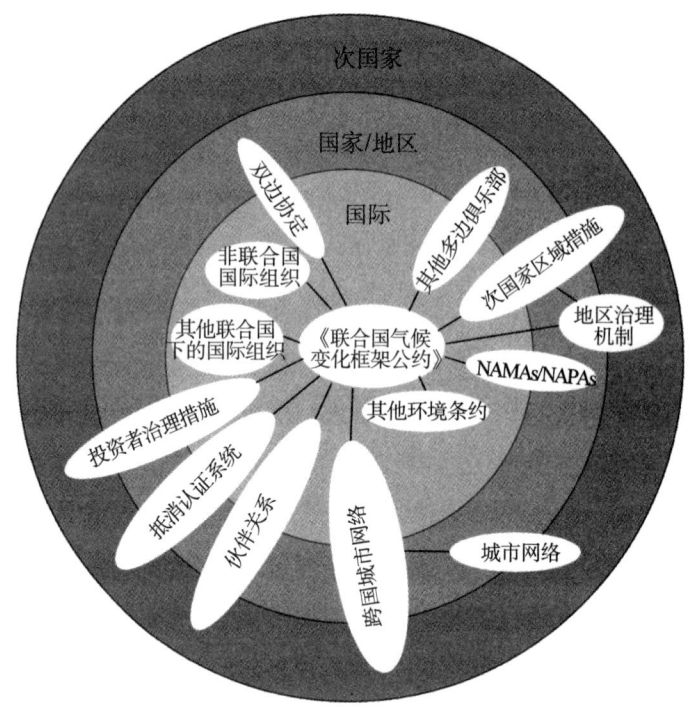

图 3-1　全球气候治理国际合作体系

资料来源：IPCC Working Group Ⅲ. Climate change 2014 mitigation of climate change [M].
Cambridge: Cambridge University Press, 2014.

跨越三个层次的国际气候合作包括：① 伙伴关系（如全球甲烷倡议、可再生能源和能源效率伙伴关系、气候组织等）。② 抵消认证系统（如金标准、自愿碳标准等）。③ 投资者治理措施（如碳披露项目、气候风险投资者网络等）。④ 次国家区域措施（如区域温室气体倡议、加州排放交易系统等）。⑤ 跨国城市网络（如 C40 城市集团、气候联盟、亚洲城市气候变化抵御网络等）。

此外，气候合作体系还包括涉及国家和次国家两个层次的气候合作，涵盖区域治理机制（如欧盟气候变化政策）和城市网络（如美国市长协议）。

近年，全球气候治理国际合作逐步出现在"国家和非国家行为者之间加强相互作用"的变化趋势，包括民间社会和社会运动、商业行为者以及次国家行为者的广泛参与，如地方政府和城市。在这种趋势下，国际气候合作以更分散的多中心形式进行气候治理，不同形式和团体的积极参与使得国际合作的灵活性更强，更有效地促进了全球气候治理目标的实现。

四、全球气候治理国际合作的领域

政府间气候变化专门委员会在其第六次评估报告的第三工作组报告第十四章中,分析国际合作对于所涉及的具体部门或领域气候治理的影响,总结全球气候合作中的重点领域。

1. 林业部门

林业是应对气候变化、减排固碳的重要领域。全球范围内因森林砍伐和森林退化排放的气体占二氧化碳排放量的11%左右。为实现林业领域减排固碳,目前已经提出了若干国际倡议并进行了多边努力,如在全球范围内建立REDD+机制倡议、《联合国防治荒漠化公约》倡议和零森林砍伐倡议行动。

其中,REDD+机制是各国林业部门开展的重要气候合作。REDD+机制于2008年在波兹南会议正式提出,旨在减少发展中国家毁林和森林退化所致排放量、实现森林可持续管理以及保护和加强森林碳储量,已成为当今世界最主要和最受欢迎的碳交易模式。目前,联合国环境计划署(UNEP)、世界银行(WB)、全球环境基金(GEF)及相关非政府组织积极倡导以财政支持为依托的REDD+融资机制,其目的是将森林融入碳汇机制中,并设计对参与该项目的各国政府及地方政府进行补偿。REDD+融资机制可分为市场机制和非市场机制两种模式,详见表3-2。当前,REDD+在巴西、刚果、秘鲁、印度尼西亚、坦桑尼亚和越南等高森林覆盖率的发展中国家已经完成了不少示范项目试点,取得了初步成效。但目前国际合作在承诺资金落实、基准线设定、森林碳权益分配等问题上仍存在争议,林业领域的国际合作有待进一步推进。

表3-2 REDD+融资机制

市场机制	◆承诺性购买:指《京都议定书》及UNFCCC缔约国为了实现自身温室气体减排目标而通过碳汇市场交易的方式购买碳排放指标的行为,如哥斯达黎加是第一个与森林碳伙伴基金(FEPF)签署为碳减排负担价值6 300万美元费用的国家 ◆自愿性购买:指非政府组织(包括国内或国际社会团体)、科研机构、企业或个人以自愿为前提,在碳汇市场上认购碳汇份额的行为,如2013年自愿市场的购买商花费了1.4亿美元来保护森林
非市场机制	◆发达国家因履行公约承诺而向发展中国家捐助的REDD+项目资金,如挪威承诺向绿色气候基金组织(GCF)提供1 020亿美元资金以支持发展中国家的减排项目 ◆征收碳税和向排放二氧化碳的企业或个人征收生态补偿费等方式

资料来源:冯琦雅,覃鑫浩,王雅菲,等. 全球REDD+筹资状况与对策研究[J]. 世界林业研究,2016,29(4):1-6.

2. 能源部门

能源转型是应对气候变化、实现碳中和目标的关键甚至决定性因素。IPCC 第六次报告指出，若要实现将温升限制在远低于 2 ℃ 的目标，需要在未来 30 年内对能源系统进行实质性的改变。由于能源的特殊性和重要地位，能源领域的国际合作漫长而复杂。自 20 世纪 90 年代以来，气候治理成为国际能源领域合作的主要目标之一。

迄今为止，全球范围内相继成立了多个低碳能源机构和组织，共同研究和实施低碳转型方案。国际可再生能源机构在可再生能源技术和系统咨询、数据与分析及协调动员其他国际机构方面发挥了关键作用；助力淘汰煤炭联盟围绕着到 2050 年消除燃煤发电的目标，联合了一系列国家、企业和非政府组织；21 世纪可再生能源政策网络（REN21）和可再生电力倡议（RE100）等非政府跨国组织和活动日趋增多。此外，国际能源署等现有机构也重新调整任务，以促进能力建设和对低碳能源技术的全球投资。

资金方面，能源转型一直是气候资金的主要流向。2019—2020 年，全球气候投融资平均每年为 5 710 亿美元，其中能源部门投融资 3 340 亿美元，占比 53%。与此同时，可再生能源投融资在能源部门中举足轻重，占比为全部能源融资资金的 97%。国际多边开发银行的贷款已经向可再生能源方向转移，随着融资成本的下降，撒哈拉以南等多个发展中国家或地区内可再生能源项目与化石燃料的成本趋于持平。技术方面，以科技合作应对全球气候变化的国际共识日渐形成。目前大多数技术革新都发生在美国、日本、德国等少数发达经济体。但随着低碳技术转让和知识溢出效应，大多数低碳技术将在非研发国特别是发展中国家取得较好的碳减排效果。其中，低碳技术合作和转让在中国、俄罗斯、印度、伊朗等国家已经取得良好的初步实践。但技术接收方大多停留在接受和使用低碳技术设备层面，尚未掌握直接的低碳技术创新能力。总体而言，技术转让与合作的结果好坏参半，目前有约三分之一的技术转让成功，三分之一则实施失败。能源领域的气候行动已取得了初步效果，但距离低于 2 ℃ 的温升目标仍然遥远。在未来，能源部门的国际气候合作和行动调整仍然任重道远。

3. 城市治理

城市是全球减缓气候变化和实施战略性低碳发展的核心，是世界一半以上人口的庇护所，占全球能源消耗和温室气体排放的四分之三。当前，城市已成为国际气候治理的希望承载者。《巴黎协定》承认并强调了城市和其他非国家行为体的作用，欢迎"所有非缔约方、利益攸关方努力应对气候变化，包括民间社会、私营部门、金融机构、城市和其他地方当局的努力"。作为技术和社会转型的中心，城市在塑造低碳发展道路方面具有巨大潜力。

在过去的 20 年里，城市已成为气候政策创新和低碳发展的主要舞台。世界各地的城市越来越多地将气候变化问题纳入议程，跨国网络成倍增加，私人行动者尝试各种应对措施，城市应对气候变化的热情高涨。许多城市已经开始主动颁布和制定减缓政策。这些活动大多旨在减少能源、交通、城市土地使用和废物利用等部门的温室气体排放。一些国际城市联合组织，如 C40 城市集团和宜可城—地方可持续发展协会（ICLEI），在发展城市层面的气候倡议中发挥了重要作用，详见表 3-3。

表 3-3　城市气候行动

C40 城市集团（C40）	◆该网络由伦敦市长和气候组织发起，由 18 个城市于 2005 年组成，是八国集团（G8）格伦伊格尔斯气候峰会的平行倡议。2007 年，该网络与克林顿气候倡议（CCI）建立伙伴关系，并将其成员扩大到包括全球最大城市的 40 个城市 ◆当前，C40 将全球 80 多个特大城市连接起来，这些城市代表着 6 亿多人口和 25% 的全球经济，开展应对气候变化及减少温室气体排放和气候风险的城市行动 ◆私营部门是这一网络的核心，如与微软合作开发用于城市规模温室气体排放核算的软件以及 CCI 的节能建筑改造项目 ◆C40 在解决城市内涝问题和建设清凉城市、水资源安全城市等领域设立专门研究项目，并开设适应气候变化学院，鼓励各区域城市就相关议题进行交流和经验分享
宜可城—地方可持续发展协会（ICLEI）	◆1990 年，ICLEI 由来自 43 个国家的 200 个地方政府创立，通过提供技术支持和执行合作项目来促进城市可持续发展 ◆1996 年，ICLEI 开展"城市气候保护行动"（CCP），是全球第一个及最大的地方政府反对温室气体排放的推广活动 ◆当前，ICLEI 建立了一个由 86 个国家的 1 500 多个城市组成的全球网络，致力于建设可持续和低碳的未来，这将影响到世界 20% 以上的城市人口
全球气候与能源市长盟约（GCoM）	◆GCoM 是全球最大的城市气候领导力联盟，建立在 11 500 多个城市和地方政府的承诺之上。这些城市来自六大洲的 142 个国家。他们代表的人数超过 1 亿人 ◆根据目前的目标和行动，与一切照旧的轨迹相比，GCoM 城市和地方政府可以在一年共同减少 9.2 $GtCO_2e$ 的全球碳排放量。到 2050 年，这一数字估计为每年 3.8 $GtCO_2e$，占城市减排潜力总量的四分之一。这相当于 2019 年美国所有温室气体排放的一半以上，或全球商业航空四年的碳排放量

资料来源：BULKELEY H. Cities and the governing of climate change [J]. Annual review of environment and resources, 2010 (35): 229-253.

MI Z, GUAN D, LIU Z, et al. Cities: The core of climate change mitigation[J]. Journal of Cleaner Production, 2019 (207): 582-589.

路相宜. C40 执行董事马克·沃茨：中国城市可加强国际合作，共同推动气候进程[J]. 环境保护，2022, 50 (16): 70-73.

世界各地的城市实施的政策和措施多种多样，但城市气候治理行动依赖于说服和自我监管的软形式，往往侧重于缓解领域。虽然在城市一级采取的行动越来越多，但市政当局能够实施的限制温室气体排放或考虑到未来脆弱性的政策有限。作为非国家行为体，城市气候治理在正式国际合作中的作用及实际拥有的权利尚不清晰，其行动的有效性有待全面评估和进一步提高。

本章小结

在全球气候治理体系中，资金、技术和能力建设是各参与主体普遍关注的核心要素。气候变化问题的全球外部性、跨代外部性和不确定性特征，决定了没有国家能够独立应对，也没有国家可以独善其身。通过国际合作应对气候变化既是应对全球气候挑战的必然选择，也是人类实现可持续发展的必由之路。迄今为止，全球气候治理国际合作经历了四个发展阶段，蕴含丰富的内涵，形成了包含国际、国家或地区以及次国家层面的多层次、多主体广泛参与的合作体系。在林业、能源和城市治理领域，各国开展了强有力的国际气候合作和行动，气候治理已取得了初步效果。

思考习题

1. 简述全球气候治理的内涵及核心要素。
2. 全球气候变化问题有何特征？
3. 简述全球气候治理国际合作的必要性。
4. 简述全球气候治理国际合作的内涵与体系。

拓展性阅读

第四章 全球气候治理的国际体系

内容摘要

低碳治理和气候治理是紧密承接的关系。低碳治理是为了实现减少温室气体排放，从而应对全球气候变化的目标；而气候治理则是为了实现全球气候变化目标而建立的国际合作机制。以《联合国气候变化框架公约》为开端，关于气候变化的全球治理逐渐具备完整的框架。在《联合国气候变化框架公约》引领下，各缔约方通过加强技术转移和资金支持促进国际合作，共同应对气候变化挑战，实现全球范围内的低碳发展。

学习目标与要求

1. 掌握全球低碳治理的发展历程。
2. 掌握《联合国气候变化框架公约》的目标原则和相关机制。
3. 掌握《京都议定书》《巴黎协定》的内容和相关机制。
4. 了解国际上关于低碳治理的经验与发达国家的低碳技术布局。

第一节 国际合作公约框架的发展历程

国际低碳治理是一个长期的、动态的过程，旨在推动全球范围内的低碳经济转型，以应对气候变化挑战。目前，国际低碳治理体系主要是由国际气候治理谈判所达成的国际合作公约及其相关合作减排机制所构建的。国际合作公约通过提供一种平台，鼓励各国携手合作，分享信息、经验和技术，并制定共同的碳减排指导方针和准则，实现全球碳减排和气候治理目标。国际合作公约通常由联合国等国际组织牵头起草，涉及议题通常为全球性问题，其协商和签署过程需要涵盖多个利益相关方的意见。各国政府通过加入公约来承担责任，并在本国立法和行政级别上实施公约所规定的内容。

《联合国气候变化框架公约》是全球应对气候变化最重要、最权威的合作框架之一，其签署和执行对于构建国际碳减排体系与实现全球应对气候变化目标以及人类的可持续发展具有重要意义。《联合国气候变化框架公约》是之后一系列全球气候变化法律条文的母条约，公约原则是适用于现在和未来应对气候变化所有行动的准则，国际社会围绕细化和执行气候公约开展了非常长时间的持续谈判。气候变化方面的国际合作公约框架的主要发展历程如下。

一、《联合国气候变化框架公约》准备与签订阶段

1979 年，第一次世界气候大会在日内瓦召开，气候问题开始被提上国际议事日程，国际社会对气候变化挑战问题重视起来。为实现全球气候的有效治理，1988 年联合国环境规划署和世界气象组织成立了政府间气候变化专门委员会（IPCC），其职责是收集、整理并评估气候变化科学知识的现状，分析气候变化及其对环境、社会和经济的影响，并提出减缓、适应气候变化的对策。IPCC 秉持综合、客观、开放和透明的理念对气候变化的相关影响与气候变化方面的经济及社会信息进行科学评估，这些有关气候变化的研究资料为后续的气候变化框架公约提供了重要的理论支撑，同时也是开展国际气候谈判的重要文献来源。

随后，对于气候问题有重要里程碑意义的报告和机构不断产生。1990 年，IPCC 及时发布第一份气候评估报告，确认了全球变暖的科学基础，引起公众的极大关注，对促成后续的气候变化公约谈判具有重要意义。同年 12 月政府间谈判机构（政府间谈判委员会）成立，负责拟定应对气候变化问题的纲要公约，国际气候谈判的进程由此正式启动。1992 年，联合国在巴西里约热内卢召开的"地球峰会"上通过了《联合国气候变化框架公约》，1994 年《联合国气候变化框架公约》正式生效，成为处理全球气候变化问题的根本指导原则以及国际气候谈判的核心原则，奠定了应对气候变化国际合作的法律基础。围绕《联合国气候变化框架公约》开展的包含缔约方会议在内的政府间谈判委员会会议成为国际气候谈判的重要场所。

二、围绕《联合国气候变化框架公约》目标细化发展阶段

《联合国气候变化框架公约》生效后，国际社会以《联合国气候变化框架公约》为指引展开气候谈判。1995 年，首次联合国气候大会在柏林召开，确定了关于五年以后

即 2000 年后的减排义务并制定了时间表，以督促发达国家减排。为此，各方通过了"柏林授权书"（Berlin Mandate），此举直接促成了后来《京都议定书》的签订。同年，IPCC 第二次评估报告（AR2，1995）得出结论，有证据表明人类活动对全球气候具有可以识别的影响，迫切需要加强全球、区域和国家各级的减排行动。

1997 年，京都气候变化会议在日本京都举行，各国签署了继《联合国气候变化框架公约》后的第二个具有里程碑意义的减排文件——《京都议定书》。该议定书明确了阶段性的全球减排目标以及各国承担的任务和国际合作的模式。然而，该议定书只针对发达国家规定了更为严格和具体的减排义务和指标，而未对发展中国家做出规定，遭到了以美国为首的发达国家的抵制。会议最终虽通过了许多重大决定，但俄罗斯拒绝批准《京都议定书》。之后欧盟出面，以允许俄罗斯加入世界贸易组织为由才使得其加入气候减排体系，使《京都议定书》最终于 2005 年生效。生效后的《京都议定书》虽仍然争议不断，但其作为对《联合国气候变化框架公约》的补充，规定了全球气候减排行动的总体目标，并且创建了以灵活市场为主体的碳交易机制来促进发达国家缔约方的减排行动，总体上仍具有很大的进步意义。

三、气候谈判曲折推进阶段

《京都议定书》并未做出具体的减排行动规定，并且对于发达国家对发展中国家用于气候减排行动的资金和技术援助并未监督落实。为解决此问题，2007 年联合国于印度尼西亚巴厘岛举行了巴厘岛气候变化会议并生成《巴厘岛行动计划》，规定各国需要采取措施来适应和减缓气候变化对于经济和社会的影响。会议提出了"双轨制"谈判：一方面，签署《京都议定书》的发达国家要履行《京都议定书》的规定，承诺 2012 年以后的大幅度量化减排指标；另一方面，发展中国家和未签署《京都议定书》的发达国家（主要是指美国）要在《联合国气候变化框架公约》下采取进一步应对气候变化的措施。"双轨制"谈判形式以及所建构的气候减排行动框架为哥本哈根气候大会的召开奠定了基础。

2009 年，哥本哈根气候大会召开，此次大会将巴厘岛气候大会所通过的决议进一步具体化，通过了《哥本哈根协议》。然而由于各成员国对减排义务的不同理解，该协议未获得多数成员国的签署，成为不具有法律约束力的气候减排协议。发达国家要求发展中国家也要承担气候减排的相同义务，采取实际行动进行气候减排，而发展中国家对此持反对意见，坚持认为发达国家应对全球变暖问题承担主要责任，强调"区别"的义务准则，并且就资金援助和技术转让未得到落实等问题对发达国家产生不信任感。此次会议使国际气候合作进入僵持阶段。

为解决哥本哈根气候大会的遗留问题，2010 年联合国在坎昆启动了新一轮气候谈判并通过《坎昆协议》。但发达国家与发展中国家就气候减排义务的承担以及资金援助等具体细则仍无法达成共识，《坎昆协议》也未获得一致同意，因此不具有法律约束力，国际气候合作停滞不前。德班气候大会于 2011 年 12 月召开，就落实 2010 年《坎昆协议》的成果、启动"绿色气候基金"、续签《京都议定书》第二承诺期展开谈判，以延续国际气候合作。此次会议仍未能调和发达国家与发展中国家在气候减排中的利益矛盾，发达国家支持以排放量为基准将各缔约国分为排放大国和排放小国，试图将诸如中国、印度等新兴发展中国家纳入严格减排体系，遭到发展中国家的强烈抵制。发达国家内部也已经出现明显的集团分化：以美国等为首的"伞形集团"坚决规避将其减排指标具体量化，并且日本、加拿大、俄罗斯三国也明确表示不再参与《京都议定书》第二承诺期的相关减排安排；欧盟则继续主导国际气候谈判，并以此来提升其国际地位。与此同时，发展中国家内部也因为利益各异开始分化："G77+中国"在内的第三世界国家坚决维护"共区原则"，反对履行由发达国家强加的减排义务，并且就用于气候减缓行动的资金援助和技术开发及转让机制表示关切，希望发达国家能够履行其所做承诺；而小岛屿国家联盟和最不发达国家则与欧盟联盟，结成卡塔赫纳论坛，认为新兴发展中国家基于其排放量应承担与发达国家相同的减排义务。

2012 年，多哈气候谈判继续探讨《京都议定书》第二承诺期的相关安排，同时解决德班气候峰会的遗留问题，推动并落实"德班平台"。会议通过《〈京都议定书〉多哈修正案》，对于发展中国家最关切的资金援助机制，重申发达国家将提供特定减缓资金用以维持发展中国家气候减缓行动的开展。但会议最终仍未形成具体文本，并且日本、加拿大等国已不再参与《京都议定书》第二承诺期，有关资金援助的议题，会议也并未规定具体的实施细则，发达国家也并未履行承诺，有关绿色气候基金的资金筹措来源和具体用途也未达成共识。会议最终并未取得突破性成果，仍维持着既定的气候减排行动步调。

四、寻求共识达成新合作模式阶段

2015 年，巴黎气候谈判召开，达成了继《联合国气候变化框架公约》和《京都议定书》之后的第三个具有普遍法律约束力的减排文本——《巴黎协定》，次年 11 月正式生效。《巴黎协定》对长期目标的规划不同，其减缓目标是将气候升幅限定在工业化前水平的 2 ℃以内，并努力实现 1.5 ℃以内的目标，而《京都议定书》只规定使二氧化碳等温室气体的排放削减量达到 1990 年排放量 5%。《巴黎协定》要求所有缔约方都采取减排行动，而《京都议定书》只要求了发达国家。《巴黎协定》要求缔约方根据本国情况和总体减排目标提交自主贡献计划，赋予各缔约方在气候减排行动中更大的自主权。

《巴黎协定》不仅成为气候治理进程中的新准则，同时也是国际气候谈判向前发展的又一里程碑。2016年至今，国际气候会议主要就细化和落实《巴黎协定》的具体规则开展谈判，将影响全球应对气候变化的合作行动确立为人类经济社会可持续发展的关键节点。2021年，英国格拉斯哥气候大会的主要成果是达成了《巴黎协定》实施细则一揽子决议。2022年，埃及沙姆沙伊赫气候大会的重点目标之一是兑现《巴黎协定》的各方承诺，大会的重要成果都是在《巴黎协定》框架上进行的新的补充。

第二节 《联合国气候变化框架公约》及相关机制

《联合国气候变化框架公约》是在1992年联合国环境与发展大会上通过的一项全球性条约。这是世界上第一个为全面控制二氧化碳等温室气体排放，应对全球气候变暖给人类经济和社会带来不利影响的国际公约。该公约由序言及26条正文和两个附件（附件一、附件二）组成。截至2023年已有197个国家批准了《联合国气候变化框架公约》，这些国家被称为《联合国气候变化框架公约》缔约方。《联合国气候变化框架公约》缔约方做出了许多旨在解决气候变化问题的承诺。《联合国气候变化框架公约》于1994年3月生效，奠定了应对气候变化国际合作的法律基础，是具有权威性、普遍性、全面性的国际框架。

一、目标与原则

《联合国气候变化框架公约》的目标是在全球范围内稳定温室气体浓度，遏制气候变化的加剧，以保护全球生态环境和促进可持续发展，这一目标被认为是达成世界各国共同承诺减缓全球气候变化的努力基础。《联合国气候变化框架公约》的终极目标是将大气中温室气体的浓度维持在一个稳定的水平，在该水平上人类活动对气候系统的危险干扰不会发生。该公约旨在为应对全球气候变化问题提供一个国际合作的框架，确保全球温室气体浓度维持在安全水平之内，以保护人类的生存环境。

《联合国气候变化框架公约》首先提出了一种"共同但有区别的责任和各自能力"原则，即在实施减排措施时，国家的经济能力和贡献应该被考虑进去。根据这一原则，发达国家应该承担更多的责任和义务，因为发达国家作为温室气体的排放大户已经在过去产生了大量的温室气体排放量，理应采取措施限制温室气体的排放，并向发展中国家提供资金以支付他们履行公约义务所需的费用。而发展中国家则应该得到相应的支持援助，以便应对气候变化和减缓排放。其次，《联合国气候变化框架公约》还指出，应对气候变化需要采取预防和应对措施，以预防原则、可持续发展原则、公正平等原则以及合作协调原则开展技术和经验交流，共同应对气候变化挑战。

二、承诺与行动

《联合国气候变化框架公约》承诺部分首先规定了各缔约方根据共同但有区别的原则应该采取的具体举措，包括定期公布温室气体源和汇的国家清单；制定、实施并更新国家及地区性的减排计划；促进技术和知识在所有相关部门的传播和转移；合作进行关于气候系统的科学、技术、工艺、社会经济的研究；加强信息交流、公众参与，鼓励公众了解气候变化的危害和影响，参与到应对气候变化的行动中。其次，《联合国气候变化框架公约》对其附件一所列出的发达国家做出规定，发达国家缔约方要制定并实施各自的气候变化相关政策，包括减少温室气体排放、促进适应和加强对气候变化的监测和评估等，还要积极加强国际合作，共同应对气候变化，起到带头作用。发达国家要为发展中国家提供资金、技术等支持，以帮助其在气候变化方面采取行动，特别是在适应方面。要充分考虑经济和社会发展及消除贫困是发展中国家缔约方首要和压倒一切的优先事项，给予经济高度依赖温室气体排放的国家以特殊关注。

三、保障机制

1. 缔约方大会

缔约方大会（Conference of the Parties，COP）是指《联合国气候变化框架公约》的缔约方定期召开的会议，是《联合国气候变化框架公约》的最高决策机构，是制定决策准则、监督执行的决策层级。COP 每年至少召开一次，《联合国气候变化框架公约》所有缔约国都要派代表参加缔约方会议。首次 COP 于 1995 年 3 月在德国柏林举行。COP 的举办地点和主席在五个联合国区域之间轮换。

缔约方大会负责审议和协商全球应对气候变化的政策和措施，并达成有关气候大事的重要决策。其审查《联合国气候变化框架公约》以及缔约方会议通过的任何其他法律文书的执行情况并做出必要决定，监督《联合国气候变化框架公约》的执行情况，进行相关议题的协商和决策，并推动全球对气候变化的应对措施的决策。缔约方会议的一项关键任务是审查缔约方提交的国家信息通报和排放清单，根据这一信息，COP 评估各缔约方采取措施的效果以及在实现《联合国气候变化框架公约》最终目标方面取得的进展。

缔约方大会还设立了各种专门机构和工作组,如技术执行委员会、财务机构、透明度框架等,来协助履行各项工作任务。

缔约方大会目前已经举办了29次,详见表4-1。以下是其中部分重要成果:COP1通过了《柏林宣言》等文件,确立了应对气候变化的国际合作框架;COP3通过了《京都议定书》,规定发达国家在2020年前要将温室气体排放量减少到1990年水平以下;COP13通过了《巴厘岛行动计划》,为制定后续气候变化协定奠定了基础;COP21在巴黎召开,达成了历史性的《巴黎协定》;COP26通过了《格拉斯哥气候协议》,强化了各方应对气候变化的承诺,推动了全球减排进程。

表 4-1 历届缔约方大会

会议地点	会议名称	召开时间
阿塞拜疆 巴库	《联合国气候变化框架公约》第29次缔约方大会	2024 年 11 月
阿联酋 迪拜	《联合国气候变化框架公约》第28次缔约方大会	2023 年 11 月
埃及 沙姆沙伊赫	《联合国气候变化框架公约》第27次缔约方大会	2022 年 11 月
英国 格拉斯哥	《联合国气候变化框架公约》第26次缔约方大会	2021 年 11 月
西班牙 马德里	《联合国气候变化框架公约》第25次缔约方大会	2019 年 12 月
波兰 卡托维兹	《联合国气候变化框架公约》第24次缔约方大会	2018 年 12 月
德国 波恩	《联合国气候变化框架公约》第23次缔约方大会	2017 年 11 月
摩洛哥 马拉喀什	《联合国气候变化框架公约》第22次缔约方大会	2016 年 11 月
法国 巴黎	《联合国气候变化框架公约》第21次缔约方大会	2015 年 11 月
秘鲁 利马	《联合国气候变化框架公约》第20次缔约方大会	2014 年 12 月
波兰 华沙	《联合国气候变化框架公约》第19次缔约方大会	2013 年 11 月
卡塔尔 多哈	《联合国气候变化框架公约》第18次缔约方大会	2012 年 11 月
南非 德班	《联合国气候变化框架公约》第17次缔约方大会	2011 年 11 月
墨西哥 坎昆	《联合国气候变化框架公约》第16次缔约方大会	2010 年 11 月
丹麦 哥本哈根	《联合国气候变化框架公约》第15次缔约方大会	2009 年 12 月
波兰 波兹南	《联合国气候变化框架公约》第14次缔约方大会	2008 年 12 月
印度尼西亚 巴厘岛	《联合国气候变化框架公约》第13次缔约方大会	2007 年 12 月
肯尼亚 内罗毕	《联合国气候变化框架公约》第12次缔约方大会	2006 年 11 月
加拿大 蒙特利尔	《联合国气候变化框架公约》第11次缔约方大会	2005 年 12 月
阿根廷 布宜诺斯艾利斯	《联合国气候变化框架公约》第10次缔约方大会	2004 年 12 月

续表

会议地点	会议名称	召开时间
意大利 米兰	《联合国气候变化框架公约》第9次缔约方大会	2003年12月
印度 新德里	《联合国气候变化框架公约》第8次缔约方大会	2002年10月
摩洛哥 马拉喀什	《联合国气候变化框架公约》第7次缔约方大会	2001年10月
荷兰 海牙	《联合国气候变化框架公约》第6次缔约方大会	2000年11月
德国 波恩	《联合国气候变化框架公约》第5次缔约方大会	1999年10月
阿根廷 布宜诺斯艾利斯	《联合国气候变化框架公约》第4次缔约方大会	1998年11月
日本 京都	《联合国气候变化框架公约》第3次缔约方大会	1997年12月
瑞士 日内瓦	《联合国气候变化框架公约》第2次缔约方大会	1996年7月
德国 柏林	《联合国气候变化框架公约》第1次缔约方大会	1995年3月

2. 秘书处

《联合国气候变化框架公约》秘书处（The Secretariat of United Nations Framework Convention on Climate Change）是联合国下属的政府间气候变化机构，总部设在德国波恩市。秘书处是《联合国气候变化框架公约》的执行机构，负责《联合国气候变化框架公约》目标、议题的推进和协调工作以及其后续议定书的执行和实施，并向各缔约方提供技术、财务和规划支持。《联合国气候变化框架公约》秘书处在全球范围内扮演着重要的角色，其工作直接关系到全球气候治理和可持续发展，需要《联合国气候变化框架公约》各方持续支持和配合。

秘书处的具体职责：制定和执行《联合国气候变化框架公约》的政策和战略，组织全球气候变化谈判，协调各方的行动，承担有关气候变化的国际沟通与合作；收集、分析和传播气候变化相关信息，为各方提供有关气候变化的数据、知识和资源，建立并维护有关气候变化的数据库和网络平台；提供与气候变化相关的技术支持和专业咨询，为各方制定、实施适应和缓解措施提供技术指导和支持；促进各方之间的国际合作与技术转移，支持发展中国家适应和缓解气候变化的努力，推进各方共同应对气候变化；协调各方提供的资金和资源，管理《联合国气候变化框架公约》下的各项资金，包括秘书处核心预算、自愿捐赠基金、清洁发展机制等；为《联合国气候变化框架公约》各方组织会议、工作组、委员会和专家咨询会提供支持和服务，组织各方之间的交流与合作。秘书处必须向缔约方会议报告工作，协助会议开展工作，在会议上向各缔约方提交执行任务的报告。同时，缔约方会议可以委托秘书处执行一些具体的任务，比如制定并实施相关的行动计划和机制。

3. 附属机构

《联合国气候变化框架公约》下常设两个附属机构:附属科学技术咨询机构(Subsidiary Body for Scientific and Technological Advice, SBSTA)和附属履行机构(Subsidiary Body for Implementation, SBI)。SBSTA 和 SBI 每年按惯例举行两次平行会议。当附属机构会议不与缔约方会议同期举行时,通常在秘书处所在地德国波恩举行会议。

附属科学技术咨询机构是一个重要的气候变化科学和技术顾问机构,其主要职责包括:负责关于气候变化科学信息的收集、交流和传播,通过对最新科学研究成果进行评估和分析,向《联合国气候变化框架公约》各方提供有关气候变化的科学知识和数据,促进各方制定和实施减缓措施和适应措施;推动技术转移和创新,以支持各方应对气候变化;支持各方开展技术需求评估、技术筛选和技术开发等工作并通过合作和投资等方式促进发展中国家获取和应用适当的技术;支持《联合国气候变化框架公约》各方开展气候变化相关的研究和评估工作,监测和评估各方的缓解和适应措施的实施情况,并向各方提供相关建议;关注发展中国家在气候变化方面的技术需求,并推动建立技术转移和机构能力建设的相关机制;支持国际合作项目,促进《联合国气候变化框架公约》各方在气候变化领域的技术合作和交流。这些工作对于全球气候治理具有重要意义,需要《联合国气候变化框架公约》参与方继续合作,共同推进。

附属履行机构负责协助履行《联合国气候变化框架公约》下的各项执行决策和条款,其主要职责包括:监督各缔约方的履约情况,评估《联合国气候变化框架公约》的实施效果,并向缔约方会议提供报告和建议;在合适的情况下考虑关于《联合国气候变化框架公约》下各项决策、规则和条款的修订或增补,以促进公约的有效实施和全球应对气候变化的进程;协助各方开展气候变化重要议题的研讨和谈判,包括适应、减缓、技术转移、资金、透明度等方面;促进各缔约方、政府间组织、非政府组织、社区和企业等之间的交流和合作,共同推动全球气候变化应对的进程。

4. 资金机制

《联合国气候变化框架公约》确定了一个在赠予或转让基础上提供资金,包括用于技术转让的资金机制。该机制应在缔约方会议的指导下行使职能并对其负责,并应由缔约方会议决定该机制与《联合国气候变化框架公约》有关的政策、计划优先顺序和资格标准。该机制的经营应委托一个或多个现有的国际实体负责。该资金机制应在一个透明的管理制度下公平和均衡地代表所有缔约方。

缔约方会议和受托管资金机制的实体应议定和实施相关安排,其中包括:确保所资助的应对气候变化的项目符合缔约方会议所制定的政策、计划优先顺序和获得资助的资格标准办法；根据这些政策、计划优先顺序和资格标准重新考虑对于某项目的资金支持办法；由受托的实体定期向缔约方会议提供该实体出资情况的报告；保证其以可预测和可认定的方式履行《联合国气候变化框架公约》要求的资助标准，并定期审查该标准的合理性。

第三节 《京都议定书》及相关机制

《京都议定书》（Kyoto Protocol）是《联合国气候变化框架公约》的补充条款，于1997年12月11日召开的第3次缔约方大会上获得通过。由于批准过程复杂，《京都议定书》于2005年2月16日生效。《联合国气候变化框架公约》本身只要求国家采取减缓政策和措施并定期报告，强调合作、协商和共赢，而《京都议定书》则规定了明确具体的减排目标和时间安排，是对《联合国气候变化框架公约》的具体落实，并只对发达国家有约束力。《京都议定书》由28个条款和两个附件（附件A、附件B）组成，具有法律约束力，有192个缔约方。

一、目标与原则

《京都议定书》确立的主要目标是通过使工业化国家和转型经济体承诺根据商定的具体目标限制和减少温室气体排放，落实《联合国气候变化框架公约》。与《联合国气候变化框架公约》不同，《京都议定书》在其附件B中为37个工业化国家和转型经济体以及欧洲联盟设定了具有约束力的减排目标，要求发达国家在2008—2012年将温室气体排放量降低到1990年水平以下，降幅为5.2%。

《京都议定书》以《联合国气候变化框架公约》的原则和规定为基础，遵循《联合国气候变化框架公约》附件的构架。《京都议定书》延续《联合国气候变化框架公约》制定的"共同但有区别的责任"原则，认定发达国家对目前大气中温室气体的排放量负有主要责任，要求作为温室气体排放大户的发达国家采取具体措施限制温室气体的排放，而发展中国家不承担有法律约束力的温室气体限控义务，同时也重点提及了可持续发展原则。

二、承诺与行动

发达国家要按照《京都议定书》附件A中列出的六种温室气体减排目标和时间表，

展开减排行动。各国可以通过减少温室气体排放以及增加或维持吸收温室气体的能力来实现减排目标。各个国家采用各种政策、计划、程序以及提供支持，促进国内减少温室气体排放，鼓励利用清洁能源及可再生能源、发展能效较高的技术、改善能源利用效率等降低温室气体排放。各国在森林管理和土地利用等领域中，可以采取措施增加温室气体吸收量或减排潜力。发达国家可以通过实施项目减排，向发展中国家提供资金、技术和管理经验等支持。各国可以通过国际合作与交流，促进技术创新及转移推广。各国还可以通过开发全球碳市场，实现减排目标。发达国家应为实施《京都议定书》提供适当的资金支持。各国应加强透明度和相互问责，共同推进减排目标的实现。

三、京都机制

《京都议定书》的一个重要内容是建立灵活的市场机制，即京都机制。其基础是排放许可交易，规定了具体的减排量和排放时间表。根据《京都议定书》，各国必须通过先承诺后行动的方式来实现减排目标。同时，《京都议定书》还通过三种基于市场的机制为各国提供实现目标的额外手段：国际排放交易机制（IET）、清洁发展机制（CDM）、联合履约机制（JI）。国际排放交易机制是指在允许的范围内，缔约方之间可以进行买卖减排份额的交易，以此来达到减排目标并推广低碳经济。清洁发展机制是指发展中国家可以通过与发达国家合作实现减排并通过出售减排量获得资金支持推进可持续发展。联合履约机制是指发达国家之间共同实施符合标准的减排项目，以实现减排目标并获得减排认证和减排配额。参与国可以相互投资和合作，共同减少温室气体的排放量，并将所减少的排放量计入自己的减排目标中。这些机制旨在帮助各缔约方降低落实协议所设定的减排目标的成本，促进国际间温室气体减排合作的开展。这些机制的设计理念是鼓励温室气体减排从最具成本效益的地方开始，如发展中国家。只要能从大气中去除温室气体，在哪里减排并不重要。这样做的好处是刺激发展中国家的绿色投资，并让发展中国家参与到这一努力中，从而减少温室气体排放并将其稳定在一个安全的水平。这也使得跳跃式发展变得更加经济且有明显的长期效益，也就是说，跳过使用旧的、脏的技术，直接使用新的、更清洁的基础设施和系统。

四、遵约机制

1. 报告和审查

《京都议定书》建立了一个严格的监测、报告和核证系统，以及一个遵约系统，以确保透明度并向缔约方问责。《京都议定书》第 5、7 和 8 条涉及附件 A 所列缔约方的信息报告和审查，以及编制温室气体清单的国家制度和方法。根据规定，各国必须监控其实际排放量，并对所进行的交易进行精确记录。缔约方要想增加其持有的京都单位（如通过清洁发展机制或土地利用的变化和林业活动的信贷）或将单位从一个国家转移到另一个国家（如通过排放交易或联合执行项目），必须依赖登记处的实时跟踪和交易记录功能，登记处负责跟踪和记录缔约方在京都机制下的交易。

《联合国气候变化框架公约》秘书处保存着一份国际交易日志，以核实各缔约方的交易是否符合《京都议定书》的规定。每个登记处都通过与国际交易日志建立链接关系来运作。国际交易日志实时核查登记处登记的交易，以确保这些交易符合《京都议定书》制定的规则，并检查各缔约方减排的持有量在登记册中是否得到准确记录。在京都承诺期结束后，秘书处将每个附件 B 中的缔约方减排持有量的结束状态与承诺期内缔约方的排放量进行比较，以评估其是否遵守了《京都议定书》规定的排放目标。国际交易日志要求登记处终止违反《京都议定书》规则的交易。

《联合国气候变化框架公约》附件一所列缔约方承诺在 2007 年前建立估算温室气体源排放量和清除量的国家系统，缔约方定期提交《议定书》规定的年度排放清单和国家信息通报，专家评审组将审评附件 A 所列缔约方提交的清单和国家信息通报。遵约制度确保缔约方履行其承诺，并在遇到问题时帮助它们履行承诺，旨在加强《京都议定书》的环境完整性，支持碳市场的信誉并确保缔约方会计的透明度，促进和强制遵守《京都议定书》下的承诺。它是多边环境协定中最全面、最严格的合规制度之一，强有力和有效的遵约机制是《京都议定书》成功实施的关键。

2. 合规委员会

合规委员会是负责监督各缔约方履行《京都议定书》规定义务的机构。合规委员会的主要任务是监测和审查缔约方提交的报告和信息，并确保各缔约方履行在《京都议定书》中规定承担的义务。如果某个缔约方未能履行这些义务，合规委员会将运用制裁措施促使其改正行为。例如，在不能达到自己承诺的情况下，缔约方可能需要支付罚款或采取其他措施。合规委员会还有权向缔约方提供有关如何履行其义务的建议，以及报告缔约方未履行义务的详细情况。维护《京都议定书》的合规性对于全球减排目标的实现至关重要，因此合规委员会的工作极为重要。

合规委员会由两个部门组成：促进部门和执行部门。顾名思义，促进部门旨在向缔约方提供建议并督促其遵约，而执行部门负责确定缔约方不履行承诺的后果。两个部门均由 10 名成员组成，包括来自联合国五个正式区域（非洲、亚洲、拉丁美洲和加勒比、中欧和东欧以及西欧和其他地区）的各一名代表，来自小岛屿发展中国家的一名代表，附件 A 缔约方和非附件 A 缔约方各两名代表。合规委员会通过召开由两个部门成员组成的全体会议和每个部门的主席和副主席组成的主席团会议来支持合规委员会的工作。促进部门的决策有三分之二成员通过即可实施，而执行部门的决策需要附件 A 和非附件 A 各方的通过。

促进部门的任务是向缔约方提供执行《京都议定书》的建议，并促使缔约方遵守其京都承诺，克服承诺实施方面的障碍。它负责促进附件 A 缔约方实施措施，以减轻气候变化对发展中国家的不利影响。它可以就《京都议定书》的执行向个别缔约方提供咨询和促进援助，促进对任何相关缔约方的财政和技术援助，包括技术转让和减排能力建设或向有关缔约方提出建议。此外，促进部门还可以提供"预警"，指出各方在排放目标、温室气体清单的编制方法和报告承诺以及年度清单中需报告补充信息方面潜在的非合规情况。执行部门负责确定附件 A 所列缔约方是否遵守其排放目标、温室气体清单的编制方法和报告要求以及机制下的资格要求。如果缔约方与专家评审组之间存在分歧，执行部门应确定是否对温室气体清单进行调整或更正配量核算的编制和核算数据库。在执行部门中，每种类型的非合规情况都需要采取具体的行动。例如，在执行部门确定某方的排放量超过其分配数量的情况下，它必须宣布该方处于非合规状态，并要求该方在第二个承诺期内弥补其排放量与其分配量之间的差额，再加上额外的 30% 扣除。此外，它将要求该方提交一项合规行动计划，并暂停该方参与排放交易的资格，直到该方完成相关义务。在遵守排放目标的情况下，附件 A 所列缔约方在其最终年度排放清单的专家审查结束后有 100 天的时间来弥补遵守方面的任何不足（如通过排放交易获取 AAU、CER、ERU 或 RMU）。如果在此时间结束时，某些缔约方的排放量仍高于其分配量，执行部门将宣布该缔约方不履约，并适用上述后果。

第四节 《巴黎协定》及相关机制

《巴黎协定》是在 2015 年巴黎举行的《联合国气候变化框架公约》第 21 次缔约方会议上通过、2016 年生效的气候变化协定。该协定为 2020 年后全球应对气候变化的行动做出安排。《巴黎协定》是继 1992 年《联合国气候变化框架公约》、1997 年《京都议定书》之后，人类历史上应对气候变化的第三个里程碑式的国际法律文本。《巴黎协定》共包含 29 项条款，包括目标、减缓、适应、损失损害、资金、技术、能力建设、透明度、全球盘点等内容。到目前为止，共有 178 个缔约方。尽管需要大幅增加应对气候变化的行动以实现《巴黎协定》的目标，但自其生效以来的这些年已经激发了低碳解决方案和新市场的发展。越来越多的国家、地区、城市和企业正在制定碳中和目标。

一、目标与原则

《巴黎协定》的主要目标：将全球平均气温上升幅度控制在工业化时代前不超过 2 ℃，并努力控制在 1.5 ℃以内。提高适应气候变化的能力并以不减少粮食产量的方式增强气候抗御力和推动温室气体低排放发展，使资金流动符合温室气体低排放和气候适应型发展的路径。为了实现长期的温控目标，各国致力于尽快达到温室气体排放全球峰值，以期在 21 世纪中叶实现全球碳中和。

《巴黎协定》也遵循《联合国气候变化框架公约》原则，包括以公平为基础并体现共同但有区别的责任和各自能力的原则，各国需要采取行动适应气候变化影响的适应性原则，考虑各国在减排行动中保障自身经济社会发展的可持续发展原则，确保各国公开减排行动和成果并接受其他国家审查的透明度原则，各国加强合作与协调的协调性和可预测性原则。

二、承诺与行动

根据《巴黎协定》相关规定，各缔约方需要提交他们的气候行动计划，称为国家自主贡献（NDCs）。优秀的 NDCs 目标设定极高，所涉范围极广，其方案以合理的分析和数据为基础，帮助各国向更为绿色、更可持续的发展转型。它们对不同经济部门的必要转变进行指导，为重新思考社会的生产和消费方式提供了机会。通过 NDCs，各国制定并通报其在 2020 年后为实现《巴黎协定》目标而采取的温室气体减排行动，以及如何增强适应气温上升影响的韧性。这些气候行动共同决定了世界能否实现《巴黎协定》的长期目标，能否尽快达到温室气体排放的全球峰值，以及达峰之后能否根据现有科技水平实现迅速减排，以便在 21 世纪下半叶实现温室气体人为源排放量和汇清除量之间的平衡。

众所周知，发展中国家缔约方达到排放峰值需要更长的时间，减排需在公平的基础上，在可持续发展和消除贫困努力的背景下进行，这些是许多发展中国家发展的优先事项。从 2023 年开始，之后每隔五年，各国政府将评估《巴黎协定》的执行情况，以评估在实现《巴黎协定》宗旨以及长期目标方面取得的进展。全球评估（GST）的结果将为后续 NDCs 的准备工作提供信息，以便提高缔约方减排的雄心并采取更有效的气候行动，从而实现《巴黎协定》的宗旨及长期目标。为了更好地实现长期目标，《巴黎协定》邀请各国在 2020 年前制定并提交温室气体低排放发展长期战略（LT-LEDS），为国家自主贡献提供长期视野。与 NDCs 不同，LT-LEDS 不是强制性的。各国将 NDCs 置于国家长期规划和发展优先事项的背景下，为应对其后变化的未来发展提供了愿景和方向。

三、合作机制

资金合作机制：《巴黎协定》向需要资金、技术和能力建设支持的国家提供了一个框架，以推动各国相互合作。在资金方面，《巴黎协定》重申了发达国家的义务，同时也首次鼓励其他各方自愿提供资金资助。发达国家应该带头向资源较少和较脆弱的国家提供资金支持，同时也首次鼓励其他方面自愿捐款。气候变化减缓需要资金，因为只有大规模投资才能大幅减排。气候资金对各缔约方提高适应气候变化的能力也同样重要，适应气候变化和减少气候变化带来的不利影响均需要大量的资金投资支持。

技术合作机制：在技术方面，《巴黎协定》提出了全面实现技术开发和转让的愿景，以提高各国应对气候变化的韧性并减少温室气体排放。《巴黎协定》第 10 条第 4 款确立了技术框架。该框架将为技术机制在促进和便利技术开发和转让行动方面的工作提供总体指导，以便实现气候治理的长期愿景。该机制正在通过其政策和执行机构加快技术开发和转让。

能力建设机制：《巴黎协定》中的能力建设是协定中第 11 条的核心内容，已被确定为各国国家自主贡献的优先事项。能力建设旨在通过合作和创新推动各方提高适应和减缓气候变化方面的能力，由于并非所有发展中国家都有足够的能力应对气候变化带来的诸多挑战，因此《巴黎协定》非常重视发展中国家应对气候变化的能力建设，并要求所有发达国家加强对发展中国家能力建设行动的支持。

巴黎能力建设委员会（Paris Committee on Capacity Building，PCCB）：《联合国气候变化框架公约》下设立的一个专门机构，成立于 2016 年，总部位于德国波恩。其主要任务是协助发展中国家增强技术和能力建设以应对气候变化，包括气候适应和气候减缓两个方面。其具体工作包括：第一，协助发展中国家进行气候技术需求评估（TNA），以确定这些国家在应对气候变化方面的技术需求及发展需求。第二，为发展中国家提供技术转移和合作框架，以促进技术创新、扩大技术转让、推进知识共享和培训等领域的合作。第三，建立和完善国家层面的气候变化管理和监测体系，以加强发展中国家的国内气候行动规划和国际沟通合作能力。第四，协调各方面合作，包括政府和非政府组织、私营部门和国际组织等，以推动气候技术发展和推进能力建设。PCCB 是为了加强发展中国家气候技术和能力建设而设立的一个专门机构，旨在推进全球气候治理能力和结构不断完善。

四、遵约机制

为跟踪进展,根据《巴黎协定》,各国建立了强化透明度框架(ETF)。从 2024 年开始,在强化透明度框架下,各国将透明地报告其在气候变化减缓、适应措施和提供或接受国际气候治理资金及技术等支持方面采取的行动和取得的进展。ETF 收集的信息将纳入全球盘点,全球盘点是对全球应对气候变化努力的定期综合评估。ETF 的主要目标是通过收集和汇总所有缔约方提交的国家报告,评估全球减排行动的进展情况,发现相关政策、技术等方面的不足,为全球低碳经济转型和可持续发展提供重要参考,有助于推动各国在下一周期制定更宏大的计划。各国定期报告国家低碳目标执行和进展情况,这将明确呈现各国与《巴黎协定》目标相关的全球气候治理进展概况,有助于联合国对集体进展进行全球评估。同时,报告的信息经过同行评估,有助于建立国家间的相互信任和信心,更好地了解当前的气候行动以及需要提供的支持水平。基于透明度,各国通过分享进展、实践和经验获得相互学习的机会。

本章小结

《联合国气候变化框架公约》是进行全球气候变化谈判的总体框架,其中关于气候治理的机制主要包括减排、适应和技术转移三个方面。《京都议定书》建立了三种灵活的合作机制来推进全球实现碳减排。哥本哈根气候大会旨在为《京都议定书》第一个承诺期(2008—2012 年)到期后的全球气候治理制定新框架,对发达国家如何减排做出新安排,然而未能就关键的减排问题达成新的有法律约束的减排共识,其后的坎昆和德班两届大会经过艰苦谈判才得以保留《京都议定书》第二个承诺期。《巴黎协定》对 2020 年后全球应对气候变化的行动做出了安排,呼吁所有缔约方在国内建立自主的、透明的低碳发展战略以实现碳减排。《巴黎协定》是当今及未来全球气候治理行动的主要遵循,目前的国际气候谈判都在围绕《巴黎协定》的框架内容开展。当前已有许多国家相继提出碳中和目标,并在法律、经济金融、低碳技术、国际参与等方面做出创新和努力,以推进碳减排。

思考习题

1. 关于气候治理的国际合作公约有哪些重要组成部分?
2. 《联合国气候变化框架公约》有哪些重要内容?
3. 《京都议定书》《巴黎协定》关于低碳治理各自最重要的创新之处是什么?
4. 国际上关于低碳治理的经验有什么共同点?

拓展性阅读

第五章　全球气候治理的国际合作组织

内容摘要

国际合作组织是气候治理的重要主体之一，它凭借着自身的独特优势，在气候治理中发挥着不可替代的作用，持续推动全球气候治理进程。国际合作组织参与气候治理是组织存在和发展的必然结果，也是全球气候治理的发展要求，研究国际合作组织在气候治理中的行动具有重要的理论意义和现实意义。

学习目标与要求

1. 了解本章列举的国际合作组织的基本情况。
2. 掌握国际合作组织在气候治理中的作用。
3. 明确国际合作组织目前面临的挑战。

第一节　全球气候治理的国际性合作组织

一、全球气候治理的主要国际性合作组织

1. 联合国环境规划署

（1）组织简介

联合国环境规划署（United Nations Environment Programme，UNEP）是联合国系统内负责全球环境事务的牵头部门和权威机构，激发、提倡、教育和促进全球资源的合理利用并推动全球环境的可持续发展。联合国环境规划署是一个业务性的辅助机构，它

每年通过联合国经济和社会理事会向大会报告自己的活动。

1972年12月15日，联合国大会做出建立环境规划署的决议。1973年1月，联合国环境规划署作为联合国统筹全世界环保工作的组织正式成立，其临时总部设在瑞士日内瓦，后于1973年10月迁至肯尼亚首都内罗毕。截至2023年4月，联合国环境规划署共拥有193个成员国，在世界各地设有7个地区办事处和联络处，拥有约200位科学家、事务官员和信息处理专家具体实施计划。

联合国环境规划署的使命是"激发、推动和促进各国及其人民在不损害子孙后代生活质量的前提下提高自身生活质量，领导并推动各国建立保护环境的伙伴关系"，任务是"作为全球环境的权威代言人行事，帮助各政府制定全球环境议程，以及促进在联合国系统内协调一致地实施可持续发展的环境层面"。其宗旨是"促进环境领域国际合作，并为此提出政策建议；在联合国系统内协调并指导环境规划；审查世界环境状况，以确保环境问题得到各国政府的重视；定期审查国家和国际环境政策及措施对发展中国家造成的影响；促进环境知识传播及信息交流"。

联合国环境规划署致力于深入研究气候变化、自然和生物多样性丧失以及污染和废物这三大全球危机的根本原因，为人类和自然带来转型变革。同时，联合国环境规划署采用七个相互关联的行动方案，即气候行动、化学品和污染行动、自然行动、科学政策、环境治理、金融和经济转型以及数字化转型，帮助成员国实现气候稳定，努力打造无污染的未来，支持所有可持续发展目标的实现。

（2）组织机构

执行主任：由联合国秘书长提名并经联合国大会选举产生，任期四年。联合国环境规划署由以执行主任为核心的高级管理团队实施管理。

联合国环境大会（UNEA）：前身是联合国环境规划署理事会，2013年联合国大会通过决议，将理事会升格为各成员国代表参加的联合国环境大会。联合国环境大会是全球环境问题的最高决策机制，旨在激发全球应对气候变化、污染、生态系统退化等挑战的集体行动。从2014年开始，它已经举行了六届会议，详见表5-1。常驻代表委员会是大会闭会期间的政府间机构，由联合国所有会员国、联合国各专门机构和欧洲联盟派驻内罗毕或其他地方的特派代表组成。

环境基金：国际环境活动的主要经费，主要来自成员国自愿认捐。主要用途是为该署提供正常预算外资金，用来支付联合国机构从事环境活动所需的全部或部分经费，以及与其他联合国机构、国际机构、各国政府和非政府组织进行合作的费用。

秘书处：联合国系统内的环境活动实施和协调中心，处理主要的日常事务，通知和协调各项工作。

表 5-1　历届联合国环境大会

会议名称	召开时间	地点	主题
第一届联合国环境大会（UNEA-1）	2014年6月23日—27日	肯尼亚 内罗毕	野生动植物非法贸易、空气质量、环境法治、绿色经济融资、可持续发展目标和"实现2030年可持续发展议程的环境层面"
第二届联合国环境大会（UNEA-2）	2016年5月23日—27日	肯尼亚 内罗毕	加强科学与政策的互动
第三届联合国环境大会（UNEA-3）	2017年12月4日—6日	肯尼亚 内罗毕	迈向无污染的地球
第四届联合国环境大会（UNEA-4）	2019年3月11日—15日	肯尼亚 内罗毕	寻找创新解决办法，应对环境挑战并实现可持续消费与生产
第五届联合国环境大会（UNEA-5）	2021年2月22日—23日（UNEA-5.1） 2021年2月28日—3月2日（UNEA-5.2）	肯尼亚 内罗毕	加大力度保护自然以实现可持续发展目标
第六届联合国环境大会（UNEA-6）	2024年2月26日—3月1日	肯尼亚 内罗毕	采取有效、包容和可持续的多边行动应对气候变化、生物多样性丧失和污染

（3）基本工作

联合国环境规划署成立以后，其活动主要涉及环境评估、环境管理和支持性措施。

① 环境评估：利用现有最佳科技能力来分析全球环境状况并评价全球和区域环境趋势，促进环境问题的调查研究，为各国提供政策咨询和各类环境威胁的早期预警，促进和推动国际合作和行动。联合国环境规划署提供超过 15 000 种项目，从实时数据平台到关键报告和出版物等，如世界环境形势室（World Environment Situation Room, WESR），它是联合国环境规划署的一个项目，旨在提供有关环境的数据、信息和知识，以支持全球、区域、国家和地方层面的环境和可持续发展决策、政策制定和行动。

② 环境管理：协调联合国内外的环境保护和环境管理工作，制定旨在实现可持续发展的国际环境法，采取一系列行动以应对新出现的环境挑战。联合国环境规划署制定了环境和社会可持续性框架，该框架使联合国环境规划署能够以有计划和结构化的方式预见和管理新出现的环境和社会问题，同时通过在项目生命周期内有效地管理环境和社

会问题来加强联合国环境规划署工作的可持续性和问责制。

③ 支持性措施：联合国环境规划署通过举办环境教育、学术会议等活动来推动环境保护进程。联合国环境规划署经常举办同环境有关的各类国际性的专业会议，传播有关环境保护的各类知识，促进人们提高环境保护意识。联合国环境规划署同时还主持了多项环境协定，包括《生物多样性公约》《野生动物迁徙物种保护公约》《濒危野生动植物种国际贸易公约》等，承担秘书处或机构间协调主体的职责。同时，联合国环境规划署将每年的6月5日定为世界环境日，根据当年的世界主要环境问题及环境热点，有针对性地制定世界环境日主题，提高公众的认识并倡导采取有效的环境行动。

2. 世界气象组织

（1）组织简介

世界气象组织（World Meteorological Organization，WMO）是联合国的专门机构之一，是联合国系统中负责有关地球大气层的状态和变化规律、大气与陆地和海洋的交互作用，以及由此产生的天气和气候、水资源分布等方面的权威机构。鉴于天气、气候和水循环无国界，因此全球国际合作对气象和水文的发展以及获取其应用的效益至关重要，世界气象组织则为此类国际合作提供了很好的框架。

世界气象组织的前身是成立于1873年的国际气象组织（International Meteorological Organization，IMO）。1947年9月，国际气象组织在华盛顿召开大会，通过《世界气象组织公约》，并决定成立世界气象组织。1950年3月23日，该公约正式生效，国际气象组织更名为世界气象组织。1951年3月19日，世界气象组织第一届大会在巴黎举行，同年12月，世界气象组织成为联合国的一个专门机构。截至2023年5月，世界气象组织拥有国家会员193个。

世界气象组织的愿景：到2030年，我们希望看到一个这样的世界——所有的国家，特别是最脆弱的国家，更有能力抗御极端天气、气候、水及其他环境事件的社会经济影响；通过提供尽可能最佳的陆地、海上或空中服务加强其可持续发展。

世界气象组织的使命：世界气象组织致力于协助各国的气象服务设计并提供全球合作，促进气象信息的快速交流，推进气象数据标准化，建立气象和水文部门之间的合作，鼓励全球各个国家进行气象研究与培训，并扩大气象应用，使航空、航运、农业和水资源管理等其他部门受益。

世界气象组织的宗旨：在全世界建立合作网络，以进行气象、水文和其他地球物理观测，并建立进行气象服务和观测的各种中心；建立和维持可迅速交换气象情报及有关资料的系统；促进气象观测的标准化，并确保观测结果与统计资料的统一发布；推进气象学在航空、航运、水事问题、农业和其他人类活动领域中的应用；促进实用水文活动，加强气象服务部门与水文服务部门之间的密切合作；鼓励气象及有关领域内的研究和培训，帮助协调研究和培训中的国际性问题。

世界气象组织通过其科技计划开展工作，这些计划旨在为各会员提供天气、气候和水方面的服务并从中受益，以及应对当前面临和即将面临的问题。各国通过世界气象组织的计划提供的气象和相关服务的成本远低于各国单独行事的成本。世界气象组织的项目是指在全球、国家和地区层面与其他利益相关方合作开展的干预活动，以此与利益相关方的项目和行动建立协同关系，通常涉及若干项计划。

（2）组织机构

世界气象大会：该组织的最高权力机构，由各会员国派代表团与会。一般每四年召开一次大会，审议过去四年的工作，研究批准今后四年的业务、科研、技术合作等各项计划，以确定为实现组织宗旨而采取的总政策。

执行理事会：由 36 个国家气象和水文局局长组成，每年至少举行一次会议，负责审查组织活动和执行气象组织大会的决定，是大会闭幕期间的执行机构。

区域协会：主要负责区域内的各项气象、水文活动，实施大会、执行理事会的有关决议，一般每四年举行一届会议。按地理区域划分，世界气象组织可分为六个区域协会。

技术委员会：世界气象组织根据气象、水文业务性质，将技术委员会划分为两组共八个委员会。具体安排：第一组为基本委员会，包括基本系统委员会（CBS）、大气科学委员会（CAS）、仪器和观测方法委员会（CIMO）和水文学委员会（CHY）；第二组为应用委员会，包括气候学委员会（CCL）、农业气象学委员会（CAGM）、航空气象学委员会（CAEM）、世界气象组织/政府间海洋学委员会和海洋气象学联合委员会（JCOMM）。

秘书处：世界气象组织常设办事机构，从事技术研究，并负责全世界气象学与实用水文学方面的众多技术合作项目。秘书处还负责出版专门的技术说明、指南、手册和报告，且一般要在气象服务与实用水文服务之间担任联系者的角色。

（3）基本工作

① 气象观测与预报：世界气象组织协助各国维护并扩展有关气象、气候、水文和其他地球物理因素的观测网络，以及实时或近实时、免费和无限制地与其他国家交换相关的资料和信息、产品和服务。世界气象组织统一了全球气象观测标准，结束了各国单独观测的局面，同时也制定了一系列计划，号召全球进一步增强气象和气候观测能力。

其中标志性事件是建立起全球观测系统（Global Observing System，GOS），这是一项极其复杂的工作，也是世界气象组织国际合作的重要里程碑，对于支持气候监测具有重要意义。它由众多国家和国际机构拥有和运营的众多单独的地基和天基观测系统组成，这些机构具有不同的供资渠道、总体优先事项和管理程序。

② 国际合作与技术支持：世界气象组织帮助会员国开展技术转让、能力培训和合作研究等活动，将气象应用于公共天气服务、农业、能源部门、环境、卫生、运输等领域，减少与天气、气候和水相关灾害带来的风险。世界气象组织注重改善成员国的技术研发和应用、机构运行能力和基础设施等，特别注重协助各个发展中国家、最不发达国家和小岛屿发展中国家的发展。

③ 促进政策制定：世界气象组织促进国家和国际层面上与天气、气候和水相关领域的政策制定。世界气象组织不断促进实时或近实时、免费和无限制地交换有关社会安全和保障、经济福祉及环境保护等事宜的资料和信息、产品和服务，为政策制定提供可靠的信息支撑。同时它与联合国各机构及各国气象和水文部门合作，支持一系列环境公约的实施，并协助向各国政府提供有关事务的建议和评估。这些活动有助于确保各国的可持续发展和福祉的实现。

3. 联合国政府间气候变化专门委员会

（1）组织简介

联合国政府间气候变化专门委员会（Intergovernmental Panel on Climate Change，IPCC）是世界气象组织和联合国环境规划署于1988年联合建立的政府间机构。2007年该机构与美国前副总统艾伯特·戈尔分享了诺贝尔和平奖。截至2023年5月，IPCC拥有195个成员国。其主要任务是对气候变化科学知识的现状，气候变化对社会、经济的潜在影响以及适应和减缓气候变化的对策进行评估。联合国政府间气候变化专门委员会的宗旨是以综合、客观、开放和透明的方式评估与认识人为气候变化风险及其潜在影响，为人类可持续发展出谋划策，推动人类应对气候变化的历史进程。

人类活动的规模对复杂的自然系统，如全球气候产生了较大的干扰。许多科学家认为，气候变化会造成严重的或不可逆转的破坏风险，而对决策者们而言，需要掌握气候变化成因、其潜在环境和社会经济影响以及可能的对策等客观信息来源，才会采取行动。联合国政府间气候变化专门委员会能够在全球范围内为决策层以及其他科研等领域提供科学依据和数据，可以在全面、客观、公开和透明的基础上，对世界上有关全球气候变化的现有最好的科学、技术和社会经济信息进行评估。这些评估吸收了全球数百位专家的工作成果。联合国政府间气候变化专门委员会的报告力求全面地反映现有的各种观点，并使之具有政策相关性,但不具有政策指示性。

(2)组织结构

全体会议:联合国政府间气候变化专门委员会每年至少举行一次全体会议,来自成员国和观察员组织的数百名相关部委、机构官员和专家出席会议,以协商一致的方式决定本组织的预算和工作方案等。

主席团:向工作小组提供技术指导,就管理和战略问题提供咨询意见,并对任务范围内的具体问题做出决定。

执行委员会:根据联合国政府间气候变化专门委员会的原则和程序、工作小组的决定和主席团的建议,使工作方案得以及时有效地执行。

秘书处:协助政府间气候变化专门委员会的工作,组织各类会议、编写文件和报告、编制预算、管理合同和处理法律事项等。

工作小组:联合国政府间气候变化专门委员会下设三个工作组和一个专题组。第一个工作组是关于科学基础的,负责从科学层面评估气候系统及气候变化,即报告气候变化的现有知识,如气候变化如何发生、以什么速度发生。第二个工作组是关于影响、脆弱性、适应性的,负责评估气候变化对社会经济以及天然生态的损害程度、气候变化的负面以及正面影响和适应变化的方法,即气候变化对人类和环境的影响,以及如何减少这些影响等。第三个工作组是关于减缓气候变化的,负责评估限制温室气体排放或减缓气候变化的可能性,即研究如何可以停止导致气候变化的人为因素,或是如何减缓气候变化。一个专题组是国家温室气体清单专题组,负责联合国政府间气候变化专门委员会《国家温室气体清单》的编制。每个工作组设两名联合主席,分别来自发展中国家和发达国家,其下设一个技术支持组。

作者、专家、撰稿人员、评审人员和编审:IPCC 报告由作者、专家、撰稿人员、评审人员和编审共同完成。作者负责报告每章的内容,也可以聘请其他专家作为贡献作者;撰稿人员提供特定领域的专业知识;报告要经过外部专家审查,编审帮助确定专家审稿人。

(3)基本工作

IPCC 为决策人提供对气候变化的科学评估及其带来的影响和潜在威胁,并提供适应或减缓气候变化影响的相关建议。IPCC 本身不做任何科学研究,而是检查每年出版的数以千计的有关气候变化的论文,定期对气候变化的认知现状进行评估,并出版评估报告,总结气候变化的现有知识。

它应《联合国气候变化框架公约》、各国政府和国际组织关于具体科学和技术事项的要求,编写了一系列方法报告、特别报告和技术文件。同时,1990 年、1995 年、2001

年、2007年、2014年和2023年，IPCC相继完成了六次评估报告。这些是全球最全面的气候变化科学报告，已成为国际社会认识和了解气候变化问题的主要科学依据。

1990年，IPCC第一次评估报告强调了开展国际合作对于应对气候变化的重要性，它促使联合国大会做出制定《联合国气候变化框架公约》的决定；IPCC第二次评估报告于1995年发表，并提交给UNFCCC第二次缔约方大会，推动了《京都议定书》的诞生；IPCC第三次评估报告发表于2001年，促使UNFCCC谈判确立了适应和减缓两个议题，为《京都议定书》的生效提供了科学支撑；2007年，IPCC第四次评估报告明确提出过去50年的气候变化很可能归因于人类活动，推动了"巴黎路线图"的诞生；2014年，IPCC第五次评估报告进一步凝聚了国际社会应对气候变化的共识，推动了2015年巴黎气候变化大会上的协议达成；IPCC第六次评估报告于2023年发布，报告表明，有多种可行和有效的方案来减少温室气体排放和适应人类活动引起的气候变化。

二、国际性合作组织在气候治理中的作用

目前气候治理领域拥有众多国际性合作组织，它们积极采取各类行动，推动全球气候治理进程。其中主要是以联合国为主导的国际组织，如联合国环境规划署、联合国政府间气候变化专门委员会等。这些国际性合作组织在气候治理中的作用可以概括为以下三个方面。

第一，国际性合作组织为成员国开展各种层次的对话与合作提供了平台。国际性合作组织拥有稳定的组织结构和行政设施，具有中立性和公正性。各个国家可以通过国际性合作组织进行对话交流，并开展多层次的国际合作。交流与合作可以凝聚共识，推动各国制定科学的减排行动策略和气候政策，提出更具雄心的气候行动承诺，为全球气候治理的进一步发展提供助力。

第二，国际性合作组织充当了国际社会共同事务的管理者角色。由于各个国家具体的发展情况和所处的发展阶段不同，进行气候治理的现实迫切性不同，所以基于国家自身利益，各个国家在考虑气候治理问题时的出发点和归宿不同，在有关气候治理的一系列问题上难以达成统一意见。国际性合作组织凭借其自身的道义权威和在成员国间的协调能力，制定具有共同约束力的规范和规则，可以较好地平衡各个国家的权利与义务，让各个国家承担共同但有区别的义务，激励大国努力承担更多的任务，同时可以防止一些国家"搭便车"的行为。

第三，国际性合作组织搜集与整理各方有效信息并发布科学报告。国际性合作组织在全球范围内建立了庞大的信息采集与共享体系，通过该体系可以收集到各类与气候问

题相关的有效信息。国际性合作组织的工作人员凭借自身的专业性对所获信息进行进一步研究整合，定期发布具有科学性和权威性的气候报告，提升人类对气候问题的认识，也为各国制定政策提供科学依据。

三、国际性合作组织在气候治理中所面临的挑战

首先，在全球气候治理问题中如何摆脱大国影响是国际性合作组织面临的一项重要挑战。国家是国际社会最重要的行为主体，国家实力是决定其国际地位的最重要因素，而大国的综合实力和国际地位都很高，所以大国的立场和行动将对国际性合作组织产生很大影响。另外，通常而言，在大多数大国支持或许可条件下发起和开展的活动往往可以得到顺利和迅速的执行，若大国之间意见不统一，国际性合作组织的行动往往会陷入停滞状态。

其次，监督成员国的难度较大。如何监督成员国的行动，如何核查各成员国是否履行了合约义务，应该采取何种强制行动来保证义务履行，这些问题对于国际性合作组织而言都比较困难。气候问题的监督与核查并没有制度性和法律性的保障，对于成员国违反规则的行为很难监督和核查，关于未履行义务或采取了其他违反条约行动的惩罚措施的保障性也难以满足。

最后，资金短缺限制了国际性合作组织的发展。由于国际性合作组织需要大量的资金来支撑其运作和实施项目，因此缺乏足够的资金会导致组织的活动范围受到限制。国际性合作组织的资金通常来源于成员国自主捐赠、志愿者资助和联合国拨款。在经济不稳定或政府预算紧张的情况下，这些资金来源可能会受到限制，导致组织难以维持正常运作，难以达成国际组织设置的目标。

第二节　全球气候治理的区域性合作组织

一、全球气候治理的主要区域性合作组织

1. 上海合作组织

上海合作组织（Shanghai Cooperation Organization，SCO）是 2001 年 6 月 15 日由中华人民共和国、哈萨克斯坦共和国、吉尔吉斯共和国、俄罗斯联邦、塔吉克斯坦共和

国、乌兹别克斯坦共和国在中国上海宣布成立的永久性政府间国际组织。

上海合作组织（以下简称上合组织）关注环保领域的发展历程。上合组织成立初期就重视环保领域的合作，2001年通过的《上海合作组织成立宣言》和2002年通过的《上海合作组织宪章》中均明确表示，鼓励开展环保领域合作是上合组织的宗旨和任务之一。2004年6月签署的《塔什干宣言》中提出将环境保护及合理、有效利用水资源问题提上合作议程。2014年6月，中国—上海合作组织环境保护合作中心成立，旨在推动上合组织生态环保合作。2018年6月，上合组织青岛峰会期间，《上合组织成员国环保合作构想》顺利通过，这是上合组织框架下第一份关于生态环保合作的框架文件，明确了各成员国开展生态环保合作的重点方向和优先领域，是上合组织环保合作的纲领性文件。2019年，上合组织通过《2019—2021年〈上合组织成员国环保合作构想〉落实措施计划》和《上合组织城市生态福祉发展规划》。2021年，在杜尚别峰会通过的《上合组织绿色之带纲要》对发展中国家合作应对气候变化的有效策略进行探索。2021年7月29日，第二次上合组织成员国环境部长会共同审议通过《2022—2024年〈上合组织成员国环保合作构想〉落实措施计划》草案和关于成立上合组织成员国环保问题专题工作组的决议。

上合组织关注气候变化领域的发展历程。近年来，上合组织关于环保领域的各类交流合作更加深入，涉及的领域更为广泛，迎来了气候领域的合作新机遇。2022年9月16日，上合组织成员国元首理事会会议在乌兹别克斯坦撒马尔罕举行。会议发表《上海合作组织成员国元首理事会关于应对气候变化的声明》，强调上合组织成员国决心就应对气候变化所带来的挑战开展合作。该声明直接明确上合组织成员国在应对气候变化领域的合作框架，提出上合组织成员国在应对气候变化合作中的九个重点领域：① 促进可持续发展，减少温室气体排放，完善和优化包括能源结构在内的基础设施。② 在发展和应用资源节约、节能、绿色和低排放技术领域扩大合作。③ 考虑到气候变化对海洋动植物的影响，研究上合组织成员国在该领域采取联合行动的可能性。④ 就投资标准和包括绿色分类在内的可持续项目开展经验交流。⑤ 研究深化资金筹集领域的合作前景，以预防和适应气候变化。⑥ 在上合组织成员国间就碳市场问题开展对话，包括进入及参与国际碳市场。⑦ 在上合组织成员国互利合作的基础上发展人才潜力，建设气候领域专业人才培训体系，制订人才再培训计划。⑧ 在上合组织框架内举办研讨会、论坛和圆桌对话，吸引政府、企业、智库、学者和其他专家就气候变化进行交流。⑨ 上述领域合作对感兴趣的上合组织观察员国和对话伙伴开放。

上合组织关注能源领域。2022年9月16日，上合组织成员国元首理事会发布《关于维护国际能源安全的声明》。该文件明确上合组织成员国在推进能源转型、可再生能源协同发展等方面的合作框架，在强调能源基础设施安全与可靠运行时，特别将可再生能源纳入核心框架，统筹有序推进能源转型和能源安全。大力推动风能、太阳能、水能、核能、生物质能、氢能、储能等协同发展，对构建适应新能源占比逐渐提高的新型电力系统具有重要意义，也将有助于各国在减缓气候变化方面的合作。

2. 东南亚国家联盟

东南亚国家联盟（Association of Southeast Asian Nations，ASEAN）于1967年8月8日在泰国曼谷成立，秘书处设在印度尼西亚首都雅加达。截至2023年，东南亚国家联盟（以下简称东盟）共有10个成员国：文莱、柬埔寨、印度尼西亚、老挝、马来西亚、菲律宾、新加坡、泰国、缅甸、越南。联盟成员国总面积约449万 km^2，人口约6.6亿，是亚洲第三大经济体和世界第六大经济体。

东盟作为东南亚地区政治、经济和安全一体化组织，旨在有效地保障地区利益，在全球气候治理中扮演着重要角色。在内部，东盟充当成员国之间信息交流的互动空间和关系促进者；在外部，东盟接受作为其成员国在气候外交中扩音器的地位。

自2007年提出东盟气候合作以来，在各国的共同协商下东盟陆续开展了一系列合作项目。2007年11月，在第十三届东盟首脑会议上签署《东盟环境可持续发展宣言》和《东盟关于气候变化的宣言》，东盟首脑会议将气候变化问题纳入政策议程，表明东盟在应对气候变化上的政治意愿，为东盟成员国达成气候共识奠定了基础。2007年11月，在第三届东亚峰会上，东盟十国和中国、日本、韩国等国的领导人发表《气候变化、能源和环境新加坡宣言》，强调所有国家应按照共同但有区别的责任原则，并根据各自的能力，在应对气候变化的共同挑战方面发挥作用，这一宣言的签署标志着东盟气候合作的开启。2009年，东盟同联合国环境规划署成立东南亚气候变化协作网络，旨在为东南亚国家开展能力建设、分享最佳实践经验、加速气候友好型技术转让等提供平台。2010年，东盟成立东盟气候变化倡议的咨询平台，该平台用来分享经验以及让各个国家确定潜在合作事项、共享信息和促进技术转让。2014年，《东盟2014年气候变化联合声明》中强调，东盟要在国家、地区和全球层面加强应对气候变化的努力，加强灾害管理。2019年，东盟城市合作网络发布《东盟环境可持续城市方案》，旨在加强东盟城市在环境保护和可持续发展方面的合作，诸如"小城市清洁空气项目"和"东盟环境可持续模范城市项目"等。2020年，东盟发布《东盟国家气候变化情况报告》，梳理东盟各国的适应需求、短期和中长期的适应目标。2021年，在第26届联合国气候变化大会上，东盟成员国共同发表《东盟气候变化联合声明》，重申东盟成员国对气候行动的承诺，包括通过能源转型和森林保护来推动绿色增长和绿色就业。可以说东盟国家的气候合作无论在形式、规模还是力度层面都在逐渐走向纵深。

同时，东盟通过双边外交在气候变化领域开展积极合作。以中国为例，中国和东盟保持着长期战略合作。2003年，双方签署《中国—东盟面向和平与繁荣战略伙伴关系联合宣言》，旨在加强中国和东盟各国之间的合作，共同推进地区和平、安全、繁荣和可持续发展。2009年，双方发布《中国—东盟环境保护合作战略》，在空气污染治理政策和实践、能源产业转换升级、打造绿色工业园区等方面开展合作。2010年，中国—东盟环境保护合作中心成立，为双方环境保护合作战略和项目的落实提供支撑。2021年发布的新行动框架进一步将"应对气候变化与空气质量改善"单列为中国—东盟环境合作的四大重点战略方向之一。未来，随着《区域全面经济伙伴关系协定》的正式生效，中国与东盟在碳中和领域的合作将释放巨大合作空间和市场潜力。

二、区域性合作组织在气候治理中的作用

第一，区域性合作组织可以填补全球气候治理的不足，丰富参与主体。不同于由全世界范围内的主权国家或者非政府团体所组成的组织，区域性合作组织由位于同一个区域的国家构成。此类组织可以充分发挥其独特优势，多方面开展气候治理活动，利用地缘关系来推动气候治理进程。

第二，区域性合作组织更加关注本地区的气候问题，更具有针对性和实效性。区域性合作组织包含的国家基本都位于特定区域，地理距离近，具有相似的政治、经济和文化背景，在利益上也具有共性。将气候治理聚焦到某个地区，可以充分关注和利用好这个地区的特点，有效推动气候治理的发展。

第三，区域性合作组织便于在区域内进行信息共享和技术交流，共同制定并执行气候政策。区域性合作组织各个成员国之间的距离较近，便于进行各类设备的运输，也便于各类高素质人才在区域内自由流动，可以大大促进区域内的信息共享和技术交流。同时，与国际性组织相比，各个区域性合作组织的成员国数量相对较少、共同利益较多，制定各类气候政策的阻力更小，便于推出各类气候政策。

三、区域性合作组织在气候治理中所面临的挑战

一方面，区域性合作组织进行气候治理具有地域限制性。因为区域性合作组织多为一个区域的一些国家，只能定位在区域性合作组织的成员国内，政策和规则的实施情况会受到影响，较好的气候治理措施难以在世界范围内推广。同时，进行合作的目标国也限制在区域性合作组织的成员国内，合作目标对象受到限制，合作质量也在一定程度上

受到影响。

另一方面，区域性合作组织缺乏专业性和针对性。现有的区域性合作组织大多数不是专门进行气候治理的，往往是因为政治原因和经济原因组成的国际组织，气候治理只是作为其合作的一个板块，所以区域性合作组织在气候治理方面的作用较为有限，绝大多数还是着眼于政治利益和经济效益。

第三节　全球气候治理的非政府合作组织

一、全球气候治理的主要非政府合作组织

1. 绿色和平组织

（1）组织简介

绿色和平组织简称绿色和平（Greenpeace），属于国际非政府合作组织。其前身是1971年9月15日成立于加拿大的"不以举手表决委员会"，1979年改为绿色和平组织，总部设在荷兰阿姆斯特丹。

1971年，12名怀有共同梦想的人从加拿大温哥华启航，驶往安奇卡岛，去阻止美国在那里进行的核试验。他们在渔船上挂了一条横幅，上面写着"绿色和平"。尽管在中途遭到美国军方阻拦，但他们的行动却得到了舆论和公众的声援。在此后的30多年里，绿色和平逐渐发展成为全球最有影响力的环保组织之一。绿色和平继承了创始人勇敢独立的精神，坚持以行动保护地球环境，同时通过研究、教育和游说工作，推动政府、企业和公众共同寻求环境问题的解决方案。

"非暴力直接行动"是绿色和平成立50多年来的核心价值。它是指公众通过和平手段，采取直接的行动，表达对社会公平正义的要求，或是以此来达成促进社会变革的目的。非暴力，就是不使用暴力，不伤害他人身体，而所谓直接行动，即以实际的行动来改变不公正，行动目标通常非常清晰明确，并以达成该目标为行动之准绳。

绿色和平由世界各地的分会组成，其在世界40多个国家和地区设有分部，拥有超过300万名支持者。绿色和平的主要成员来自各个领域，使得其诉求与建议更加具有可信度。这些专业人员包括研究环境问题的专家和在通信领域的媒体专业人士等。同时，为了保持公正性和独立性，绿色和平不接受任何政府、企业或政治团体的资助，只接受

市民和独立基金的直接捐款。

（2）组织宗旨

绿色和平的宗旨是保护地球、环境、各种生物的安全和持续性发展，并以行动做出积极的改变，促进实现一个更为绿色、和平和可持续发展的未来。

① 减少海洋污染。海上倾废不但会严重毒害海洋动物及植物，而且也会污染全球日益减少的海产。② 减少基因工程的危害。绿色和平忧心地说道："假如我们现在不立刻行动，制止基因改造，数年之后，我们的大部分食物都将会是经过基因改造的科学怪物。"③ 减少有毒物质的污染。现代社会的经济往往由消费带动，在这个消费主义高涨的年代，过度消费必然会给社会带来数量庞大的废弃物，这是不可忽视的问题。④ 保护原始森林。地球上的森林能吸收二氧化碳，产生氧气，固定泥土，调和气候，平衡水的循环系统，并且能够提供给动物及植物一个相当理想的栖息处。⑤ 不要战争。绿色和平反对战争，支持以非暴力途径化解冲突，并主张消除任何国家拥有的所有大杀伤力武器。⑥ 管理废弃物。世界各国，无论先进与否，都面临着如何实现可持续发展的问题，其中一项议题就是如何妥善处理废弃物，而大部分废弃物的前身则是地球上有限的资源。

（3）主要行动

绿色和平有很多装备，包括船只、橡皮艇、热气球等。绿色和平利用这些装备开展活动。

"希望号"是绿色和平船队中最新最大的船，也是第一艘由绿色和平网站的浏览者命名的船。该船参与推广了 2002 年"原始森林：保护还是消失"的项目。"极地曙光号"反对英国石油公司开设新的离岸油井"北星"的计划，这个计划有可能在这个脆弱的地区造成石油泄漏，并进一步使全球变暖。在南冰洋上，"极地曙光号"还反对日本进行所谓的"科学"捕鲸计划。"阿古斯号"是绿色和平最小的电动机船，主要从事反对有毒化学物质的生产、使用和倾倒的项目，"阿古斯号"的第一次行动是在 2000 年 9 月，工作人员把一个巨大的标志"停止 TBT"贴在使用 TBT 涂料船只的吊架上，给使用 TBT 涂料的船只打上了耻辱的烙印。

绿色和平使用橡皮艇开始于一次很偶然的契机。1972 年，绿色和平的快艇 Vega 号在执行阻止法国进行核试验任务时，法国突击队队员利用橡皮艇登上了 Vega 号，并狠狠打了船长。法国突击队橡皮艇所表现出的战斗力给当时绿色和平的 Bob Hunter 留下了深刻印象——既然橡皮艇能够发挥出这么强的战斗力，那我们更应该好好利用它们了。在过去几十年里，多艘橡皮艇都有着不同寻常的经历。有的曾被整桶整桶的放射性垃圾砸过，有的曾被非法运输木材的船只挤压过，有的曾被警察扣押过，有的已磨损报废了。

绿色和平的热气球一次可以搭载三个人：一个机师和两个乘客，如项目主任、摄影师或跳伞人。另外需要三位地勤人员。这个气球只能在风速不高的时候使用。在世界很多地方，绿色和平的热气球只能在日出前两小时或日落后两小时使用，原因是日间的太阳会使大气温度上升并产生热量，使气球的飞行变得危险。在冬季，太阳没那么毒辣，气球在日间飞行的机会多一些。历史上最著名的绿色和平热气球航行包括 1983 年飞越德国柏林围墙、1987 年飞越美国内华达核试场地、1998 年飞越印度泰姬陵抗议核试验。

2. 气候行动网络

（1）组织简介

气候行动网络（CAN）是由来自 130 个国家的 1 900 多个民间组织组成的全球网络。凭借其成员的多样性和在指导气候运动方面的长期经验，气候行动网络不断与合作伙伴们在气候活动上寻求一致并建立桥梁，以促使各国政府采取大胆和紧急的气候行动，结束化石燃料时代，并解决受气候危机影响的极弱势人群的需求问题，将人类引起的气候变化限制在生态可持续的水平上。

1989 年，主要来自欧洲和美国的组织同意在他们之间建立一个松散但正式的网络，以协调他们关于气候变化谈判和本国气候行动的活动。最开始，CAN 由一个区域性团体——欧洲气候网络，以及两个国家团体——美国气候行动网络和英国气候行动网络共同组成。此后不久，非法人制的加拿大气候行动网络也加入进来。及至 1993 年，CAN 拥有来自几十个组织的正式和非正式成员，它们被划分成七个区域网络。《联合国气候变化框架公约》第 1 次缔约方会议在柏林召开的时候，CAN 的成员已经增加到近 150 个团体。1998 年，CAN 与美国气候行动网络推出第一版网站，并在同年开始运营自己的独立网站。

气候行动网络 2025 年愿景：到 2025 年，世界各地人们日益增长的需求迫使那些对全球变暖负有最大责任的人采取有效行动。气候行动网络在各部门、城市和社区实施积极和可持续的解决方案。这些解决方案具有参与性、包容性和公正过渡性，并以最脆弱、最边缘化群体的需求为中心保护自然。

（2）组织宗旨

气候行动网络成员就国际、地区及国家气候问题，进行信息交流和非政府组织战略的协调，以此来努力实现目标。CAN 成员同时高度重视健康环境和发展，即"既满足当代人的需求，又不损害后代人满足其需求的能力"。CAN 的愿景是在保护大气层的同时，保证全世界的可持续和公平发展。从 2020 年到 2030 年，CAN 将运用大众的力量将全球升温幅度控制在 1.5 ℃以下，并在社会和经济中实现转型变革。

（3）主要行动

气候行动网络主要在以下五个方面开展行动。

① 以人和气候影响为中心。CAN 努力制定战略，通过各种方式确保公平和正义，如倡导为损失和损害提供资金，要求取消最贫穷国家的债务，以及敦促富裕国家履行其在《巴黎协定》下的资金和支持义务等。同时气候行动网络举行了 WorldWeWant 气候影响运动，用来提升处于气候危机前线的社区的声音，要求各国政府以紧急的雄心和行动来应对，以保护人民并建立复原力。

② 终结化石燃料行业。CAN 支持摆脱化石燃料的公正过渡，利用现有的基层抵抗运动来停止化石燃料的生产和扩张，支持针对化石燃料项目的诉讼工作，并防止化石燃料游说团体和多边气候论坛中的既得利益者。气候行动网络是 Big Shift 倡议的支持者之一，呼吁停止对化石燃料的公共融资，并转向投资可持续的可再生能源，为所有人提供能源。该倡议的目标是让多边开发银行、国家元首、财政部长等了解人们对能源融资的看法。

③ 变革性国家气候行动计划。CAN 致力于确保各国政府对《巴黎协定》负责，并将雄心勃勃的气候目标纳入其所有短期和长期社会和经济规划，以将全球升温幅度控制在 1.5 ℃以下。CAN 还颁发具有讽刺性的 "化石奖"，一般在联合国气候变化大会举行期间，颁发给减排不力的国家。

④ 通过运动建立力量。CAN 战略的一个跨领域特征是通过赋能基层运动和当地社区来积聚力量，为更美好的世界而战。这是通过加强区域和国家联络点并确保自下而上地了解所有全球宣传和战略来实现的。

⑤ 多边合作进程和宣传工作。国际气候行动网络作为很多国际论坛的民间社会召集人，在各种多边论坛上成功地指导气候政策的宣传和沟通。该网络在《联合国气候变化框架公约》中共同领导环境非政府组织。国际气候行动网络还作为民间社会观察员在政府间气候变化专门委员会、绿色气候基金、七国集团和二十国集团、世界银行和国际货币基金组织会议以及其他一些外交场合协调宣传和沟通工作。

3．世界资源研究所

（1）组织简介

世界资源研究所（WRI）是一个全球性的环境与发展智库，致力于研究环境与社会经济的共同发展。世界资源研究所将研究成果转化为实际行动，在全球范围内与政府、企业等合作，共同为保护地球和改善民生提供革新性的解决方案。世界资源研究所成立于1982年，总部位于美国华盛顿特区，在世界各地拥有近1 800名员工。WRI还优先考虑在12个重点国家开展工作，包括巴西、中国、哥伦比亚、刚果民主共和国、埃塞俄比亚、印度、印度尼西亚、肯尼亚、墨西哥、刚果共和国、卢旺达和美国。

世界资源研究所围绕六大关键目标开展工作。一是在气候方面，保护人类社会和自然生态系统免受温室气体排放的危害，加速全球低碳经济转型，从而为民众创造机遇。二是在能源方面，在全球推广清洁、廉价的电力系统，实现社会经济可持续发展。三是在粮食方面，减少世界粮食生产对环境的影响，增加经济机遇，到2050年为96亿人口（联合国环境规划署预测）提供可持续的粮食保障。四是在森林保护方面，减少森林流失并恢复退化、毁林土地的生产力，从而减少贫困、提高粮食安全、保护生物多样性、遏制气候变化。五是在水资源方面，绘制、测量、减少全球水风险以实现水安全。六是在城市可持续发展方面，通过制定并推广环境、社会、经济可持续的城市和交通解决方案，提升城市居民的生活质量。

世界资源研究所通过三个中心分析上述六大关键目标并制定相应的解决方案。① 治理中心：赋权于民，支持各机构进行社会公平和环保型决策。② 商业中心：利用私营部门激励行动、创新和雄心，支持可持续发展。世界资源研究所将研究分析和工具开发相结合，直接与企业合作制定解决方案，推动环境可持续发展。③ 金融中心：鼓励公共和私营部门投资可持续发展领域，尤其是在发展中国家。

（2）组织宗旨

世界资源研究所的宗旨是改善人类社会的生存方式，保护环境以满足时代所需。这一宗旨无论过去还是将来都始终如一。

（3）主要行动

世界资源研究所变革理论的一个关键部分是与政府、企业、研究机构、民间团体及其他各方建立可信赖的合作伙伴关系，将合适的变革者聚集在一起。以下是世界资源研究所开展的几项活动。

全球森林观察：一个在线平台，利用卫星数据、先进的计算机算法和云计算能力，使专家和非专家都能获取有关森林变化的信息并采取动员行动，使世界各地的人们能够更好地管理和保护森林景观。热带原始雨林对生计、碳储存和生物多样性至关重要。

城市转变：全球环境基金资助的城市发展和世界资源研究所罗斯可持续城市中心的一项计划。该项目由联合国环境规划署牵头，与联合国环境倡议理事会、联合国开发计划署等合作实施。该计划支持亚洲、非洲和拉丁美洲的20多个城市采用综合方法进行城市发展，帮助塑造高效、有韧性和包容性的城市。

国家自主贡献伙伴关系：世界资源研究所气候计划的一部分。它是一项全球倡议，旨在支持各国根据《巴黎协定》和 2030 年可持续发展目标实施国家自主贡献，并确保尽可能高效地提供财政和技术援助。国家可持续发展目标合作伙伴关系以新的方式将各国和各机构汇聚在一起，加快国家可持续发展目标的落实，并随着时间的推移逐步提高目标，推进《巴黎协定》目标的实现。

携手实现绿色增长和 2030 年全球目标（Partnering for Green Growth and the Global Goals 2030，P4G）：一个全球平台，旨在加速开创性的绿色伙伴关系，推动包容性和弹性经济增长。P4G 动员了 12 个伙伴国家、5 个伙伴组织、240 多个私营部门和民间社会团体，在发展和投资议程之间架起了一座桥梁，将想法和承诺转化为具体、包容和转型的实地解决方案，调动私营部门的投资以产生影响。

二、非政府合作组织在气候治理中的作用

非政府合作组织不隶属于政府部门，不属于政党组织，具有自我决策、管理与行使能力。凭借着自身特性，非政府合作组织在气候治理领域发挥出日益重要的作用，主要通过以下三种方式对全球气候领域施加影响。

第一，非政府合作组织为气候治理提供科学信息和政策建议。非政府合作组织凭借自身非营利性、专门性等特点，可以毫无保留地进行大气科学考察与研究，并且中立地向各国政府甚至联合国提供信息与咨询意见，向公众传播气候变化的相关知识。部分非政府合作组织还会发布关于全球环境问题的评估和研究报告，提供大量重要的环境信息。同时，非政府合作组织投入大量精力和经费，发现并提出很多具有前瞻性和预测性的气候变化议题，向政府、社会披露相关情况。这些议题在发生严重后果之前往往难以被人们认知，也很难成为政府和公众关注的问题。

第二，非政府合作组织宣传进行气候治理的必要性和迫切性。目前存在的许多气候环境领域内的非政府合作组织都以提高社会公众的气候意识为己任，努力将应对气候变化转化为全体普通公民的意识。非政府合作组织通过制作传单、海报、小册子和录像带等教育和宣传材料的信息传播方式向公众展示气候问题的严重性，使公众意识到气候变化与自己息息相关，引导公众践行低碳生活方式。

第三，非政府合作组织是全球气候保护行动的监督者。气候环境类的非政府合作组织利用自身的公益性、群众性等优势，可以根据自己的意志独立自主地开展行动，在调查和报告违反环境条约事件、发挥督促作用方面有独特优势。同时，非政府合作组织要

把握契机不断提升自身在政策制定中的参与度。气候谈判时会专门邀请非政府合作组织以第三方监督者的身份参与,以保证谈判达成的协议公平有效。非政府合作组织还起着沟通政治权威与社会群众的作用,可以将公众的环境保护意见进行整合,代表公民社会与政府沟通。

三、非政府合作组织在气候治理中所面临的挑战

首先,非政府合作组织缺乏制度性规定,活动的随意性强。从本质上说,非政府合作组织是由一些气候组织自发组成的,大多数缺乏固定的组织机制,对于日常事务的监督管理较为放松,会增加其活动的随意性。

其次,非政府合作组织自我维持能力较差,独立性易受质疑。非政府合作组织在与政府和企业合作时,容易受到政府和企业的影响,接受政府和企业资金、技术等支持的同时难以保持自身完全的独立性,发布的信息或者开展的行动容易产生偏差。在经济不稳定或政府预算紧张的情况下,这些资金来源还可能会受到限制,导致组织难以维持正常运作。

再次,非政府合作组织缺乏权威性。其权威性及相应的行为能力仍受国际政治现实的诸多限制,无法像主权国家或政府间国际组织一样直接参与缔结条约等国际立法活动。面对气候治理所涉及的复杂利益关系,非政府合作组织的力量尚不足以聚合和协调世界不同国家及群体的诉求。

最后,非政府合作组织内部治理结构不够完善。非政府合作组织的规章制度不够完备细致,操作性也有待提高。同时,非政府合作组织通常依赖于志愿者和工作人员的参与,招聘、留住和激励人才可能面临挑战,尤其是在竞争激烈的环境中。

本章小结

本章将国际合作组织分为国际性合作组织、区域性合作组织和非政府合作组织,分别阐述三类组织在全球气候治理中发挥的作用和面临的挑战,同时针对不同类型列举了具有代表性的组织,对其基本情况、组织机构和基本工作进行简要介绍。由此可知,国际性合作组织在全球气候治理中扮演着重要角色,为全球气候合作提供交流平台,促进了气候变化相关科学知识的传播,但同时国际性合作组织也存在着如资金缺乏、独立性缺少等问题,有待进一步采取措施进行解决。

思考习题

1. 请分别简述国际性合作组织、区域性合作组织和非政府合作组织在全球气候治理中的作用。

2. 请分别简述国际性合作组织、区域性合作组织和非政府合作组织在全球气候治理中所面临的挑战。

拓展性阅读

第六章　全球气候治理的国际合作参与者

内容摘要

欧盟、美国和中国是全球治理的主要参与方，它们的气候政策和行动会对全球气候治理产生很大影响。同时，随着全球气候治理进程的不断发展与深入，各个国家根据相同利益结成了联盟，通过联盟在全球气候治理体系中进行对话可以增强话语权，从而更好地实现国家利益。

学习目标与要求

1. 了解欧盟、美国和中国在全球气候治理中的主要行动。
2. 了解各个集团的基本情况。

第一节　全球气候治理的主要参与方

一、欧盟

欧盟始终将气候问题视为重要议题。气候问题对维护欧盟能源安全和联盟内部稳定都可能产生重要影响，是推动欧洲一体化的重要推动力，是将各国密切联系在一起的纽带和桥梁。同时，气候治理问题在欧盟民众中也备受关注。2022年，欧洲晴雨表机构发布的民调结果显示，77%的欧盟民众支持在欧盟成员国之间建立共同防御和安全政策，26%的欧盟民众认为环境和气候变化是欧盟面临的最重要的问题。

欧盟在欧共体时期在气候治理方面就采取了很多行动，是气候治理的积极参与者。

1987年，欧盟能源效率特别行动计划被发起，但直到1991年才获得能源部长理事会的支持。该计划助推了欧盟共同气候政策的形成。1990年，欧洲理事会提出要确定温室气体排放目标和限排战略，欧共体能源与环境部长理事会通过了"欧共体国家要在2000年将温室气体排放量稳定在1990年的水平上"的提议，以此确立了控制温室气体排放的共同政治目标。1992年，欧共体签署《联合国气候变化框架公约》，开始进行探索和尝试，建立了检测人为温室气体排放和评估排放承诺进展情况的机制，以此实现公约规定的减排目标。虽然该机制在当时并未达到非常理想的效果，但为之后欧盟气候政策的制定奠定了基础，是早期欧盟气候政策的基石。

1993年，欧洲联盟正式成立，欧盟逐步在气候治理中发挥领导作用。欧盟在《京都议定书》的决策和形成过程中发挥了重要的角色，被视为《京都议定书》时期全球气候治理的领导者。1997年，东京世界气候大会召开并通过《京都议定书》，其中给欧盟规定在2008—2012年减排8%的目标，欧盟为实现该目标达成新的责任分摊协议，并在四年后成为欧盟正式法律，欧盟由此正式确立共同的减排目标。1998年年底举行的欧盟环境部长理事会会议出台《欧盟关于气候变化的战略》，表明欧洲对《京都议定书》的基本立场、态度及意见。2000年6月，欧盟正式启动欧洲第一个气候变化方案《欧洲气候变化方案》（ECCPⅠ），以此来实现《京都议定书》所规定的目标，标志着欧盟各政策部门相互配合、展开气候治理行动的开始。2005年1月1日，欧盟温室气体排放交易体系（EU-ETS）正式启动。这是世界上第一个多国参与的排放交易体系，也是欧盟为了实现《京都议定书》确立的二氧化碳减排目标而建立的气候政策体系。该体系覆盖范围包括12 000多座电站、工厂及其他工业设施，约占欧盟二氧化碳排放总量的一半，这也是全球最大的碳排放总量控制与交易体系。2007年3月，欧洲理事会提出《2020年气候和能源一揽子计划》，确立著名的20/20/20目标，即到2020年欧盟将使其温室气体排放量比1990年水平减少20%，并将其可再生能源占总能源消耗的比例提高到20%，最终将其碳排放量减少到仅占其总能源消耗的20%。

2009年，哥本哈根气候大会上，欧盟在气候领域的领导地位被削弱。欧盟在哥本哈根峰会召开前夕便向以"基础四国"为首的发展中国家施压，指责发展中国家所采取的减排措施力度过低。欧盟和发展中国家的友好关系破裂，在发达国家内部也缺乏支持者。欧盟决定从2012年起，所有在欧盟机场起落的飞机都要向欧盟交纳航空碳税。这一决定遭到了包括美国在内的全球20多个国家的共同抵制。此外，欧盟内部一些新加入的东欧成员国对欧盟提出的自身承担的过高的减排目标也表示反对。在2008年的波茨南气候大会上，波兰、匈牙利、保加利亚等东欧国家表示，担心在全球金融危机大环境下的量化减排会损害本国工业发展的利益。

从 2011 年开始，欧盟又在气候变化方面投入了更多的行动，继续成为气候谈判的主要推动力量。2011 年，欧盟进一步公布《2050 年能源路线图》和《2050 年迈向具有竞争力的低碳经济路线图》，提出欧盟 2050 年要实现在 1990 年基础上减少温室气体排放量 80%~95% 的长远目标。2014 年 10 月，欧洲理事会通过与《2050 年能源路线图》一脉相承的《2030 年气候与能源政策框架》，初步确定欧盟 2030 年的气候和能源发展目标，将温室气体排放量在 1990 年的基础上降低 40%，将可再生能源在终端能源消费中的比重增至 27%，将能源效率提高 27%。2019 年，欧盟公布了《欧洲绿色协议》，提出将进一步提高欧盟 2030 年和 2050 年的气候目标，将 2030 年的温室气体排放量在 1990 年的基础上进一步减少 50%~55%，2050 年实现净零排放的碳中和目标。2021 年 4 月，欧盟就《欧洲气候法》达成临时协议，2050 年，碳中和目标将被写入法律，确保欧盟的所有政策及部门都发挥应有作用，助力实现碳中和这一目标。2021 年 7 月，为确保欧盟能够实现 2030 年的温室气体减排目标和 2050 年净零排放的碳中和目标，欧盟委员会公布了名为 "Fit for 55"（"减碳 55"）的一揽子气候计划。2023 年，欧洲议会环境、公共卫生和食品安全委员会正式通过欧盟碳边境调节机制（CBAM）的协议，该协议于 2023 年 5 月 17 日生效。

二、美国

美国是最早参与全球气候治理的发达国家之一。美国的经济和科技优势，对推进全球气候治理有重要意义。但美国的气候政策并不连贯，政策几经调整和翻转，其原因根植于美国国内政治的复杂性和两党执政理念的差别性。

克林顿政府时期，美国在国际气候谈判中一直享有较重要的话语权。克林顿政府中的主要决策者接受 IPCC 的结论，相信气候变化的科学性，认同"共同但有区别的责任"原则。1998 年，克林顿政府签署《京都议定书》，并承诺美国到 2000 年将使温室气体排放恢复到 1900 年的水平上。

乔治·沃克·布什总统执政时期，美国对待气候治理的态度较为消极。2001 年，美国退出《京都议定书》，认为《京都议定书》的权责分配不公平且设定的目标不合理，会对美国经济造成严重损害。2002 年 9 月，美国政府拒绝参加地球峰会。但乔治·沃克·布什总统在第二任期内转变了对于气候变化的立场，包括 2007 年主动呼吁世界碳排放量最大的 15 个国家一起商定减碳的目标。2008 年，乔治·沃克·布什在演讲中公开表示要加强碳排放方面的研发和合作等，但是一直未采取较为实质性的行动，没有具体明确减排目标和计划。

奥巴马政府时期，美国以"绿色新政"为口号，对待气候治理态度积极。2009年，美国通过《美国复苏与再投资法案》，对低碳技术、清洁能源技术等进行投资，同年通过《美国清洁能源与安全法》，规定对未实施碳减排限额国家的进口产品征收碳关税。2013年，奥巴马政府通过《总统气候行动计划》，明确减少温室气体排放、广泛开展气候谈判等目标。2014年，美国与中国签订《中美气候变化联合声明》。2015年，美国通过了"史上最严格"的《清洁电力计划》最终方案，这项计划的目标是到2035年，将美国的碳排放量减少到2005年的一半，同时增加可再生能源所占比例，使之达到80%。2016年，奥巴马政府签署《巴黎协定》，并向联合国提交美国国家自主贡献。

特朗普总统承袭了气候问题上的后退路线，推翻了奥巴马政府的一系列气候政策。特朗普宣誓就职当天便签署《美国优先能源计划》，该计划的核心内容包括取消削减石油和天然气开发的法律法规、放松能源监管、为能源产业松绑等。2017年，特朗普政府以损害美国经济发展、给美国财政造成沉重负担为由，单方面宣布退出《巴黎协定》，这对全球气候合作是一次重大的打击与破坏。同年，特朗普总统签署"促进能源独立和经济增长"行政令，该行政令的核心内容便是废除奥巴马政府的《清洁电力计划》。在2019年的联合国气候行动峰会上，美国总统特朗普做了40分钟的演讲，但只字未提气候变化问题，而是大谈美国的"国家复兴"战略和"爱国主义"情怀。

拜登总统重新提高对气候治理问题的重视程度，重塑美国在气候治理中的领导力。2021年1月26日，拜登总统宣布美国要重返《巴黎协定》，气候议程也被列为政府政策的关键内容。1月27日，拜登总统在其签署的《关于在国内和国外应对气候危机》中将气候变化界定为"气候危机"，并明确指出"应对气候危机是美国内政外交的核心"。2021年4月，白宫发布美国历史上首份《国际气候融资计划》，调动资金帮助发展中国家增强复原力。同时，拜登总统提出"30—50"气候治理长期目标，旨在将美国的温室气体排放量在2030年之前减少到2005年的一半，在2050年之前实现碳中和。此外，白宫还推出了"美国就业计划"，其中包括助力清洁能源发展、能源基础设施建设和输电项目，从而鼓励将清洁能源产业发展与美国经济增长相结合，实现气候治理与经济发展的双赢。

三、中国

习近平总书记指出，中国要"引导应对气候变化国际合作，成为全球生态文明建设的重要参与者、贡献者、引领者"。中国在全球气候治理方面经历了角色转变，在气候谈判开始时是参与者，及至当前成为全球气候治理的核心成员之一。中国在全球气候治理中扮演的角色越来越重要，为气候治理贡献中国智慧、中国方案和中国力量。

在全球气候治理启动伊始，中国就参与其中。具体行动包括1972年参加联合国人类环境会议；1979年参加第一次世界气候大会；1990年成立国家气候变化协调小组；1992年成为《联合国气候变化框架公约》最早缔约方之一；1997年参加东京世界气候大会，为《京都议定书》的通过做出贡献等。在这个阶段，中国的气候角色主要是"参与"，主张通过实现全球环境正义，防止西方发达国家"以碳为名"打压发展中国家的发展。通过对"发展排放权"的争取，中国为广大发展中国家的经济与发展赢得了宝贵的排放空间。

2007年开始，中国的角色向积极贡献者转变，参与全球气候治理的程度加深。具体行动包括2007年参加印尼巴厘岛联合国气候变化谈判会，为"巴厘岛路线图"的形成做出极大贡献；2009年在哥本哈根气候大会上进行发言，同年，推动成立"基础四国"机制；2010年参加墨西哥坎昆会议并提出建设性方案；2011年发表《中国应对气候变化的政策与行动》白皮书；2012年参加多哈气候会议，广泛深入地参与各项问题的谈判和磋商；2014年发布《国家应对气候变化规划（2014—2020）》等。

2015年，中国的角色转变为引领者，在全球治理中发挥的作用越来越重要。具体行动包括2015年参加巴黎气候大会，在会前进行一系列双边合作的工作，推动《巴黎协定》达成，同年，向《联合国气候变化框架公约》秘书处提交的中国国家自主贡献文件确定，中国二氧化碳排放将于2030年左右达到峰值并争取尽早达峰；2020年9月，宣布将提高国家自主贡献力度，二氧化碳排放力争于2030年前达到峰值，努力争取2060年前实现碳中和；2021年宣布不再新建境外煤电项目；2022年党的二十大报告指出，中国要在国际层面"积极参与应对气候变化全球治理"，在国内层面"积极稳妥推进碳达峰碳中和"等。这一切都表明，中国政府已将绿色低碳发展作为实施可持续发展国家战略的关键抓手，将保护生态环境和应对气候变化作为制定国家内外政策的重要内容，中国已成为应对全球气候变化、推动全球生态文明建设的中流砥柱。

第二节　全球气候治理的"伞形集团"

一、"伞形集团"成立背景

举世瞩目的哥本哈根会议于2009年12月7日召开，根据《巴厘行动计划》，必须在本次会议上就2012年《京都议定书》到期后的国际气候治理问题制定新的协议。国际气候谈判已经形成两大阵营、三股力量、多个主体、多重博弈的利益格局，各方角力左右着国际气候制度的走向。气候变化终究是一个发展问题，它因发展而生，其应对措施也与发展阶段有关。

美国作为最大的发达国家，出于其国内利益需要和国际战略考虑，没有欧盟积极、主动、高调，但也不愿意放弃在气候变化问题上的话语权。奥巴马政府时期，美国展示出积极姿态，但其中期减排目标甚至远低于其在《京都议定书》中所规定的减排幅度，且以发展中大国参与作为自身行动的先决条件。其他国家如日本、加拿大、澳大利亚、俄罗斯等在政治立场上追随美国，形成"伞形集团"。

"伞形集团"区别于传统西方发达国家的阵营划分，用以特指在当前全球气候变暖议题上持有不同立场的国家利益集团，包括美国、日本、加拿大、澳大利亚、新西兰、挪威、俄罗斯、乌克兰等。"伞形集团"的形成没有固定时间，一般认为形成于《京都议定书》的谈判过程中。从地图上看，这些国家的分布很像一把伞，也象征地球环境"保护伞"，故得此名。

二、"伞形集团"在全球气候治理中的立场

"伞形集团"的成员国大多数为发达工业化国家，是能源消耗大国和碳排放大国。该集团为了维护自身的经济霸权并没有采取足够的实质性行动来承担应有的责任，在气候治理中的立场相当消极。

在减排问题的立场上，"伞形集团"消极对待减排目标，且以发展中国家共同参与减排为前提条件。"共同但有区别的原则"要求发达国家承担造成气候变化的历史责任，率先进行减排，并率先实现更大的减排承诺，但这会使发达国家的减排成本大大增加。因此，面对发展中国家要求发达国家进一步深度减排的压力，"伞形集团"不愿做出大

幅度减排的承诺，发布的减排目标也只是为了应对舆论压力，其实际的减排效果更是无法达到预期目标。除此之外，"伞形集团"坚持发展中国家需要共同承担减排任务。"伞形集团"认为，按照《巴黎协定》的目标，将全球平均气温上升幅度限制在1.5℃以内所需的温室气体减排量应该由包括发展中国家在内的所有国家共同承担。它坚持减排责任应该按照当前排放量决定，而不应基于历史排放，发展中国家中的温室气体排放大国也应该承担具体的减排目标。

在援助问题的立场上，"伞形集团"国家拖延现象严重，并且没有明确的分摊标准。《联合国气候变化框架公约》规定发达国家应承担向发展中国家提供资金、技术支持的义务，帮助他们应对气候变化带来的不利影响。由于害怕发生"碳泄漏"现象，同时防止本国诸多行业的国际经济竞争力受到冲击和削弱，包括"伞形集团"国家在内的发达国家采取拖延战术，迟迟不履行援助义务。"伞形集团"国家认为向发展中国家提供资金是有效应对气候变化的条件之一，但是"伞形集团"国家对资金的具体分摊方式分歧较大，资金援助缺乏制度性保障。技术援助也是发达国家应对气候变化应该承担的义务，绝大多数环境技术都掌握在发达国家手中，如果发达国家能够对发展中国家实行有效援助，将会对环境治理产生良好效果。但是发达国家认为完善知识保护制度后才能促进技术扩散和转让，所以技术援助也极尽拖延。

三、"伞形集团"在全球气候治理中的主要行动

"伞形集团"的成员国对于《京都议定书》呈不满意态度。《京都议定书》中规定2008—2012年这一时期附件一中的发达国家要在以1990年的温室气体排放量为基准年的基础上减少5.2%。分配到发达国家内部的具体数额为欧盟8%、美国7%、日本和加拿大6%、东欧5%至8%；而新西兰、俄罗斯和乌克兰则只需把排放量稳定在1990年基准年的水平上。但是，"伞形集团"成员国依据本国的利益以不同的年份作为减排基准年，分别提出有利于自身的中期减排目标，"伞形集团"还试图分化发展中国家气候谈判联盟。发达国家的"分而治之"战略是指发达国家强调发展中国家内部的差异性，利用最不发达国家和小岛屿国家自身迫切的需要，通过资金和技术援助许诺，以期分化"G77+中国"阵营的团结，试图把矛盾的焦点转移到中国和印度等发展中大国身上。

"伞形集团"主要成员国对于《京都议定书》的态度和行动如下：日本政府在《京都议定书》的谈判过程中发挥了一定的积极作用，但是，日本并没有完成《京都议定书》制定的目标，在之后的国际气候会议上的立场日趋保守，甚至一度表示要退出京都环境治理制度。加拿大国内对《京都议定书》争议不断，以能源产业为支柱的地区明确表示

减排将会给经济发展带来沉重的压力，但是加拿大民众对环境问题十分关注，支持环保事业的发展，最终加拿大政府通过了《京都议定书》。但是，加拿大的温室气体排放量自 1990 年以后一直呈上升趋势，这使得加拿大完成减排目标的压力进一步加大，导致加拿大政府在减排立场上出现倒退和动摇。2011 年，加拿大宣布正式退出《京都议定书》，其在哥本哈根气候大会期间仍然坚持要低于《京都议定书》的减排目标，即到 2020 年在 2006 年基础上减排 20% 和到 2050 年减排 60%~70%，在气候问题上重新跟美国站在一起。澳大利亚以煤炭、畜牧业为主要产业，因此《京都议定书》允许澳大利亚在 1990 年的基础上增加 8% 排放量，但是由于澳大利亚温室气体排放量增长太快，8% 的增加远远不能满足其国内经济的发展。虽然陆克文政府最后通过了《京都议定书》，但考虑到国内的经济发展和就业率，在减排问题上逐渐日趋保守，又回到追随美国的老路上去。

第三节　全球气候治理的"小岛国集团"

一、"小岛国集团"成立背景

首先，世界面临全球变暖问题。人类工业化进程不断推进，一系列环境、生态问题也随之发生。其中，全球变暖导致的海平面上升问题已经十分严重。海平面上升不仅会淹没这些小岛屿国家，还会带来一系列因环境变化引起的生态问题。人口的大量增加以及科技革命的发展导致温室气体大量排放，使得全球变暖，两极冰川融化以及海水受热膨胀，导致海平面上升。

其次，气候治理方面出现不公平现象。全球变暖，海平面上升，沿海的小岛屿国家不得不面对被海水淹没的危险。但全球变暖的最大"贡献者"却是广大西方发达国家。由于发达国家人口众多，工业发达，导致二氧化碳等温室气体大量排出。而这些发达国家却没有很好地处理这些温室气体，有的发达国家甚至不负责任地排放温室气体。经济欠发达的小岛屿国家却要承受这些大部分由发达国家排放的温室气体带来的海平面上升问题。而广大发达国家对这些小岛屿国家所面临的危险视而不见。面对这种不公平的现象，"小岛国集团"成立了。

"小岛国集团"是受全球变暖威胁最大的几十个小岛屿以及低海拔沿海国家组成的

国家联盟。它的角色定位是在联合国框架内，作为一个游说集团为小岛屿发展中国家发出声音。它成立于 1990 年，宗旨为加强在全球气候变化下，有着相似的发展挑战和环境关注的脆弱小岛屿与低洼沿海国家在联合国体制内的话语权。1994 年，第一届"小岛屿发展中国家可持续发展国际会议"（简称联合国小岛屿国家会议）在巴巴多斯举行。

"小岛国集团"有 39 个成员（包括 4 个低地沿海国：几内亚比绍、伯利兹、圭亚那和苏里南）和作为观察员的 4 个属地，还有两个小岛屿，详见表 6-1。这些国家几乎均为发展中国家，其中 10 个国家在联合国系统内享有"最不发达国家"地位。联合国经济及社会理事会将这些国家分为三个地区：加勒比海、太平洋、AIMS（Africa, Indian Ocean, Mediterranean Sea, South China Sea, 即非洲、地中海、印度洋和中国南海）。这些国家或地区的地理面积总和约为 77 万 km²，人口总和为 4 000 多万。其中，古巴人口最多，巴布亚新几内亚面积最大。虽然小岛国面积总和不大，人口总数不多，但其领海面积总和却占了地球表面的五分之一，负责管理占地球表面五分之一的海洋环境，其重要地位不容忽略。

表 6-1 "小岛国集团"联盟成员

大洲	成员
非洲	佛得角、科摩罗、几内亚比绍、毛里求斯、圣多美和普林西比、塞舌尔
亚洲	巴林、塞浦路斯、马尔代夫、新加坡
北美和中美	安提瓜和巴布达、巴哈马、巴巴多斯、伯利兹、古巴、多米尼克国、多米尼加共和国、格林纳达、海地、牙买加、圣基茨和尼维斯、圣卢西亚、圣文森特和格林纳达斯、特立尼达和多巴哥
大洋洲	库克群岛、密克罗尼西亚联邦国、斐济、基里巴斯、马绍尔群岛、瑙鲁、纽埃、帕劳、巴布亚新几内亚、萨摩亚、所罗门群岛、汤加、图瓦卢、瓦努阿图
欧洲	马耳他
南美	圭亚那、苏里南

二、"小岛国集团"在全球气候治理中的立场

小岛国联盟下的各岛国具有相似的特点，主要包括：陆地面积小、自然资源有限；地理位置相对孤立、经济开放程度低；人口密度高且增长迅速；基础设施差、资金和人力资源有限；技术和能力薄弱等。这些特点使得小岛国联盟在应对极端灾害方面显得极其脆弱，对气候变化尤其是海平面上升的适应能力极弱。

在减排问题的立场上，由于海平面上升会对小岛屿国家带来严重威胁，关乎生死存

亡，因此小岛屿国家联盟要求国际社会关注其生存权的愿望极其强烈，也因此在全球温室气体排放的问题上极为敏感，设定了很高的温室气体减排目标。他们提出发达国家在 2020 年以 1990 年为基准年减少 45%，到 2050 年减少 95%，对发展中国家在减排问题上也提出了一定的要求。

在援助问题的立场上，小岛屿国家联盟迫切呼吁得到国际资金和技术援助。联盟内的国家面临着大致相同的发展挑战，对自然灾害等气候风险的应对和适应能力弱，因而其对于适应性的要求比其他国家都要强烈，对国际资金、技术支持的依赖度很高。在历次谈判中，小岛屿国家联盟一直将适应与减缓问题放到同一层次中讨论，认为必须保证适应和减缓之间的平衡，不能顾此失彼，并在适应性援助资金的使用中确保小岛屿国家的优先使用权。

三、"小岛国集团"在全球气候治理中的主要行动

自成立之日起，"小岛国集团"就一直在不同场合呼吁各国为控制全球变暖尽快付诸行动，而其成员国的态度也往往比其他国家更为激进。"小岛国集团"在全球气候治理中的主要行动是支持多边主义和国际合作，强调各国在应对气候变化方面的共同责任。

1994 年，第一届小岛屿发展中国家可持续发展国际会议在巴巴多斯举行，会议通过了《巴巴多斯宣言》和《小岛屿发展中国家可持续发展行动纲领》。2005 年 1 月，小岛屿发展中国家可持续发展国际会议在印度洋岛国毛里求斯首都路易港举行。来自全世界 40 多个小岛屿国家的 2 000 多名代表共商小岛屿国家发展大计，探讨全球气候变化、海平面上升、环境污染、可持续发展和贸易等问题，同时寻求国际援助，积极防御地震、海啸等自然灾害。2009 年 9 月 21 日，"小岛国集团"的成员国联合发表声明，提出希望所有国家采取更严厉的减排措施，把全球气温升高的幅度控制在 1.5 ℃之内。对于很多国家而言，将气温的安全警戒增幅从此前普遍认可的 2 ℃降至 1.5 ℃，意味着温室气体减排压力的进一步增大，然而对于"小岛国集团"的成员国来说，减排压力却等同于生存希望。

"小岛国集团"在哥本哈根气候大会和巴黎气候大会上都做出了很大的贡献。在 2009 年哥本哈根气候大会召开前夕，小岛屿国家联盟发布的一份有关气候变化的宣言中提出通过一揽子减缓活动实现如下目标，具体包括：第一，将大气中的温室气体浓度长期稳定在远低于 350 ppm 二氧化碳当量的水平；第二，将全球平均表面温度上升幅度限制在远低于工业化前水平 1.5 ℃以下；第三，全球温室气体排放量在 2015 年达到峰值，此

后将下降；第四，《联合国气候变化框架公约》附件一缔约方鉴于其历史责任，到2020年将其总体温室气体排放量比1990年水平减少45%以上，到2050年比1990年水平减少95%以上；第五，发展中国家在可持续发展的背景下，在技术、资金和能力建设的支持和推动下，以可衡量、可报告和可核实的方式采取减排行动。在哥本哈根世界气候大会上，小岛屿国家联盟呼吁到2050年全球温室气体减排85%，小岛国无力承担气候变化压力和由此引起的经济负担，呼吁国际社会，尤其是发达国家率先采取行动大幅减排温室气体，同时增加经济和技术援助，支持小岛国应对气候变化问题。在巴黎气候大会上，以小岛屿国家为代表的极易受气候变化影响的脆弱国积极游说。对于他们来说，将控制全球气温上升的目标定在1.5℃而不是2℃，才是一个可持续的气候治理目标。这个目标得到了全球108个国家的支持或响应，超过了《联合国气候变化框架公约》196个缔约方的一半。

第四节 全球气候治理的"基础四国"

一、"基础四国"成立背景

"基础四国"（BASIC）具体是指巴西（Brazil）、南非（South Africa）、印度（India）、中国（China）。2009年11月，面对气候变化这个全球议题，中国、印度、巴西与南非四个最主要的发展中国家走到了一起，首度携手"崭新亮相"。2009年11月26日，在哥本哈根大会开幕前夕，印度、巴西、南非代表曾齐聚北京，共商在这次气候大会上的基本立场，四国开始被冠以"基础四国"。

形成"基础四国"的原因可以归结为四点：第一，作为新兴的发展中大国，"基础四国"实现可持续发展仍面临诸多问题。第二，作为区域大国，四国都希望成为各区域发展中国家的代表。第三，四国在气候变化问题上都面临来自发达国家的压力。第四，发展中国家的诉求开始发生分化，必然形成次级集团。这些相似点让四国很快建立起有效协调机制，通过这一有效的协调机制，四国在历次气候变化国际谈判协调会和缔约方大会期间以"基础四国"名义统一发声，成为"G77+中国"中一股不容小觑的代表性力量。

作为世界上的主要新兴经济体，"基础四国"在发展中国家和全球政治经济事务中都有举足轻重的地位和影响。气候变化谈判中"基础四国"机制的形成标志着面对发达国家主导国际体系的现状,发展中大国开始有意识地团结、协调并坚持自身立场,以维护广大发展中国家的利益,这对现有气候变化全球治理而言是一个新变量。

二、"基础四国"在全球气候治理中的立场

在减排问题的立场上,坚持发达国家应率先减排。"基础四国"坚持《联合国气候变化框架公约》所确立的基本原则和谈判框架,在现有的条约基础上进行气候治理的合作,反对发达国家否定现行气候治理体制的意图。发达国家多次借口推脱减排承诺的伎俩失败后,在巨大的舆论压力下又提出将非附件一国家重新区分类别,温室气体排放量大、经济总量大的发展中国家也应该承诺量化的减排目标,"基础四国"对此也表示抵制。

在援助问题的立场上,坚持发达国家应该向发展中国家提供资金、技术支持。"基础四国"敦促发达国家应该正视其两百余年来的工业化发展对于地球的破坏,主动承担起减排责任,承认发展中国家的受害者地位并尊重发展中国家正当的发展权利。发展中国家在现阶段的主要任务是尽快实现工业化。发展中国家在气候领域缺少资金和技术应对挑战,发达国家的援助对发展中国家提高应对气候变化的能力是重要的推动力。可是,发达国家在开展援助模式上模糊不清,令发展中国家十分头疼。"基础四国"坚持发达国家应该尽快落实承诺,建立切实可行的技术转换机制,为发展中国家应对气候变化提供真正的有力支持。

三、"基础四国"在全球气候治理中的主要行动

"基础四国"在联合国气候变化谈判中一贯坚持《联合国气候变化框架公约》所确立的"公平、共同但有区别的责任"原则,共同谋划发展中国家在全球气候治理中的作用和权益,积极展现发展中大国应对全球气候变化的责任担当,已经成为协调国际气候谈判的一股重要力量。

在 2009 年亮相之初,"基础四国"就为促成《哥本哈根协议》发挥了积极作用,并分别提出各自的 2020 年减排目标。在 2010 年的坎昆气候变化大会上,"基础四国"与广大发展中国家坚持"共同但有区别的责任"原则,坚持"双轨制"谈判,强调设立发达国家减排目标以及落实发达国家的资金和技术援助。2011 年,在德班气候变化大会上,在"基础四国"和非洲集团等谈判方的支持下,大会最终成立"德班增强行动平台特设工作组",负责 2020 年后减排温室气体的具体安排。在 2012 年的多哈气候变化大

会上，"基础四国"敦促发达国家兑现出资承诺，并要求他们提高减排目标，会议最终达成《多哈修正案》。2015 年，"基础四国"在第 21 次缔约方大会前夕召开了第 21 次部长级会议，这次会议凝聚了促成《巴黎协定》的共识，并纷纷依据各自应对气候变化的责任担当、国情和发展阶段提出 2030 年自主贡献目标。2022 年 11 月，第 31 次"基础四国"气候变化部长级会议召开，"基础四国"部长们一致认为，发达国家应当率先大幅度减排，尽快兑现每年 1 000 亿美元的资金支持承诺，提出适应资金翻倍路线图，并在此基础上进一步加大对发展中国家的资金支持。

第五节　全球气候治理的其他相关联盟

根据 Carbon Brief 上的 "Paris Climate Talks: Who are the negotiating groups?" 一文对全球气候治理联盟的梳理，气候治理联盟可以分为联合国谈判小组和气候变化进程中的其他主体。联合国谈判小组包括非洲集团、阿拉伯集团、拉丁美洲和加勒比独立协会等，其他群体包括卡塔赫纳对话、法语国家政府间机构和石油输出国组织等，详见表 6-2。

表 6-2　全球气候治理联盟

名称	简介
非洲集团	联合国五个区域谈判集团之一，拥有 54 个成员国
阿拉伯集团	正式名称为阿拉伯国家联盟，成立于 1945 年
"基础四国"	由四个主要新兴经济体组成的联盟
拉丁美洲和加勒比独立协会	一个进步的发展中国家集团，成立于 2012 年
美洲玻利瓦尔联盟	具有社会主义倾向的拉丁美洲和加勒比联盟
小岛屿国家联盟	由 39 个小岛屿和低洼沿海国家组成的集团
中亚、高加索和摩尔多瓦	由来自中亚地区的 6 个国家组成的联盟
雨林国家联盟	由 52 个热带森林国家组成的联盟，旨在"从不可持续利用森林转向可持续利用森林"
环境诚信小组	由发达国家和发展中国家组成的联盟
"G77+中国"集团	由 134 个发展中国家组成的大型联盟

续表

名称	简介
最不发达国家	世界上最贫穷的国家，随着经济的发展而变化
内陆发展中国家	维护缺乏直接出海口的发展中国家利益，将地理偏远视为发展的障碍
志同道合的发展中国家	一群发展中国家，代表 3 亿人口，重点关注确保富裕国家在应对气候变化方面承担最大责任
"伞形集团"	一个跨大陆的国家集团，其中许多国家被认为对气候变化不那么热情，尽管在许多情况下这种立场正在转变
卡塔赫纳对话	一个非正式的讨论空间，向任何在联合国气候谈判中寻求类似进步成果的国家开放
法语国家政府间机构	由很大一部分人口讲法语的国家组成，合计占联合国成员国的三分之一以上
石油输出国组织	由多个石油资源丰富的国家于 20 世纪 60 年代成立的组织，使命是"协调和统一其成员的石油政策"
中美洲一体化体系	中美洲国家联盟
小岛屿发展中国家	由 38 个发展中岛屿组成的集团，于 1992 年首次获得联合国承认

本章小结

本章介绍全球气候治理的国际合作参与者，包括全球气候治理三个主要参与方以及在气候谈判中形成的主要联盟。首先介绍欧盟、美国和中国，对其气候政策的变动以及各个阶段的主要行动进行阐述，可以发现三个主要参与方关于气候治理的态度在很大程度上影响着全球气候治理的进程。然后从成立背景、主要立场和主要行动三个方面介绍"伞形集团""小岛国集团""基础四国"。最后介绍全球气候治理的其他相关联盟，不同的国家因为共同利益结成联盟，利用联盟的力量促进自身诉求的实现。

思考习题

1. 请简述欧盟、美国和中国气候政策的变化历程。
2. 请自行查阅资料，了解第五节所提到的全球气候治理的其他相关联盟的信息。

拓展性阅读

第七章 全球气候治理的国际合作机制

内容摘要

《联合国气候变化框架公约》标志着全球气候治理国际合作机制的初步建立，明确了全球气候治理的基本原则和指导准则。《京都议定书》是《联合国气候变化框架公约》的扩展和具体落实，《巴黎协定》是气候变化领域迄今为止最重要的国际合作成果。在国际气候谈判推进过程中也形成了关于气候治理国际合作不同侧重点的合作机制，包括市场机制、技术支持机制和资金支持机制等，这些机制在各自议题下组织活动，各机制之间也相互协作以支持各国进行全球气候治理合作，对全球气候治理进程的推进发挥着不可忽视的作用。

学习目标与要求

1. 了解全球气候治理国际合作机制是如何发展演变的。
2. 掌握气候治理市场机制的含义和主要类别。
3. 掌握气候治理技术支持机制的构成和职能。
4. 掌握气候治理资金支持机制有哪些运营实体。

第一节 全球气候治理国际合作机制的演进

一、建立阶段：《联合国气候变化框架公约》

专门控制温室气体排放的《联合国气候变化框架公约》的通过，标志着全球气候治理国际合作机制的初步建立。《联合国气候变化框架公约》中最为核心的内容为目标、原则和减排。《联合国气候变化框架公约》的最终目标是使大气中的温室气体浓度得到控制，同时防止人为活动对全球气候系统的不利影响。《联合国气候变化框架公约》还规定了气候治理的各项基本原则，包括共同但有区别责任的能力原则（公平原则），充分考虑发展中国家具体情况原则、风险预防原则、可持续发展原则和促进国际合作原则，为气候治理提出了最基本的国家之间进行合作的指导准则。然而，《联合国气候变化框架公约》对于承诺部分没有做出详细的规定，需要在接下来的气候谈判中协商，并在未来的气候协定中达成。《联合国气候变化框架公约》只初步设立了确保《联合国气候变化框架公约》履行的保障机制和资金机制，初步形成了应对全球气候变化的治理机制。

二、发展阶段：《京都议定书》

《京都议定书》在两方面推动了全球气候治理合作机制的发展。首先，区别了不同国家的气候减缓义务。具体安排是对附件 A 中的发达国家和部分经济转型国家的气候减缓义务做了详细规定并且具有约束力。发展中国家、新兴经济体国家在《京都议定书》中没有被强制性规定减排指标。其次，各缔约方最终达成了国际排放交易机制、清洁发展机制和联合履约机制，统称为"京都机制"。三项机制的设立有利于发达国家之间排放指标的交易，同时也便于发展中国家拓展获得绿色清洁发展技术的途径。然而，《京都议定书》未能彻底解决《联合国气候变化框架公约》中减排责任和义务分担的不合理之处。"京都机制"更加强调有区别的责任，同时在减排义务上采取双重的评价标准。《京都议定书》对于减排国际义务不能够相对合理地分配也体现了不同国家在气候谈判协议中难以达成共识。

《京都议定书》形成的是一种"自上而下"的全球气候治理机制。先由缔约方共同制定得到普遍认可的具有法律约束力的全球总体减排目标，然后制定分阶段目标和时间进程表，再分配各缔约方要承担的减排任务。同时，通过市场机制的介入降低减排成本，并制定严格的温室气体排放核算、进度报告、核查制度和相应的遵约机制来确保减排目标的如期实现。

三、曲折发展阶段："后京都时代"

《京都议定书》规定了 2008—2012 年的全球气候减缓行动，其间美国退出《京都议定书》使全球气候治理步履艰难。因此各国需要在"后京都时代"进行谈判，一方面是为了履行《京都议定书》中的减排义务，另一方面是对"后京都时代"的全球气候治理机制进行进一步协商。尽管美国因不能够接受《京都议定书》中的减排指标安排而最终退出，但它仍旧是《联合国气候变化框架公约》的缔约国。2007年，巴厘气候大会在谈判中形成了气候问题谈判的"双轨制"，这使各缔约方重新开启谈判进程，从而解决《京都议定书》中尚未达成共识的问题。最终达成的《巴厘行动计划》为发达国家的减排行动设立了"可衡量、可报告、可核证"的原则，发展中国家从发达国家得到的支持要满足这三项基本原则，同时在这次会议上形成了全球气候治理谈判的四大支柱，即减缓、适应、资金和技术。《巴厘行动计划》为全球气候治理合作机制的进一步发展提供了新的原则，为气候治理接下来的谈判指明了方向。2010年的坎昆会议最终达成的《坎昆协议》进一步确认了2℃的全球温控目标，并要求落实发达国家的气候减排目标与发展中国家的气候减缓行动，同时在坎昆大会上各缔约方决定建立技术转移机制。

气候治理行动存在较为明显的分歧。根据不同的国家利益进行分类，可将各缔约方划分为包括美国、日本、加拿大、澳大利亚等国家在内的"伞形集团"，欧盟以及以"G77+中国"为代表的发展中国家集团三方。美国、日本等国经济较为发达，能源需求和能耗水平较高，因此极力抵制实施减排措施；欧盟主要通过发展清洁能源进行气候治理，并在国际上要求各缔约方采取更为彻底有效的减排措施；发展中国家在内部也存在一些分歧。在德班会议上，各缔约方最终建立了"德班加强行动平台"，即德班平台，旨在达成一个能够囊括各方诉求的新的国际协议，从而有效地推进各国间的气候治理合作，建立一个全新的全球气候治理机制。

为了就2013年执行的《京都议定书》第二期减排承诺达成共识，各缔约方于2012年举行了多哈气候大会，但是在会议上，日本、加拿大、俄罗斯和新西兰均明确表示不提供第二期减排目标承诺。2013年，在波兰首都华沙举行的气候大会上，各方同意在2015年达成一个新的适用于各国的减排协议，针对具体的资金和技术支持，各国初步同意"设立机制"，但就具体的合作而言没有给出承诺。全球气候治理机制亟待转型，一个全新的适用于各国经济发展水平并且能够为各国所接受的合作机制备受期待。

四、新发展阶段：《巴黎协定》

2015年12月，在法国巴黎举行《联合国气候变化框架公约》第21次缔约方会议，会议最终以《巴黎协定》达成各方共识。这是2020年后全球应对气候变化的最新努力成果，在全球气候治理机制上强调国家自主贡献，即由为缔约方设立强制性减排指标的模式转换成各国自主设立减排目标的模式。《巴黎协定》表明全球气候治理机制最终从"自上而下"模式转变为"自下而上"模式。"自下而上"的模式指各缔约方基于平等原则、共同但有区别的责任原则，结合各自具体国情和发展现状，为了实现 21 世纪末将全球平均气温上升幅度控制在 2 ℃内的目标、适应现在及将来气候变化带来的影响，而自主提出的减缓及适应目标，以及实现目标需要实施的手段，包括资金、技术和能力建设相关机制，并且每五年通报一次国家自主贡献结果。自主贡献机制主要由美国提倡，依靠各个国家自主地提出自己应对全球气候变暖的方案和计划，共同实现整体的行动和目标。

"自下而上"模式的出现大大缓解了之前各主权国家不配合全球气候治理行动的状况，使气候谈判有了新的进展。这一模式突破了传统责任分配的不公平限制，有利于广泛调动参与主体的积极性，充分发挥各个国家自身的能动性。自主贡献机制给予各缔约方充足的空间以充分考虑自身的实际情况和减排能力，利用道义心、国际形象等软约束制衡各国在气候治理中的行动疲软。另外，不同国家提出各自的减排目标和行动计划，可提供多方面的建议，这有利于各国吸取其他缔约方气候变化政策的精华和智慧。

第二节 全球气候治理国际合作的市场机制

市场机制指国家对温室气体排放设定限额，并产生排放权概念，将排放量降低到限额以下的国家或公司可以出售未使用的排放权以获得收益，排放超出限额的国家和公司可以购买排放权以抵消超额排放量，这一行为被称为排放权交易，或碳交易。这里的排放权具体以吨二氧化碳当量来衡量。进行排放权交易的前提是温室气体排放的测量是准确的，并且每个排放权单位只使用一次，这需要明确的规则和透明度。碳排放权交易具有灵活性的特点，企业可以更好地规划中长期资本投资和气候行动。因为在某些年份，企业可以通过购买排放权来实现减排目标；而在其他年份，他们可能会有排放权出售的情况。此外，碳排放权交易也为减排创造了货币激励。

《京都议定书》创造了三种这样的"市场机制"。首先是国际排放交易机制，它促使世界各国建立了越来越多的碳排放权交易市场，其中最具有代表性的是欧盟碳排放交易体系。另外两个市场机制基于项目，是清洁发展机制和联合履约机制，这两个机制的具体项目并不是通过将排放量减少到限额以下来赚取排放权单位，而是通过将排放量降低到"一切照旧"的水平以下来赚取排放权单位。就像碳排放权交易一样，要让这种机制发挥作用，每吨的减排量必须代表真实的一吨减排，这意味着对"一切照旧"排放量的计算必须基于良好的信息，即对过去的排放量以及项目实施后排放量的准确测量。该项目赚取两者之间的差额，即"一切照旧"排放量和项目实施后排放量的差额，同样以吨二氧化碳当量计算。

这些排放权单位有不同的名字：在清洁发展机制下，这些单位被称为核证减排量（Certified Emission Reductions, CERs）。在联合履约机制下，它们被称为减排单位（Emission Reduction Units, ERUs）。欧盟碳排放体系下的公司可以使用 CERs 和 ERUs 来冲抵其部分减排义务。同样，《京都议定书》规定的承担减排义务的缔约方也可以使用这些排放权单位来抵消减排义务。由此产生的激励促使 111 个发展中国家注册了 8 000 多个项目，以期获得可销售的 CERs，这刺激了风力发电、高效炉灶等项目的实施。联合履约机制也提供激励，但不是在发展中国家，而是针对根据《京都议定书》做出减排承诺的发达国家。

一、欧盟碳排放交易体系

欧盟碳排放交易体系是世界上第一个由多国参与的碳排放权交易体系。为了履行欧盟在温室气体减排方面的承诺和目标并贯彻《京都议定书》，欧盟于 2005 年建立欧洲联合体排放配额交易系统，旨在减少二氧化碳等温室气体的排放量，以应对全球气候变化的挑战。该体系是一种市场机制，是欧盟在限制温室气体总排放量的基础上，通过发放和交易温室气体排放配额来达到减少企业和组织温室气体排放量的目的。这一体系适用于 28 个欧盟成员国以及挪威、冰岛和列支敦士登的部分地区，截至 2021 年共有 27 个参与国及地区。

1. 发展历程

为获取经验且确保实施过程的可控性，欧盟碳排放交易体系的实施是逐步推进的。第一阶段是试验阶段，从 2005 年 1 月 1 日至 2007 年 12 月 31 日。此阶段的主要目的并不在于实现温室气体的大幅减排，而是获得碳排放与碳交易运行总量的经验，为后续阶段正式履行《京都议定书》中的减排承诺奠定基础。在选择所交易的温室气体上，第一阶段仅涉及对气候变化影响最大的二氧化碳的排放权交易，而不是《京都议定书》中提出的六种温室气体。在选择覆盖的产业方面，欧盟要求第一阶段只包括能源产业、石油冶炼业、钢铁行业、水泥行业、玻璃行业、陶瓷行业以及造纸业等，同时还设置了被纳入体系的企业的门槛，即内燃机功率在 20 MW 以上的企业。基于这样的规定，欧盟碳排放交易体系大约覆盖 11 500 家企业，其二氧化碳的排放量占欧盟排放总量的 50%。而其他温室气体和产业将在第二阶段逐渐加入。第二阶段是过渡阶段，从 2008 年 1 月 1

日至 2012 年 12 月 31 日，时间跨度与《京都议定书》首次承诺时间保持一致。欧盟借助所设计的排放交易体系，正式履行对《京都议定书》的承诺。温室气体排放权中各国所获得的免费配额比例下降至约 90%，剩下 10% 的配额通过拍卖等方式进行分配。第三阶段是发展阶段，从 2013 年至 2020 年。在此阶段内，欧盟温室气体排放所需配额每年以 1.74% 的速度下降，以确保 2020 年温室气体排放比 1990 年低 20% 以上。第四阶段是展望，从 2021 年到 2030 年，期望温室气体排放年均配额以 2.2% 的速度递减。具体如图 7-1 所示。

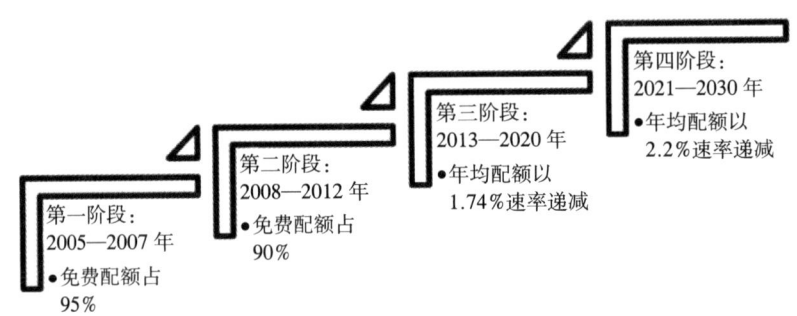

图 7-1　欧盟碳排放交易体系发展历程

2. 运行机制

欧盟碳排放交易体系采用"总量管制和交易"规则，在限制温室气体排放总量的基础上，通过买卖行政许可的方式来运行。欧盟碳排放交易体系将《京都议定书》下的减排目标分配给各成员国，参与欧盟碳排放交易体系的各国，必须符合欧盟温室气体排放交易指令的规定，并履行京都减量承诺，以减量分担协议作为目标，执行温室气体排放量核配规划工作。各成员国根据国家减排计划将排放配额分配给各企业，各企业通过技术升级、改造等手段，在达到二氧化碳排放减少目标后，可将未用完的排放权出售给其他未完成减排目标的企业，以此减少温室气体的排放。欧盟碳排放交易体系的覆盖范围包括 12 000 多座电站、工厂及其他工业设施，约占欧盟二氧化碳排放总量的一半。这也是全球最大的碳排放总量控制与交易体系。

欧盟碳排放交易体系有两类排放配额：第一类为免费分配的配额，主要用于满足各行业的生产需要；第二类为拍卖配额，采取竞价方式进行销售。企业和组织在配额市场上可以买入或出售配额，实现碳排放权交易。如果企业排放量超过其配额数，则需要向拥有多余配额的其他企业或机构购买配额，否则将面临处罚。具体而言，欧盟委员会将根据各成员国汇总形成的排放总量将其分配给各成员国，各成员国再将其分配给温室气体排放重点企业和机构，这些企业和机构被称为参与者，如果排放总量小于设定的上限，则可以卖出多余的排放许可证，如果某个参与者的排放超过了预设的排放上限，那么它必须支付罚款。

欧盟碳排放交易体系在排放总量的设置、分配、排放权交易登记等各个方面体现分权化治理思想。如在排放量的确定方面，欧盟并不预先确定排放总量，而是由各成员国先决定自己的排放量，然后汇总形成欧盟排放总量。但各成员国提出的排放量必须符合欧盟排放交易指令的标准，并需要通过欧盟委员会审批，尤其是所设置的正式运行阶段的排放量要达到《京都议定书》的减排目标。虽然各成员国所遵守的原则是一致的，但在排放权的分配上，各国可以根据本国具体情况，自主决定排放权在国内产业间分配的比例。此外，进行排放权的交易、实施交易流程的监督和确认实际的排放量等都是每个成员国的职责。因此，欧盟碳排放交易体系在某种程度上可以被看作是遵循共同标准和程序的 27 个独立交易体系的联合体。

3. 实施成果

欧盟整体的碳排放量呈现逐年下降趋势。欧盟碳排放交易体系对于欧洲碳排放总量的降低以及减排效率的提高均有正向作用。理论上，碳价的走高代表着企业碳排放成本的上升，欧盟碳市场上碳价的持续上涨实际上对企业构成了加大减排力度的倒逼之力。统计数据显示，包括电力、工业部门以及航空业等在内，第二、三阶段欧盟碳市场牵引着碳排放量分别以年均 2.9% 和 1.9% 的速度下降，与欧盟碳排放交易体系建立之初的 2005 年相比，欧盟碳排放量逐渐下降。

欧盟能源结构不断优化。为应对欧盟碳排放交易体系规则，欧盟下的各企业被迫选择其他替代型能源维持生产，或者对现有技术进行改进以减少碳排放，欧盟的能源结构由此发生较大变化。根据《BP 全球能源统计年鉴》，2009—2019 年，欧盟能源结构中，煤炭的产量下降 31.4%，石油的产量下降 27.9%，天然气的产量下降 43.5%，而可再生能源的产量上升 45.6%。风能、水能、光能、生物质能等可再生能源快速发展，欧盟的电力供应由此迅速地向多样化清洁能源转变，其中可再生能源发电比例上升到 60%，超过煤炭和核能成为最大的发电来源，电力部门成为欧洲最早脱碳的行业。

欧盟经济朝着脱碳方向成功转型。经济增长与碳排放存在正相关关系，一方面，能源消费促进经济快速增长，另一方面，经济的快速增长也导致能源消费和碳排放的迅速增加，这种因果互动效应在制造业投资占比较大的经济体内尤为显著。值得关注的是，受到减排目标压力的影响，欧洲制造业纷纷选择向可以减轻对传统能源依赖的服务业转型，欧盟制造业占 GDP 的比重从 1991 年的 19.8% 下滑至 2020 年的 13.6%，而同一时期服务业增加值占比从 1991 年的 59% 上升至 2020 年的 65.8%，由此使欧盟过去 15 年

GDP 的增长与二氧化碳排放量呈负向关联。

二、清洁发展机制

清洁发展机制是《京都议定书》中的一个减排机制，目标是通过在发展中国家推动减少温室气体排放的项目来帮助工业化国家实现减排目标。清洁发展机制于 2001 年正式建立，并于 2005 年开始运行。清洁发展机制允许基于《京都议定书》做出减排或限制排放承诺的国家（附件 B 缔约方）在发展中国家实施减排项目，通过这些项目可以获得可销售的认证减排（CER）信用，每个信用相当于一吨二氧化碳，计入实现《京都议定书》的减排目标里。其核心内容是允许其缔约方即发达国家与非缔约方即发展中国家进行项目级的减排量抵消额的转让与获得，从而推进发达国家在发展中国家实施温室气体减排项目。根据《京都议定书》第 12 章的定义，清洁发展机制主要有两个目标：一是帮助非缔约方持续发展，为发展中国家实现气候治理最终目标做出应有贡献；二是帮助缔约方进行项目级的减排量抵消额的转让与获得。该机制规定，在非缔约方实施减排项目以限制或减少温室气体排放而得到的通过认证的减排单元，经过由《联合国气候变化框架公约》的缔约方大会指定的经营实体的认证后，可以转让给来自缔约方的投资者，如政府或企业。一部分从认证项目活动中得到的收益将用于支付管理费用，另一部分用于支持那些对气候变化的负面效应特别敏感的发展中国家，以满足其适应气候变化的需要。

1. 运行机制

清洁发展机制项目运行的全过程：寻找国外合作伙伴—准备技术文件—进行交易商务谈判—国内报批—国际报批—项目实施的监测—减排量核定—减排量登记和过户转让—收益提成。

具体而言，企业或其他组织根据自身情况，结合碳商业机会和市场需求，选择适合的清洁发展机制项目类型，提交项目提案。这些项目必须满足联合国《京都议定书》要求的条件。发展中国家的企业需要找到可靠的国外合作伙伴，以促使其为本国提供财务和技术支持。其需要准备项目描述、技术评估和减排量测算等多个方面的完整技术文档，并提交给国内外的清洁发展机制审核机构进行审批，通过与碳贸易机构和碳资本家达成合同来获得项目资金。企业在国内向审核机构提交审批申请，国内审批通过后，接着交由联合国执行委员会设立的小组进行审查，评估项目的可行性、排放量的测算、社会和环境影响等。发达国家的企业或者组织可以选择支持该项目，向其提供资金或技术支持，并获得相应的减排配额。这些减排配额可用于实现发达国家的碳减排目标。项目实施后，需要对其减排效果进行定期监测,并提交给联合国审核机构进行确认,由第三方审核机构核实减排量的数量和质量。减排量将被注册到联合国执行委员会的清洁发展机制注册机构上,并进行碳权转移和销售。这些减排量可以被认定为符合减排目标的证明,出售给未达到减排目标的发达国家,作为其碳减排成果的一部分。

2. 主要成果

清洁发展机制的主要目标包含两个方面:一方面是通过推广和实施节能、清洁能源等项目来减少缔约方温室气体排放并获得相应的减排量。截至 2020 年,清洁发展机制已经为全球减少了超过 2.4 亿 t 的二氧化碳等效排放量,达成了一定的减排目标。另一方面是为发展中国家提供资金、技术和气候治理能力培训机会,帮助他们实现经济和社会的可持续发展。在中国,清洁发展机制在推广清洁能源、节能环保等方面发挥了重要作用,帮助中国实现了环境质量改善和经济发展。清洁发展机制还可以促进技术的转移和知识的共享,发达国家的企业和技术机构在推广和实施清洁能源、节能环保等项目中,可以向发展中国家提供最新的技术和经验,这为发展中国家提供了技术支持。

三、美国跨区域碳市场

目前美国没有实现全国性的碳市场,但是有一些州和地区建立了自己的碳交易体系,其中最具代表性的是东部地区的区域温室气体减排行动(Regional Greenhouse Gas Initiative,RGGI),其覆盖了 10 个州。此外,加利福尼亚州也建立了碳交易体系,以实现减排目标。这些碳交易体系的建立,为实现全球减排目标发挥了积极的作用。

1. 发展历程

20 世纪 90 年代,美国一些州政府开始探索建立碳市场,推出了一些碳交易计划,其中比较著名的是华盛顿州实施的《清洁能源法案》(Clean Energy Initiative),其要求电力公司在 2025 年前将碳排放量降低到 1990 年水平的一半。2005 年,东海岸的 10 个州联合推出了区域温室气体减排行动,建立起了一个跨州的碳市场。RGGI 采用发放排放许可证的方式来限制二氧化碳排放,每年都会减少许可证的数量。此举极大地推动了清洁能源的发展和碳减排行动,成为其他地区碳市场的参考模板。

2. 运行机制

这些碳市场的运作方式类似于排放交易制,政府设定碳排放额度和碳排放权交易规则,引导企业减少温室气体排放,企业获取收益。通过跨区域碳市场,不同地区的碳排放权可以进行跨界转移,从而在更广泛的范围内实现更为高效的碳减排。定下总的碳排放上限和各个成员州的排放指标,且该上限每年都会减少,以更好地促进减排。各成员州通过拍卖方式发行一定数量的碳排放许可证，这些许可证可以进行买卖。持有许可证的企业可以继续排放温室气体，而没有许可证的企业必须控制自己的排放量或购买额外的许可证。每年根据实际排放数据统计每家企业的排放量，超过限定量的企业要向州政府缴纳相应的罚款（每个成员州的罚款百分比不同）。成员州之间相互协调，以确保系统的平稳运行，包括共同协商许可证的数量和价格等问题。

3. 主要成果

美国跨区域碳市场的成果主要体现在两方面：一是抑制了温室气体排放的增长；二是推进了低碳经济的发展。据统计，美国西部碳市场自2013年开始运作以来，已实现约1.5亿t的二氧化碳减排，并且美国西部逐年递减的排放量使得该市场成为全球最成功的碳排放市场之一。东海岸碳市场也在逐渐扩大影响，已经将碳排放限额从2009年的1.6亿t逐步下调到目前的1.3亿t。美国跨区域碳市场的建立和运营标志着美国在应对气候变化方面取得了一定的进展，同时也为全球的碳减排提供了借鉴。

第三节 全球气候治理国际合作的技术支持机制

在联合国气候治理进程中，各国已经确认了加强技术开发和向发展中国家转让技术的重要性。为了推动国家间的技术转让，2010年的坎昆会议设立了技术机制。技术机制由两个机构组成：技术执行委员会（TEC）与气候技术中心和网络（CTCN）。各国正在附属科学与技术咨询机构（SBSTA）下努力制定技术框架的细节。

一、技术执行委员会

技术执行委员会是技术机制的政策部门，负责分析政策问题并提供建议，支持和加强各缔约方在技术转移和推广方面的合作。技术执行委员会由代表发展中国家和发达国家的共计20名技术专家组成。技术执行委员会每年举行多次会议，同时也会举办气候技术活动，以支持解决关键技术政策问题。

技术执行委员会的主要产出是其向各次缔约方会议提出的年度技术相关建议，通过这些建议，技术执行委员会强调了各国为加快气候技术行动可以采取的行之有效的措施。技术执行委员会还编制了政策简报，称为技术执行委员会简报，以加强气候技术工作的信息共享。作为其工作的一部分，技术执行委员会还承担分析签订气候协议前技术审查过程中产生的政策选择。

技术执行委员会与主要合作伙伴和利益攸关方密切合作，制定最新、最前沿的包容性政策建议。特别是它与气候技术中心和网络机构密切合作，以解决技术开发和转让问题。根据《联合国气候变化框架公约》，技术执行委员会能与适应委员会、全球环境基金、绿色气候基金、金融常设委员会和华沙国际损失和损害机制执行委员会等组织进行接触。该委员会与更广泛的气候社区中的许多利益相关者进行接触，以加强全球环境保护和可持续发展的努力。

技术执行委员会具有以下职能：概述各国的气候技术需求，分析与气候技术开发和转让有关的政策和技术问题；建议促进气候技术开发和转让的行动；就气候技术政策和方案提出指导意见；促进气候技术利益攸关方之间的合作；就解决气候技术开发和转让障碍提出行动建议；寻求与气候技术利益攸关方的合作，促进技术活动的一致性；促进气候技术路线图和行动计划的制定和使用。

为了支持技术执行委员会履行其职能，德班气候会议授权技术执行委员会实施技术转让框架，旨在将先进技术和专业知识转移到发展中国家，以帮助它们应对气候变化和可持续发展挑战。此外，在为《巴黎协定》服务的背景下，技术执行委员会还将努力加快技术合作，以实现《巴黎协定》中制定的目标。

二、气候技术中心和网络

气候技术中心和网络是《联合国气候变化框架公约》技术机制的运行机构，由联合国环境规划署与联合国工业发展组织合作主办，11个拥有气候技术专业知识的伙伴机构为其提供支持。CTCN 由两部分组成：一个是位于哥本哈根联合国城的协调实体中心；另一个是虚拟的提供 CTCN 服务的全球组织网络。简言之，该中心负责网络运营，它们共同构成了 CTCN。

该中心应发展中国家的要求，业务主要聚焦于促进无害环境技术的加速转让，促进低碳发展和气候适应性能力提升，支持各国加强实施气候技术项目和方案。CTCN 利用全球科技公司和本机构的专业知识，为各国的需求提供技术解决方案、能力建设，以及政策、法律和监管框架咨询。它主要提供三项核心服务：向发展中国家提供技术支持；创造获取气候技术知识的途径；促进气候技术利益相关者之间的合作。

截至2022年3月31日，CTCN 已经完成超过300个项目，并在100多个国家开展技术支持。这些项目覆盖再生能源、节能、水资源管理以及城市可持续发展等领域。此外，CTCN 在技术创新和共享方面也积极推动合作，与其他技术机构和组织开展合作。

例如，CTCN 在 2019 年联合国气候行动峰会上发布题为"气候技术转移和创新：加速实现减排目标"的报告，提出技术创新和转移是推动全球减排的关键驱动力。同时，CTCN 还通过建立全球气候技术网络与世界银行开展合作，为缔约方提供培训和知识分享等支持，以帮助其加强能力建设和技术应用能力。

三、气候技术需求评估

气候技术需求评估（Technology Needs Assessment，TNA）是根据《联合国气候变化框架公约》及《巴厘岛行动计划》等文件，由发展中国家政府牵头进行的一项基础性工作。其目的在于使发展中国家自身可以更系统、更全面地评估和报告其应对气候变化所需的技术、能力和资金，以推动发展中国家构建清洁低碳、适应气候变化的可持续发展路径。TNA 的核心是对发展中国家的技术需求进行全面分析和评估，包括多方面的技术需求，如节能、可再生能源、低排放交通、森林和土地利用等领域。评估的过程包括识别技术需求、制定技术发展策略、评价技术策略和开展实施规划。TNA 的实施主体主要涉及国家政府、非政府组织、学术机构和私营企业等各个利益相关者，通过利益相关者广泛的参与和协作可以确保技术需求评估的科学性、客观性和全面性，同时也有利于促进技术转移和推广，加快发展中国家应对气候变化的实际行动。总之，TNA 有助于促进发展中国家在清洁低碳、适应气候变化上的技术和能力建设，是推动发展中国家积极参与全球气候治理的重要工具。

第四节 全球气候治理国际合作的资金支持机制

为了推动气候融资，《联合国气候变化框架公约》建立了一个资金机制，向缔约方中的发展中国家提供资金支持，也为《京都议定书》和《巴黎协定》服务。《联合国气候变化框架公约》规定，资金机制的运营可以委托给一个或多个现有的国际实体。自 1994 年《联合国气候变化框架公约》生效以来，全球环境基金（GEF）一直是资金机制的运营实体。2010 年，《联合国气候变化框架公约》第 16 次缔约方会议设立了绿色气候基金（GCF），并于 2011 年将其也指定为资金机制的运营实体。资金机制对缔约方会议负责，缔约方会议决定其政策、方案的优先事项和供资资格标准。目前，国际主要的气候融资框架如图 7-2 所示。

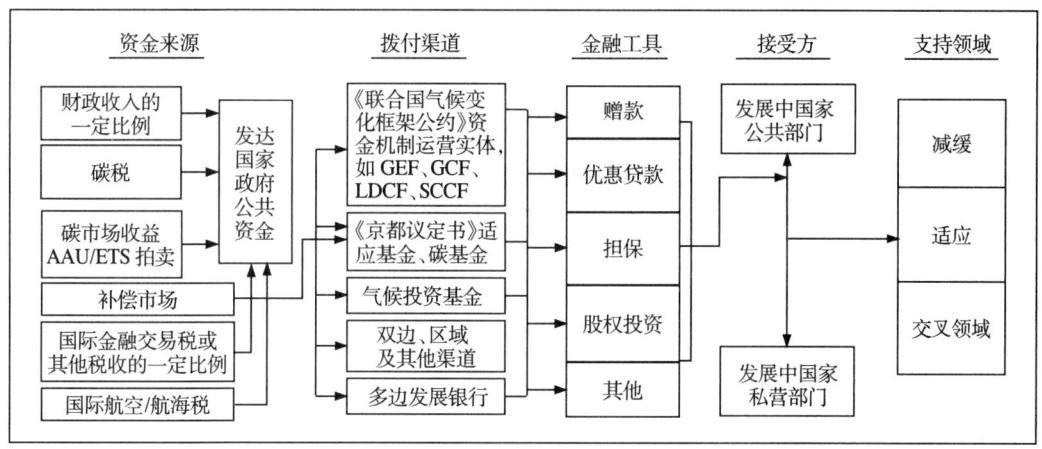

图 7-2 国际气候融资概览

除全球环境基金和绿色气候基金外,各缔约方还设立了两个特别基金——气候变化特别基金(SCCF)和最不发达国家基金(LDCF),两者都由全球环境基金管理。此外,2001年根据《京都议定书》设立了适应基金(AF)。在2015年的巴黎气候变化大会上,各方同意全球环境基金、绿色气候基金以及气候变化特别基金和最不发达国家基金应为《巴黎协定》服务。关于适应基金为《巴黎协定》服务,已在《巴黎协定》特设工作组(APA)内磋商成功。

一、资金常设委员会

资金常设委员会(Standing Committee on Finance,SCF)是在2010年《联合国气候变化框架公约》第16次缔约方会议上决定设立的,主要协助缔约方会议行使与《联合国气候变化框架公约》资金机制有关的职能。目前,资金常设委员会有四项具体职能:协助缔约方会议提高气候变化资金提供的一致性和协调性;协助缔约方会议不断优化《联合国气候变化框架公约》资金机制;支持缔约方会议筹集气候资金;支持缔约方会议测量、报告与核查向发展中国家提供的经济帮助,向缔约方中的发展中国家提供经济帮助。

资金常设委员会的任务还包括组织气候资金年度论坛,向缔约方会议提供资金机制运营实体的指导意见草案,开展资金机制定期评审并提供专家意见,以及编写气候资金流量两年期评估报告和概览。此外,资金常设委员会还致力于改善《联合国气候变化框架公约》框架内外与气候资金相关的主体和倡议之间的联系,促进它们之间的协调。在2015年的巴黎气候大会上,缔约方决定资金常设委员会也应为《巴黎协定》服务。具体的资金支持机制如图7-3所示。

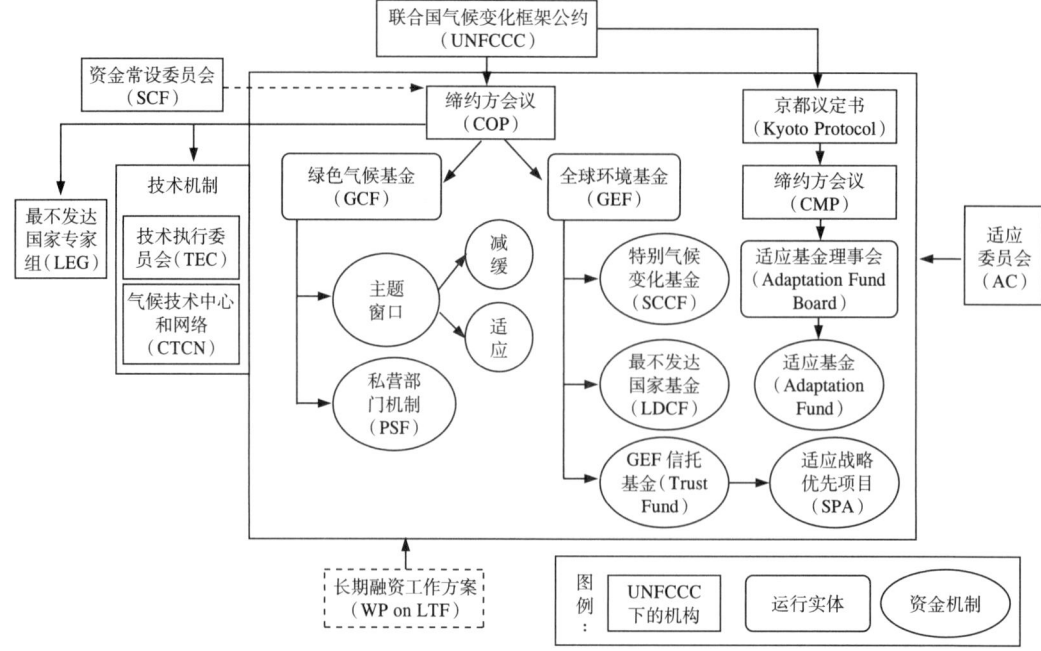

图 7-3 资金支持机制内部联系

二、全球环境基金

全球环境基金（Global Environment Facility，GEF）是由联合国开发计划署、联合国环境规划署和国际金融公司共同创建的一个多边性基金，成立于 1991 年，总部位于美国华盛顿特区，拥有 183 个成员国，覆盖全球各地。其资金来源包括发达国家提供的捐款、投资和补贴等，目标是通过支持发展中国家推进可持续发展和环境保护等项目，实现全球环境保护。全球环境基金是资金机制的运行实体，并非单独的资金机制，它同时也作为下列公约的资金机制运行实体，为其提供着相关服务：《生物多样性公约》《联合国气候变化框架公约》《关于持久性有机污染物的斯德哥尔摩公约》《联合国防治荒漠化公约》《关于汞的水俣公约》。全球环境基金也负责运营《联合国气候变化框架公约》体系下的气候变化特别基金和最不发达国家基金。

全球环境基金的宗旨是通过资助和支持发展中国家采取环境友好型的措施，抵御气候变化、保护生物多样性、应对土地和海洋健康问题等。全球环境基金的资金可用于寻求实现国际环境协定目标的发展中国家。支持政府机构、民间社会组织、私营部门公司、研究机构和其他合作伙伴，在实施以减缓为主的项目的同时也推动受援国开展气候变化信息收集以及应对措施的评估等适应类活动的项目和计划的开展。作为《联合国气候变化框架公约》指定的首个资金机制运行实体，全球环境基金承担着支持发展中国家编制国家信息通报、双年更新报告、国家自主贡献等能力建设的任务。截至 2021 年，全球环境基金已经批准了超过 5 000 个项目，涉及 150 多个国家和地区，累计提供资金超过 200 亿美元，涵盖了气候变化、土地退化、生物多样性、水资源管理等多个方面，可以看出其关注领域不仅仅局限于气候变化领域。其所支持的项目不仅有助于解决全球环境问题，也为发展中国家提供了可持续发展的支持。然而全球环境基金通常资助的是具有全球环境效益的大型减缓项目，一些具有地方性效益的小型项目或者许多发展中小国无法得到资助。由此，《联合国气候变化框架公约》第 7 次缔约方大会设立了气候变化特别基金和最不发达国家基金与适应基金来弥补这一不足。

全球环境基金的投资流程通常包括提案、评估、批准、实施和监测。由各国、私人部门或其他机构提出项目提案，经过全球环境基金秘书处初步检查后提交给全球环境基金评估。全球环境基金进行严格的技术、环境和社会评估，以确定项目的有效性、可持续性和透明度。如果项目符合条件，则向提出者发出邀请函，要求其提交更详细的申请材料。提出者提交更详细的材料后，经过全球环境基金董事会的审批，基金组织开始为该项目分配资金。一旦项目被批准并分配了资金，项目执行机构就开始准备和实施项目，同时与全球环境基金建立有效的监测和报告机制，全球环境基金定期监测和评估项目的进展情况，主要是对项目的经济、社会、环境等影响进行评估，以确保项目达到预期的气候效益和可持续性目标。

三、气候变化特别基金

气候变化特别基金（The Special Climate Change Fund，SCCF）是《联合国气候变化框架公约》下的一个资金机构，成立于 2001 年。气候变化特别基金由全球环境基金负责运营管理，与最不发达国家基金一起运营，用以支持实现 2015 年达成的《巴黎协定》的目标。气候变化特别基金设立的初衷是补充全球环境基金重点领域和其他资金机制的不足，填补其他资金机构无法覆盖的地区和项目，以确保发展中国家在应对气候变化方面得到充分支持。气候变化特别基金资助的活动包括气候减缓、适应以及经济多样化，且经济多样化和能源领域的（主要是技术转让）项目可获优先资助。气候变化特别基金的资金来源为发达国家不定期自愿认捐，目前面临资金断流的局面。

气候变化特别基金旨在支持发展中国家适应气候变化，发达国家通过为发展中国家提供相关技术和能力建设、气候适应性措施实施以及生态系统保护等方面的资金支持，来帮助这些国家减缓气候变化，并提高其应对气候变化的能力。与全球环境基金相比，气候变化特别基金所支持的项目不要求产生全球环境效益。小岛国强调适应活动应作为优先支持领域，最不发达国家希望基金更多地用于技术转让，石油输出国组织成员国则坚持将推动经济多样化作为该基金的优先领域。因此，该基金的业务重点并不明确，由于业务重点直接决定了各国受援的额度，其在发展中国家阵营内部产生了巨大分歧。

据报道，截至 2021 年 5 月，SCCF 已经批准了 88 个项目，共计获得 3.64 亿美元的赠款资源支持。这些项目涉及多个领域，如水资源管理、海岸线保护、耕地保护和恢复、森林管理和再造、可持续能源推广等。通过这些项目的实施，SCCF 正在为近 900 万个弱势群体提供适应效益，正在改善 500 万公顷土地的管理，使其具备更强的气候抵御能力，并帮助 462 项政策和计划纳入气候抵御能力的考虑。这些数字反映了 SCCF 在促进发展中国家应对气候变化方面所取得的一些成效，但仍需做更多的工作、付出更多的努力来实现全球气候治理和可持续发展的目标。

四、最不发达国家基金

最不发达国家基金（Least Developed Countries Fund，LDCF）成立于 2001 年，同样是由全球环境基金负责运营管理。最不发达国家基金旨在支持最不发达国家编制国家适应气候变化行动计划，识别国内适应领域基本信息和最迫切的适应项目需求，来为最不发达国家实施气候变化适应性措施提供资金支持。最不发达国家基金是《联合国气候变化框架公约》下唯一限定用于支持特定国家群体的资金机制。其资金来源主要为发达国家捐款。

最不发达国家基金目前的任务是制定和执行国家适应计划、执行最不发达地区工作方案，以及向最不发达国家提供技术指导和支持。最不发达国家基金资助领域包括但不限于气候变化适应性措施、技术转移、能力建设、清洁能源、低碳交通、林业和生态系统管理等。截至 2023 年，最不发达国家基金已经资助大约 365 个项目或活动，涉及资金约 17 亿美元，预计超过 5 200 万人受益，并推动超过 800 万公顷土地实现气候韧性管理。最不发达国家基金也与绿色气候基金秘书处合作，从绿色气候基金获得一部分资金，为制定和实施国家行动方案的过程提供技术指导和咨询，确保 LDCF 和 GCF 之间相互协调，使两个基金之间的资金流动更加高效和一致。

五、适应基金

适应基金（Adaptation Fund，AF）成立于 2007 年，是《京都议定书》设立的第一个气候变化基金，主要关注发展中国家对气候变化的适应问题，主要资助最不发达国家和受气候变化影响最严重的发展中国家。这些国家通常在气候变化方面具有脆弱的自然和社会系统，面临着较高的适应需求和挑战。适应基金的总部位于德国法兰克福，是一个多利益相关方机构，由执行委员会、监管委员会和秘书处组成。适应基金是资金机制的运作实体，通过独立的董事会进行管理和监督，董事会由 16 个成员组成，其中有 8 个来自发达国家，8 个来自发展中国家。在《京都议定书》第一个承诺期内，其资金来源为《京都议定书》下清洁发展机制项目产生的经核证的减排量出售后的 2% 收益与发达国家自愿捐资以及少量投资收入。2012 年在多哈会议上决定，在《京都议定书》第二个承诺期，国际排放交易机制和联合履约机制也将其项目收益的 2% 提供给适应基金。

适应基金的创立旨在弥补现有的开发援助体系对于气候变化适应性援助的不足。截至 2021 年，适应基金已经批准超过 100 个项目，涉及 55 个国家，资助包括水资源管理、农业生产、森林管理和海洋保护等在内的各种适应性措施的实施。

六、绿色气候基金

绿色气候基金（Green Climate Fund，GCF）于 2010 年在墨西哥坎昆举行的联合国气候变化大会上应《坎昆协定》而成立，于 2013 年启动融资活动。绿色气候基金由董事会管理和监督，董事会由 24 个成员组成，其中 12 个来自发达国家，12 个来自发展中国家。基金的运营中心设在韩国仁川，并在巴布亚新几内亚设有分部。它是全球气候架构中发展中国家的专用融资工具，融资渠道包括政府和私人部门的捐赠、国际组织申请融资以及与绿色气候基金合作的气候项目收益，主要为发展中国家应对气候变化领域的项目、规划、政策及其他活动提供资金支持，包括森林碳汇减排与增加收益机制、适应行动、能力建设、技术研发和转让等。绿色气候基金具体的投资范围如表 7-1 所示。

绿色气候基金的任务是支持发展中国家提高和实现其国家自主贡献的雄心，以实现低排放目标、增强气候适应性。其使命是通过投资气候适应和减缓行动来支持发展中国家实现低碳、气候友好型的可持续发展，以应对全球气候变化挑战。

其目标是动员并转移发展中国家的资金流向气候治理领域，以推进发展中国家低碳经济增长和气候适应能力提升。自 2015 年成立以来，绿色气候基金已经迅速扩大了其投资组合，批准了 140 多个项目，在 100 多个国家和地区开展了从森林管理到可再生能源等各类项目。这些项目的承诺融资总额达到了 170 亿美元。绿色气候基金运行的具体流程包括项目筛选、审批、决策和监测。潜在项目方会向绿色气候基金申请资金和支持，这些项目方可能是企业、政府机构、非营利组织和个人等。由于绿色气候基金的投资领域非常广泛，所以其支持的项目类型也千差万别，包括可再生能源、节能技术、循环经济、可持续性建设等。绿色气候基金首先会对项目进行筛选，重点关注其对环境的影响，如能否减少温室气体排放、适应气候变化、跨领域的气候减缓与适应，以及社会经济益处等。在这一阶段，还需要评估项目的投资风险和潜在收益。在首轮审核中，基金会对项目的可行性、投资结构和建设计划等方面进行初步评估。如果项目通过了首轮审核，则会进入最终投资决策的程序，走完该程序通常需要几周或几个月的时间。在完成审批程序后，绿色气候基金将根据项目需求提供合适的投资方式，这些投资方式包括但不限于股权投资、优先股份、普通股份和债务融资。在确定投资方式以后，基金会与项目方进行谈判并签订投资协议。在后续阶段，绿色气候基金将对所投资的项目进行监督和管理，确保项目按照计划进行，并通过跟踪其社会经济影响、环境效益和金融回报等方面的数据信息来评估其总体性能。

表 7-1　绿色气候基金的项目投资范围

项目类别	减缓类项目	适应类项目	跨领域项目
项目目标	减少温室气体排放	提高应对气候变化的弹性	同时涉及温室气体减排和提高应对气候变化弹性相关领域的项目。例如，一个森林管理项目可以提供增加森林碳汇能力的气候缓解效益，同时也可为周围社区提供更稳定的水供应和更多的生计
侧重方向	侧重于实际的减排效益，包括能源、交通、森林和土地利用，以及建筑、城市和工业设施上的减排	侧重于增加应对气候变化的弹性，主要关注健康、食品和水体安全、居民和社区生计改善、生态系统，以及基础设施和环境建设	
投资领域	·能源获取及发电 ·低排放交通 ·建筑、城市、工业和电器 ·森林和土地利用	·最脆弱人群和社区 ·健康、食品和水体安全 ·基础设施和建筑环境 ·生态系统和生态系统服务	
资金分配	50%的资金用于减缓气候变化	50%的资金用于适应气候变化	

本章小结

《联合国气候变化框架公约》初步形成了应对全球气候变化的治理机制。《京都议定书》形成了"自上而下"的全球气候治理机制。《巴黎协定》的气候治理机制涵盖了气候治理目标、减缓气候危害、适应气候变化能力、气候变化损失和损害、资金和技术机制、提高温室气体排放及减缓和适应行动的透明度、每五年评估各国采取的行动是否足够达到目标的全球盘点等主要内容。在全球气候治理机制中，市场机制的主要代表有欧盟碳排放交易体系、清洁发展机制、美国跨区域碳市场，它们都以碳排放权交易为基础。技术支持机制中技术执行委员会负责解决关键技术政策问题，气候技术中心和网络负责给予低碳项目以技术支持。资金支持机制包括资金常设委员会、全球环境基金、气候变化特别基金、最不发达国家基金、适应基金、绿色气候基金等,主要为国际气候合作进行气候融资,为发展中国家气候治理提供资金支持。

思考习题

1. 全球气候治理国际合作机制是怎样推进的?
2. 全球气候治理国际合作机制主要有哪些类型?
3. 全球气候治理的市场机制运作的核心是什么?

拓展性阅读

第八章 全球气候治理的国际产业实践

内容摘要

气候变化问题是工业化时代带给人类的最典型的风险,亦是影响人类产业发展路径的最大因素。应对气候变化问题,全球产业低碳转型是大势所趋,人类经济社会必须进行一场广泛而深刻的系统性变革。能源问题是气候治理的核心,大力发展以光伏、风电、核能和氢能等为代表的新能源产业,已成为各国应对气候变化问题、发展低碳经济、抢占国际产业竞争制高点和增强国家竞争力的重要战略举措。

学习目标与要求

1. 理解全球气候变化与产业演进的规律。
2. 掌握气候变化时代全球产业发展趋势。
3. 熟悉推动能源低碳化转型的核心产业。
4. 了解气候治理下中国制造业发展现状。

第一节 基于控制气候变化的产业发展逻辑

一、人类产业发展规律与全球气候变化

气候变化问题是工业化时代带给人类的最典型的风险。工业革命以来,人类由农耕文明走向工业文明,科学技术的进步带来了生产力空前的发展,并重塑了人类社会的全貌。精耕细作的小农生产方式被大规模的工业化车间所取代,居住于乡野的农民被需要

大量劳动力的工业化城市所吸纳,工业化集约式产业在短时间内迅速崛起并蓬勃发展。彼时的人类社会深受工业文明及现代产业所创造的巨量财富的鼓舞,尽管产业发展与环境的矛盾已初见端倪,但总体而言人类坚信自己已走在正确的道路上。但随着伦敦烟雾事件、洛杉矶光化学烟雾事件、日本水俣病事件等一系列公害事件的发生,人们逐渐意识到大规模工业化生产对环境造成的巨大危害。以 1962 年美国作家蕾切尔·卡逊的著作《寂静的春天》为标志,环境保护问题开始成为公众关注的焦点,气候变化这一客观事实也开始被国际社会所重视。当前,科学研究和观测数据表明,近百年来全球气候正在发生以变暖为主要特征的变化。而工业革命以来,人类活动特别是发达国家在工业化过程中大量排放温室气体,是导致当前全球气候变化的主要因素。

气候变化问题是影响人类产业发展路径的最大因素。低碳经济是应对全球气候变化的必由之路,围绕低能耗、低排放、低污染的低碳型产业发展之路,将成为人类普遍认可和不可逆转的潮流。人类的产业发展理念由早期的"粗放、盲目、掠夺"模式逐渐向现代化的可持续发展模式转型。"产业发展"与"环境保护"这一对在过去并未被视为对应关系的命题,其潜在关联开始被正视,传统的"人定胜天"观念也在这一过程中被消解,"与自然和谐共生"的可持续发展理念成为人类产业,乃至整个社会进步的主旋律。当前,国际社会已就绿色转型形成共识,并积极采取切实行动。截至 2022 年 5 月,已有 127 个国家提出或准备提出碳中和目标,覆盖全球 GDP 的 90%、总人口的 85%、碳排放的 88%。实现碳中和是一场广泛而深刻的经济社会系统性变革,人类的产业发展在其中扮演着不可替代的重要角色。绿色低碳技术和产业为从根本上解决传统发展路径所带来的环境污染和生态破坏提供了新方案。

二、气候变化时代对产业发展的新要求

气候变化时代,实现全球产业低碳转型是大势所趋,亦是新一轮产业革命的代表。IPCC 报告显示,要实现 21 世纪末温度升高幅度不超过 2 ℃的目标,需要全球经济和能源系统深度的低碳转型,并在 21 世纪下半叶达到温室气体的净零排放。目前,产业分工已不再局限于某个国家内部,而是扩展到了全球范围。为应对气候变化问题,人类经济社会必须进行一场广泛而深刻的系统性变革。面向绿色低碳的未来,全球主体要统筹兼顾,实现世界范围内各国经济发展与绿色转型的统一,这对全球产业体系提出了更高的要求。

作为推进绿色低碳转型的根本动力,当前全球低碳转型面临的困难迫切需要技术进步支撑。以光伏发电为例,技术进步使光伏发电的整体成本不断下降,1990 年每发

1 kW·h 电需要 100 美元，2000 年需要 10 美元，2010 年则为 1 美元，目前太阳能发电技术的推广已经可以使电价低于煤炭发电的价格。由此可见，技术进步对实现碳中和目标意义重大。核能技术、氢能技术、水能技术等其他技术都需要技术创新与进步，每前进一步都将为全球"双碳"目标的实现做出贡献。此外，由于当前各国的技术合作实践并不理想，发达国家并未转让核心技术，发展中国家仍在为气候技术转让支付高额的专利许可使用费，因此应对气候变化的效果不佳。全球低碳产业转型要求加大对发展中国家可再生能源、新能源发电、储能、氢能、碳捕集与封存、低碳零碳工业流程再造等绿色低碳技术的转让、投资和能力建设，帮助发展中国家尽快实现技术跨越。

投资政策、信贷债券投资、绿色产业的风投等，对产业发展具有导向作用。根据国际能源署测算，实现全球范围的碳中和约需要 110 万亿美元投入。根据中国权威金融机构的测算结果，在 2060 年实现碳中和需要百万亿人民币的资金投入。由此可见，扩大绿色投资的规模对实现碳中和极为重要。在资金来源上，政府扶持只能覆盖所需投资资金的一小部分，未来绿色投资在很大程度上将依赖于市场，通过发展与创新绿色金融、市场调节等方式来解决。此外，能源和经济低碳转型要求金融部门严格管控绿色信贷工具，遏制高耗能、高污染产业的盲目扩张，避免搁浅资产风险诱发的系统性金融风险。

三、"双碳"时代全球优势产业前景展望

面对全球资源环境压力，全球能源结构转型进程不断加速。随着国际社会对应对气候变化问题达成共识，越来越多的国家积极制定能源转型目标、出台绿色产业政策，将支持绿色产业发展作为战略重点。当前，全球绿色产业加速发展，多国加快制度创新和技术革新步伐，推动经济、能源和产业结构转型升级，以期实现经济社会的可持续发展。在人类迈向碳中和的时代，全球绿色产业具有广阔的发展前景。

在碳中和目标指引下的能源革命，意味着要将传统的以化石能源为主的能源体系转变为以可再生能源为主导、多能互补的能源体系，进而促进能源及相关工业升级。在碳中和背景下，新能源和低碳技术的价值链将成为重中之重。当前各国纷纷进一步扩大绿色经济领域的就业机会，催生各种高效用电技术、新能源汽车、零碳建筑、零碳钢铁、零碳水泥等新型脱碳化技术产品，将推动低碳原材料替代、生产工艺升级、能源利用效率提升，在未来构建低碳、零碳、负碳新型产业体系。

清洁能源被视为应对气候变化、实现能源转型的重要抓手。当前，多国纷纷投资风、光、热等清洁能源工业并推进清洁能源使用。根据国际可再生能源机构 IRENA 预测，到 2050 年，全球与能源相关的二氧化碳排放量将减少 70%，其中 90% 以上的减排量将

可通过采用可再生能源和能效措施实现。根据国际能源署发布的最新报告，可再生能源发电量将在未来几年加速增长，到2026年，全球可再生能源发电能力预计将比2020年增长60%以上。此外，中国将成为未来几年可再生能源产能增长的主要推动力。

绿色金融对于促进产业转型升级、推动经济可持续发展、加快推进社会进步具有重要意义。未来应进一步开发完善绿色信贷、绿色债券、绿色保险、碳交易市场等绿色金融产品和工具支撑绿色转型，建立有利于低碳技术发展的投融资机制。环境服务行业应积极适应新形势，把降碳作为长期发展方向，在循环经济、低碳技术的开发应用、环保设施的低碳运行、碳排放监测计算、非化石能源发展等方面进一步提升能力，把低碳全面融入环境服务中。

不同于工业文明时代强调规模化经营和高资本运作，化石能源全过程由规模化资本密集型经营。在碳中和时代，共享经济、循环经济将蓬勃发展，但求所用，不求所有，如人们可以不必非得拥有一辆自己的汽车。此外，企业将加快制定绿色转型发展新战略，借助数字技术和数字业务推动商业模式转型和数字化商业生态重构，以体制与技术创新形成低碳、低成本发展模式以及绿色低碳投融资合作模式。

第二节 气候治理环境下的国际优势产业发育

一、气候治理对千行百业的改造综述

全球气候变化已经成为人类发展的最大挑战之一，极大地促进了全球气候治理的政治共识和重大行动。碳达峰、碳中和是一场极其广泛而深刻的绿色工业革命，是一场广泛而深刻的经济社会系统性变革，气候治理需要世界范围内的多元主体、千行百业共同努力协作。

基于 Kaya 恒等式对二氧化碳排放的分解，我们可以从人均 GDP、单位 GDP 能耗、能源碳强度和人口等四个层面解释影响二氧化碳排放量的驱动因素。根据计算公式可知，在全球范围内进行气候治理、减少二氧化碳排放的出路只能着眼于两项，一是调整产业结构，即减少单位 GDP 所用的能耗，二是改变能源结构，即减少传统化石能源使用比重，提升可再生能源比重。产业结构和能源结构的调整涉及全行业和各用能部门，将重塑千行百业的生产方式和经营方式。

能源系统加速低碳转型是减缓气候变化的关键,各个用能行业都需要加大转型力度,其中电力、交通、居民等部门是未来减排的重中之重。为了实现碳中和愿景下各个行业的减排责任,需要对各类技术进行合理规划。电力部门应重点发展风电、光电、CCS 技术,争取在"十四五"末实现碳达峰,2060 年前实现零排放。钢铁行业短期应加速发展小球烧结、低温烧结、干法熄焦、干式高炉炉顶余压余热发电等节能技术,争取在"十四五"初期实现碳排放达峰,中长期应加大电弧炉炼钢、氢能炼钢和 CCS 技术的部署。化工行业应发展轻质化原料、先进煤气化技术、低碳制氢和 CO_2 利用技术、CCS 技术等,争取实现关键化工产品的碳排放在 2037 年前达峰。对于建筑、交通等民生部门,应争取实现在"十五五"期间或"十六五"初达峰。建筑部门应继续提高采暖制冷效率,大幅提升电气化水平,因地制宜发展分布式能源;交通部门应优先采用铁路、水路运输,发展电动客/货车、氢燃料车、生物燃料飞机和船舶等先进技术。

二、传统能源行业发展趋势

为有效应对气候变化问题,以传统化石能源为主的全球能源结构将面临根本性变革。传统化石能源占比大幅下降,传统能源低碳化、清洁化转型成为全球能源发展大趋势。

根据英国石油公司 BP 的报告——《世界能源展望》分析,所有预测情景均认为油气煤在全球能源系统中的占比将持续降低。到 2050 年,油气煤在一次能源中的占比将由 2018 年的 85%分别降至 65%～20%不等。在未来 10 年里,全球石油需求将趋于平稳,石油将继续在全球能源系统中发挥重要作用。此后,基于三种情形的全球石油需求均将大幅下降。在加速和净零情形的后半段,这种下降将进一步加速;在新动能情形下,石油消费量更为强劲,降幅较小。其中,推动石油消费量下降的最大单一因素是公路运输中石油使用量的下降,公路运输对石油的需求下降占石油总需求减少的一半以上。

除化石能源使用量的减少外,为保证能源结构转型过程中的稳定性与安全性,目前还无法轻言彻底摆脱化石能源。因此,提高能源的利用率与加强化石能源的清洁化改造同样也是目前传统能源行业的转型方向。高碳行业,如钢铁、有色金属、建材、水泥、石油化工等领域,将迎来低碳化、绿色化的结构性改革,推动全球工业从黑色向绿色发展、从高碳化到低碳化发展、从有碳到无碳发展的重大转型。

三、清洁能源行业发展趋势

作为清洁能源中不可或缺的部分,天然气的发展前景取决于两个重要但相反趋势的结果:随着新兴经济体的增长和工业化,其对于天然气的需求不断增加,但发达国家主导的从天然气转向低碳能源的趋势抵消了这一趋势。这些相反趋势对全球天然气需求的净影响取决于能源转型的速度。不同情景下对全球天然气需求的预测有显著区别。快速转型情景和净零情景下，全球天然气需求将分别在 21 世纪 30 年代和 40 年代达峰，此后快速下降；在新动能情景下，全球天然气需求将在未来 30 年持续增长。天然气在能源系统的低碳转型中有两项潜在的重要作用：一是在经济快速增长的发展中国家中，可再生及其他非化石能源的增速不足以替代煤炭需求，所以天然气的利用可以减少对煤炭的使用；二是天然气结合 CCUS（碳捕集、利用与封存）技术，可实现零碳或近零碳发电。在快速转型情景和净零情景中，结合 CCUS 技术的天然气将占到一次能源的 8%~10%。

在所有情景下，可再生能源都是未来 30 年增长最为迅速的能源。2050 年可再生能源在一次能源中的占比，将分别从 2018 年的 5% 增长到净零情景下的 60%、快速转型情景下的 45% 和 BAU（保持现状不变）情景下的 20%。在成本竞争力增强和政策支持向低碳电力和绿色氢转型的推动下，风能和太阳能发电迅速扩张。风能和太阳能的装机容量在加速和净零增长的情形中增长了约 15 倍，在新动能增长的情形中增长了 9 倍，这些产能中的大部分为最终消费提供电力。2035 年后，装机容量的扩大需要大大加快新产能的融资和建设速度，并且装机容量的增长将主要由不包含中国在内的新兴经济体主导。

在能源系统大幅去碳的过程中，氢能与生物能源的作用日益凸显。在快速转型情景和净零情景的后半期，氢能消费在电气化较为困难或成本更为高昂领域的增长尤为显著。到 2050 年，氢能占终端能源消费（非燃烧使用不包括在内）总量的比例在快速转型情景和净零情景下分别增长约 7% 和 16%。减少传统化石能源的利用也促进了生物能源的发展，包括主要应用在交通领域的液态生物燃料、替代天然气的生物甲烷及主要应用于电力行业的生物质能源。到 2050 年，生物能源在一次能源中的占比在快速转型情景和净零情景下将分别达到 7% 和约 10%。

在世界各国加快发展绿色低碳经济的背景下，以光伏、风电、电动汽车和储能氢能等为代表的新能源产业，已成为世界各国未来经济发展与能源安全的必争之地。大力发展新能源成为各国在低碳经济中抢占国际产业竞争制高点、增强国家竞争力的重要举措。

四、传统制造行业变革趋势

工业革命以来，以钢铁、金属、水泥、建筑等为代表的传统制造业与重工业作为经济发展的基础和重要引擎，先后推动了主要经济体的快速发展。然而，"高能耗、高排放"的粗放型发展模式也带来了大量的资源消耗、严重的环境污染和棘手的气候变化问题。在传统行业中,钢铁和水泥两大工业行业的碳排放量巨大,提高能源利用率和进行单位碳排强度的清洁化、集约改造与创新势在必行。此外,CCUS 技术和氢能也是传统制造业去碳化的理想选择。

对于水泥行业而言,其碳排放主要来自煤炭等化石能源的消耗和生产熟料过程中原料碳酸盐的分解。水泥行业面临的最棘手的挑战在于去除过程中的碳排放,因此,CCUS 技术具有举足轻重的作用。作为低碳发展的关键技术,CCUS 技术由二氧化碳的捕集、运输以及再利用或安全封存等过程构成。CO_2 捕集技术适合的排放源包括水泥厂、发电厂、钢铁厂、冶炼厂、化肥厂、合成燃料厂以及基于化石原料的制氢工厂等。

对于钢铁行业而言,其碳排放主要来自化石能源燃烧和焦炭还原。为减少相关碳排放,首先,可以采用短流程技术代替长流程技术。长流程技术代表铁矿石不断被焦炭还原的高炉炼铁和转炉炼钢过程,而短流程技术则从废钢开始进行电炉炼钢,提高电炉炼钢比例将显著推动碳减排。其次,直接还原铁是避免碳排放的新工艺流程,包括超低直接碳减排等技术,木炭、氢能等零碳原料也能够替代焦炭用作还原剂。此外,工业 CCUS 技术也能够在其他技术减排成本更高时应用。

五、碳产业萌芽

全球气候治理是一场广泛而深刻的经济社会系统性变革。实现气候治理目标不仅需要能源系统转型,还需要非直接相关领域的支持和社会公众的广泛参与。近年来,以绿色金融和碳交易为代表的新兴产业发展迅速,它们运用市场化的方式更合理地配置全球资源,成为未来人类迈向碳中和的重要支撑。

绿色金融将成为实现碳中和的重要抓手。未来 30 年,全球实现碳达峰、碳中和目标需要巨大的投资。各国需要迅速过渡到绿色增长道路上,并大量投资于绿色和低碳的基础设施及科技领域。在将全球温度上升幅度限制在 1.5 ℃之内的目标下,2016—2050 年,全球能源投资需求预计每年为 3.26 万亿美元,占全球预计 GDP 总值的 2.4%。如此大规模的投资,需要公共资源和民间资本的共同参与。各国政府为此做出了不懈的努力,纷纷制定绿色金融发展战略,完善市场基础设施,撬动金融资源向低碳绿色项目倾斜。当前,全球绿色金融快速发展。据气候债券倡议(CBI)披露,2014 年以来全球绿色债券发行量增长强劲,平均每年增长 46%,截至 2020 年累计已达 1.047 万亿美元。根据经济合作与发展组织发布的数据,发达国家向发展中国家提供的双边和多边气候资金也在大幅增长,从 2016 年的 585 亿美元增长到了 2018 年的 790 亿美元,与此同时,南南气候资金近年来也出现了强劲增长。不过，全球绿色金融发展虽然取得了可喜进展，但仍面临诸多问题和挑战。

在未来，碳交易体系将成为实现碳减排的重要机制。碳交易体系将在全社会范围内形成碳价信号，有力促进实现全社会节能减排目标和绿色低碳转型。当前，随着相关机制的不断完善健全，全球碳市场在其所覆盖的政府层级、地域范围以及行业等方面逐步扩大，且收益在 2022 年继续刷新历史纪录。根据世界银行发布的数据，在全球范围内，已有 29 个地区、国家和区域启动了碳排放交易体系。一方面，碳市场在不同的政府层级稳定运营，从城市、省/州、国家到超国家层级运行的碳市场均已存在。另一方面，全球碳市场的收益屡创新高，这得益于配额价格的持续增长、拍卖机制的引入、配额拍卖比例的日益增长以及碳市场的不断扩张，2022 年全年碳市场收入创下历史新高，达到 630 亿美元。其中，作为全球成交量及成交额最大的碳交易体系，欧盟碳市场碳配额收入占据全球领先地位，全球募集资金的近 65% 均从欧盟碳市场产生。未来中长期内，预计全球碳市场将呈现出广度、深度持续加强以及国际合作稳步发展的稳中向好形势。

第三节 全球气候治理过程中的能源问题

一、气候治理过程中能源问题的核心

应对气候问题，核心在于控制二氧化碳排放，在于能源系统低碳转型。工业革命以来，生产技术的进步让人类走上了发展的快车道，能源消耗、生态破坏和温室气体排放也进入了加速模式，地球生态系统逐渐失衡，气候变化问题愈发突出。18 世纪中期以前，大气中的二氧化碳浓度一直保持在 280 ppm 的水平，在 18 世纪中期（第一次工业革命）以后，二氧化碳浓度急剧飙升。面对严峻的气候问题，唯有找到导致气候问题的主因，方能有的放矢地进行针对性治理，有效应对气候变化问题。

气候变化问题，主因在于化石能源利用。纵观人类历史进程中的三次工业革命，能源利用始终延续着化石能源的模式，在发展水平不断提高的同时，碳排放与污染问题也日益严峻。人类社会共经历过两次重要的能源转型过程：第一次发生在 18 世纪后期至 19 世纪中期，以蒸汽机为代表的生产力变革引发了第一次工业革命，促使煤炭替代柴薪成为全球第一大能源；第二次发生在 19 世纪后期至 20 世纪中期，内燃机的发明和推广

使得油气逐渐取代煤炭成为全球主导能源。大量客观事实和科学研究已证明，化石燃料作业是导致温室效应加剧的主要原因。化石能源燃烧会产生大量温室气体，导致全球气候发生变化，给人类及生态系统带来种种负面影响及潜在风险。

应对气候变化，关键在于实现能源低碳化转型。应对气候变化的核心是减缓人为活动造成的温室气体排放，其中主要是化石能源消费的二氧化碳排放，由此推动了世界范围内能源体系的革命性变革和经济发展方式的低碳化转型。作为排放温室气体比重最大的人为活动，只有彻底改变能源利用的种类与模式，才能从真正意义上应对气候变化问题、实现人类可持续发展。目前，世界范围内正在经历面向可持续发展的第三次能源转型。低碳发展正是人类为应对气候变化提出的新的发展经济与保护环境的平衡路径，其目的是在保持经济增长和发展的同时，降低不可再生资源的使用数量与规模，采用可再生能源与资源，进而减少二氧化碳的排放量，以减缓温室效应和保护生态环境，并同时实现经济可持续发展。当前，建立并形成清洁低碳安全高效的能源体系和绿色低碳循环发展经济体系，也成为现代能源体系和经济体系的重要特征。先进能源和深度脱碳技术已成为世界科技创新的热点领域，也是大国必争的先进技术制高点，能源和经济低碳转型的发展能力也成为一个国家经济、贸易和科技竞争力的体现。

二、解决能源问题的核心产业概述

未来二三十年将是能源生产消费方式和能源结构调整变革的关键时期。人们将致力于构建绿色低碳、高效智能、多样共享的可持续能源体系。其中，光伏、风能、核能和氢能将成为有效解决能源问题的核心产业。加快发展风电和太阳能等可再生能源、稳步发展核能、积极发展氢能，是能源结构由高碳向低碳转型的能源产业战略举措。

1. 光伏产业

光伏发电在不远的将来将占据世界能源消费的重要席位，成为世界能源供应的主体。

光伏发电是根据光生伏特效应原理，利用太阳能电池将太阳能直接转化为电能的一种技术。1969 年，世界上第一座太阳能发电站在法国建成，此后，太阳能光伏发电技术和产业在全球迅速发展。截至 2022 年年底，全球光伏发电占整体发电量的 6.2% 左右，光伏发电的累计装机容量达到 1 185 GW，光伏产业正式进入太瓦时代。从光伏产业链制造端来看，其生产规模在持续扩大。根据中国光伏行业协会发布的数据，2022 年全球新增光伏装机量预计为 230 GW，同比增长 35.3%，以此拉动光伏产业链制造端产能进一步扩大。从生产布局来看，中国大陆是其产能聚集地，中国大陆的硅片、电池片、组件产量占全球总产量的比重均在80%以上，且呈现快速增长势头。当前，中国光伏产品具有产业链联动优势，在出口中具有较高的竞争力。

但在全球光伏应用市场保持旺盛需求的同时，光伏制造业的国际竞争也在日益加剧。部分国家正在积极谋划光伏产业生产制造本地化和供应链本地化，并将发展新能源制造上升至政府层面，而且有目标、有措施、有步骤。例如，美国《2022年通胀削减法案》计划投入300亿美元用于生产税收抵免，以促进美国太阳能电池板及关键产品加工。欧盟计划在2030年前达成100 GW完整光伏产业链的目标。

在未来相当长一段时间，能源结构向多元化、清洁化、低碳化方向转型是不可逆转的趋势，各国政府积极鼓励企业发展太阳能光伏产业。在能源转型的背景下，叠加技术进步带来的光伏发电成本下降的利好因素，预计全球光伏发电新增装机容量仍将快速增长。预计到2030年，可再生能源在总能源结构中将占到30%以上，而太阳能光伏发电在世界总电力供应中的占比也将达到10%以上；到2040年，可再生能源将占总能耗的50%以上，太阳能光伏发电将占总电力的20%以上；到21世纪末，可再生能源在能源结构中将占到80%以上，太阳能发电将占到60%以上。

2. 风能产业

除光伏发电外，风力发电也已经成为全球重要的清洁电力来源。

风力发电是一种将风能转化为电能的可再生能源技术。其基本工作原理是通过风力涡轮机将风能转化为机械能，再通过发电机将机械能转化为电能，并将其输出到电网中。风力发电场于20世纪80年代初在美国加利福尼亚州兴起，现在被全世界大力发展风电的各个国家广泛采用。

当前，随着全球越来越多的国家开拓风电事业以及风电成本持续下降，全球风能产业快速发展，风电装机容量持续增长。截至2021年年底，全球风电累计装机容量达到837 GW，其中陆上风电累计装机容量达到780 GW，海上风电累计装机容量为57 GW。

在可预见的将来，太阳能光伏发电和风力发电的技术和经济性都将达到与常规能源相当的水平，推动能源变革与转型的发展。根据全球风能理事会发布的数据，到2024年，全球陆上风电新增装机容量将首次突破100 GW；到2025年，全球海上风电新增装机容量也将再创新高，达到25 GW。未来五年全球风电新增并网容量将达到680 GW。全球风能理事会建议政策制定者应立即采取行动，以避免出现供应链瓶颈阻碍全球风电的高速发展。潜在的供应链瓶颈可能会影响全球实现2030年气候目标——这是到2050年实现净零排放的关键节点。

3. 核能产业

在未来，核能将是减缓气候变化、推进能源变革的重要选项。

核能也称原子能，是原子核结构发生变化时释放出来的巨大能量，包括裂变能和聚变能两种主要形式，目前核能发电利用的是裂变能。整个发电过程中的能量转换是将核能转换为热能，热能转换为机械能，机械能再转换为电能。综合考虑清洁低碳、经济性、灵活性和能源安全等要素，核能将为全球过渡到净零能源系统提供"必不可少的基础"。1951年，美国首次利用核能发电。1954年，苏联的第一座核电厂开始向电网送电，随后核电在全球范围内呈现高速发展态势。

2012年，遭受日本福岛核电站事故打击后，全球核电发电量出现了大规模的下滑。当前，核能在各国能源供给中所扮演的角色呈现出巨大差异，各国在核能发展政策方面也各有区别。根据世界核能协会（WNA）披露的数据，截至2022年4月，全球在建核电站约有100座，总装机量达1亿kW。其中，美国是世界上核能发电量最多的国家，截至2021年6月，有93座核反应堆，占全球核能发电总量的24.2%。近期，欧盟释放出重新拥抱核电的信号，英国宣布加快核电项目进程，在能源转型压力和动力的双重作用下，全球核电产业正在加速回暖。

总体而言，当前核能的发展与其作用相比还有很大不足，潜力亟待挖掘。国际能源署预计，到2050年，在全球90%的可再生能源电力中，风力和光伏发电的份额占70%，其余的30%则需要由核能来提供。充分发挥核电的综合能源作用，优化其特性，并与其他能源形成有效配合互补，逐步小型化并降低成本将是核电未来的发展方向。

4. 氢能产业

作为世界上最干净的能源，氢能被视为"21世纪的终极能源"。

由于氢燃烧的产物是水，丝毫不会产生诸如一氧化碳、二氧化碳等危害环境的负外部性产品，因而氢可谓是世界上最友好的能源。氢能作为一种清洁、高效、安全、可持续的二次能源，可通过一次能源、二次能源及工业领域等多种途径获取，将成为第三次能源变革的重要媒介。在推动各国能源结构转型升级以及实现全球"碳中和"目标的进程中，氢能将发挥十分重要的作用。

在人类的能源系统中，氢具有高效性、经济性以及安全性等特征，商业价值可观，使用场景广泛。在工业领域，氢气可以代替焦炭和天然气作为还原剂，消除炼铁、炼钢过程中的大部分碳排放，同时氢作为十分重要的化工原料可用于合成氨、甲醇和炼化、煤制油气等生产过程中，生成绿色甲醇和绿氨，带动相关生产过程中二氧化碳的显著减少和排放。目前全球已有42个国家和地区发布了氢能政策，36个国家和地区的氢能政策正在筹备中。从氢能建设方向看，绿氢成了各国一致性的开发重点。根据国际氢能源委员会预测，2050 年全球氢能源需求将增至目前的 10 倍，同时 2050 年全球氢能产业链产值将超过 2.5 万亿美元。

三、光伏+氢能

光伏+氢能等多种能源互补、清洁高效利用的方式将成为能源变革的主要形式。

氢能可以采用多种工艺和能源生产，常用颜色标号进行描述，主要包括灰氢、蓝氢、蓝绿氢和绿氢，如图 8-1 所示。其中，灰氢用化石燃料生产，使用后会产生大量的二氧化碳排放，因此这类制氢技术并非实现净零排放的合适路径；蓝氢（使用碳捕集和封存技术脱碳的灰氢）可以减少二氧化碳排放，但它不能满足未来净零排放的要求，因而只能作为加速绿氢推广、实现净零排放道路上的一种短期过渡选择；蓝绿氢使用天然气作为原料，且不会产生二氧化碳，但天然气并非可再生能源；绿氢——即用可再生能源生产的氢能——是最适合实现完全可持续能源转型的一种氢能。由于最成熟的绿氢制备技术是基于可再生电能的水电解技术，因此，越来越多的能源应用领域将绿氢放在首要位置。

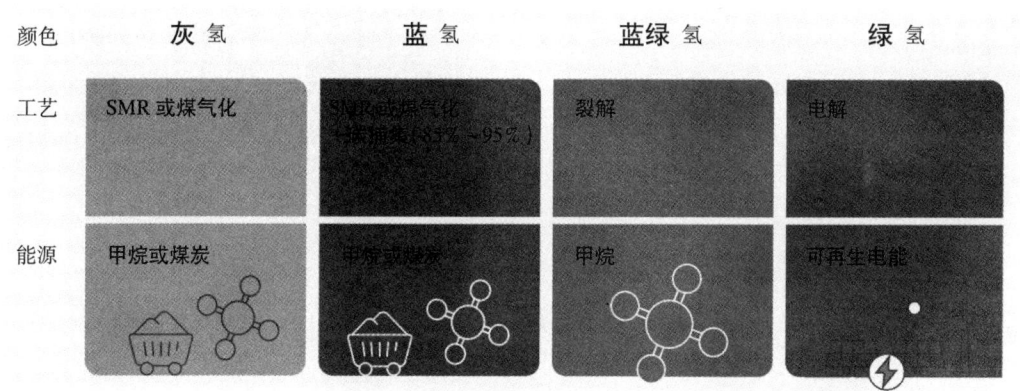

图 8-1　氢能的不同颜色标号

注：SMR＝蒸汽甲烷重整；蓝绿氢是一种新兴的能源脱碳选择。

相关科研人员和产业从业人员普遍认为，光伏+氢能的协同发展势在必行。众所周知，光伏发电已经成为全球最经济的清洁能源，而"光伏制氢"，即通过光伏发电来电解水生产氢气，不仅生产过程中无碳排放，而且使用过程中也是零碳排，实现了真正的双倍清洁。同时，氢作为储能介质具有比锂电池更高的能量密度，适合作为长时间储能手段，从而解决光伏发电所遇到的日间不平衡、季度不平衡等问题。光伏与氢能发展的逻辑耦合极为明确。氢能可以解决光伏发电存在的波动性问题，在发电波峰利用多余的电力进行水电解制氢，从而实现可再生能源发电的消纳和长期储能。而光伏的低成本与大规模优势则能够最大程度地配套制氢设备，保证氢的稳定安全供应，从而使工业交通领域摆脱对化石能源的依赖，为实现未来深度脱碳奠定资源基础。

当前，由于生产成本较高、缺少专用基础设施等因素，绿氢生产和应用面临着诸多障碍。氢气生产仍以天然气和煤炭燃料为基础，这两种燃料生产的氢气产量占氢气总产量的95%。电解方法产生的氢气约占全球氢气总产量的5%，主要以氯气生产中副产品的形式出现。目前，用可再生能源生产的氢气非常有限：绿氢生产仅限于示范项目。电力成本是绿氢的主要成本因素，2019年利用可再生能源电厂电力生产的绿氢价格比灰氢高2~3倍。因此，发展面向未来的氢能，首先得打好光伏和风电的基础。

光伏+氢能的绿氢从小众市场参与者向普遍流行的能源载体的转变，需要依靠一套整体性的政策途径，来克服初期阻力，突破市场渗透的最低门槛。这一套政策途径应该有四个核心支柱：国家氢能战略、政策优先级设定、来源保障和有利政策。当前，氢能源政策正在取得飞速发展，欧盟国家、澳大利亚等多国已发布绿氢战略，地方政府也正在开展相关行动。

在未来，随着太阳能光伏和风能发电成本的不断下降，生产绿氢将更具经济优势。近10年来，太阳能光伏发电厂和陆上风场发电价格大幅下降。光伏作为目前最成熟的绿电，在未来降本空间与技术路线十分清晰的基础之上，将成为可再生能源制氢的最主要来源。

第四节　气候治理下的中国制造崛起

一、光伏产业全球博弈

在过去的近20年里，中国已经崛起成为太阳能光伏发电的新中心，而在接下来的10年里，中国很可能会成为太阳能光伏发电的部署中心。过去，发达国家中引领新产品和新产业早期创新和制造的企业获得了持续的先发优势。相应地，其工业和创新政策侧重于在特定国家或区域背景下创造领先市场和领先制造商。然而，在当今全球互联的知识经济中，这种国家举措的有效性日益受到质疑。亚洲的新兴经济体，尤其是中国和印度，在很短的时间内已成为光伏等全球清洁技术行业的重要竞争者，现在正开始挑战西方的技术领导地位。

自 20 世纪 60 年代世界上第一座太阳能发电站建成以来，太阳能光伏产业的生命周期可简要分为三个阶段：1965—1990 年的流动阶段；1990—2005 年的过渡阶段；2005 年至今的标准化阶段。总体而言，1990 年之前，该行业的大多数活动都是实验性和探索性的，尚未出现主导设计，各种小型公司相继进入、退出该行业。1990—2005 年，该技术出现了主导设计和第一批大众市场，世界各地的新公司进入了该行业。2005 年之后，出现了整合和洗牌，光伏组件日益成为全球统一大众市场的全球标准化商品。

具体而言，1965—1990 年，光伏领域的制造主要局限于两个先驱国家：美国和日本。最初，光伏电池板主要用于为卫星和其他专门的空间应用提供动力。直到 20 世纪 80 年代末，光伏制造业的产量仍然很低。20 世纪 90 年代初，技术初步实现标准化，此时光伏制造业转移到早期的后发国家，特别是日本和欧洲国家。美国里根政府在（1981—1984 年）大幅削减光伏制造业补贴后，许多开创性的光伏制造商被跨国石油公司或其在德国和法国的竞争对手收购。从标准化阶段的早期开始，美国制造业的份额就开始下降，而日本一直保持着强劲的制造能力，直到 20 世纪末。德国在后来的过渡阶段建立了大量的制造企业，然而在 21 世纪后期再次急剧下降。从 20 世纪中期开始，中国迅速提高光伏电池和组件的制造能力，并在全球制造业中占据了主导地位，全球制造能力的分布发生了最显著的空间变化。从过渡阶段开始，中国企业从几乎为零的市场份额发展到供应全球 60% 以上的光伏电池需求量（同时全球总体产量呈爆炸式增长）。随着中国的崛起，全球光伏行业发生了大洗牌，并持续到标准化阶段。一些德国和日本制造商破产或随后专注于上游（如硅）细分市场，而美国生产商则专注于技术更先进的利基技术（如薄膜）和下游价值链部分的创新安装和维护业务模式。

光伏产业的全球博弈，是大国未来的新能源主导地位之争，归根到底是各国在技术与政策方面的博弈。随着 2000 年后中国光伏产业的急剧崛起，全球光伏行业竞争加剧并开始大洗牌。在 21 世纪的第一个 10 年里，包括尚德电力、英利绿色能源在内的一批中国制造商迅速成为太阳能光伏制造业的全球领导者。这些年轻的公司迅速扩大规模，比外国竞争对手更快地降低成本，并取代了美国、欧洲国家和日本的行业领导者，成为世界太阳能光伏电池板市场的主要供应商。尽管中国光伏产业发展迅猛，但制约其稳定、长期可持续发展的诸多阻滞因素依然存在。遭遇 2008 年金融危机、2011 年及此后多轮美国、欧盟、印度多方"双反"围堵，加之存在产业链两头在外和产能过剩的问题，中国光伏企业遭受沉重打击。此后，中国加大产业扶持力度、寻求关键技术突破并积极开拓新兴市场，推动整个光伏制造业升级。2018年12月，中国三峡新能源格尔木光伏项目正式并网发电，实现光伏电价首次低于燃煤发电标杆电价。2019年，"双反"解除后，中国企业重回欧美市场，所占市场份额远高于2012年。截至2021年，中国光伏装机规模达到306 GW，超过欧盟和美国的总和。全球光伏产业20强中有15个来自中国光伏供应链，世界光伏产业逐渐进入中国时代。

二、电动汽车产业全球博弈

面对汽车工业的发展所带来的气候变化问题和能源问题，发展新能源汽车已成为国际社会的共识。电动汽车具有高效节能、零排放等突出特点，有利于减少二氧化碳排放和对石油资源的依赖。各国为抢占这个新兴市场的制高点，不约而同地将发展新能源汽车作为国家在21世纪的战略选择，积极采取补贴、减税等优惠措施以提升国家发展新能源汽车的技术水平，占据该领域的领导地位。

在过去的10余年里，电动汽车产业蓬勃发展。从需求端来看，即使在全球汽车产业遭受疫情打击表现低迷的背景下，电动汽车销量仍出现逆势增长。截至2022年，电动汽车销量超过1 000万辆，呈指数级增长。中国再次成为领跑者，中国电动汽车销量占全球电动汽车销量的60%左右，即全球道路上超过一半的电动汽车在中国。在第二大市场欧洲，电动汽车销量在2022年增长了15%以上，这意味着每售出的五辆汽车中就有超过一辆是电动汽车。2022年，作为全球第三大电动汽车市场的美国，电动汽车销量增长了55%，销售份额达到8%。从生产端来看，中国是电动汽车的主要出口国，占电动汽车出口和电池出口的35%以上。到2022年，中国在全球电池制造能力中的份额约为75%，其中，欧洲是中国电动汽车及电池的最大贸易伙伴。2022年，中国在欧洲市场销售的电动汽车份额约为16%。然而，出口汽车中由中国设备制造商制造的比例较低。从中国运往欧洲销售的电动汽车中，近20%是由在中国设有工厂的欧洲原始设备制造商制造的，另外40%是在中国生产的美国汽车。从设备制造商所占的市场份额来看，汽车制造商之间竞争激烈。2022年，传统汽车制造商（大众、通用、丰田、奔驰和宝马等）的电动汽车市场份额由2015年的55%下滑至40%，而同期，仅特斯拉和比亚迪两家公司的市场份额就从20%增加到了30%以上。来自中国的市场进入者给现有的汽车制造商带来了越来越大的压力。2022年，比亚迪的销量超过了特斯拉，成为全球市场份额第一大电动汽车制造商。在不久的将来，在不断扩大的电动汽车市场上，没有足够吸引力的电动汽车产品的汽车制造商可能会面临经营困境。

为抢占电动汽车产业的制高点，多国纷纷出台产业扶持政策，支持电动汽车技术研发，进一步推动电动汽车全产业链和生态建设。中国对国内企业以及与国际汽车制造商合作的合资企业持续使用供给侧和需求侧的激励措施。其在地方层面的支持尤其普遍，产业政策在全国范围内的推广，助力比亚迪、蔚来等大型电动汽车企业的发展。美国通过《减少通货膨胀法案》，包括各种税收优惠政策和资助计划，以实现建设清洁能源经济的目标。该法案侧重于加速电动汽车的普及，并从分配给气候投资的 3 690 亿美元中抽出专门发展电动汽车的资金。欧盟提出《绿色交易工业计划》，其一揽子财政支持计划力求让企业更快获得补贴和贷款，以补偿高能源价格的企业，帮助确保流动性，并减少电力需求。日本政府发布面向 2050 年去碳化社会的"绿色增长战略"，把电池相关产业定位为战略产业，大力推进从汽油车向电动汽车过渡。印度目前没有大规模的国内电池制造业，但制定了雄心勃勃的目标，提出预算为 1 810 亿卢比（22 亿美元）的电池制造计划，旨在促进国内电池制造业的发展，使国内电池制造能力累计达到 50 GW·h。

在未来，中国将保持电动汽车产业的优势地位，但将面临诸多挑战。根据国际能源署的既定政策情景（STEPS），全球电动汽车销售份额的前景将从之前的不到 25% 增加到 2030 年的 35%。在预测中，到 2030 年，中国将保持其作为最大电动汽车市场的地位，在 STEPS 中占总销量的 40%。但电动汽车产业仍面临着基础设施不足、续航里程短、充电时间长、安全性有待提高和充电桩数量不足及分布不均的问题。随着全球汽车产业向电动化、智能化、网联化加速发展，电动汽车产业既需要与新技术、新材料、电子电力、先进制造等多领域进行跨界融合，也需要各国加强技术创新合作，推动产业链供应链协同发展。

三、钢铁等传统行业全球博弈

2021 年是全球碳关税元年。不少发达国家纷纷推动碳关税立法，酝酿构建全球碳关税联盟，意图遏制中国及广大发展中国家高碳产业发展。碳关税提议最早源于欧盟，其试图对来自未履行《京都议定书》国家的进口产品征收特殊的二氧化碳排放关税，以消除欧盟碳排放交易机制运行后欧盟国家的碳密集型产品可能遭受的不公平竞争。

2021 年 3 月 10 日，欧洲议会通过"碳边界调整机制"（Carbon Border Adjustment Mechanism，CBAM）议案，决议自 2023 年起对不符合碳排放规定的进口商品征收碳关税；2021 年 7 月 14 日，欧盟委员会碳关税实施细则正式出台，首批征税领域涵盖电力、钢铁、铝业、水泥和化肥产业，过渡期为三年。欧盟委员会碳关税实施细则公布后不到一周，美国国会多名民主党议员联名提出美国版碳关税提案——FAIR 法案，要求对来自中国和其他没有显著减少碳排放量国家的进口商品征收"排污进口费",自 2024 年起执行。同期,加拿大启动关于碳边界调整机制磋商,拟对自中国进口的煤电产品征收碳关税;日本经济产业省和环境省就碳关税议题召开多轮内阁会议,探索美欧日三方协调行动的可行性。最终,在 2021 年年底 COP26 峰会期间,英国首相约翰逊公开表态,将利用轮值主席国身份推动全球碳关税进程,打造七国集团气候同盟。

自碳关税提出后,其在全球范围内引起了广泛争议,给全球主要经济体带来深远影响。从政策影响范围来看,欧盟碳边境调节机制将主要影响到中国、印度等发展中国家。碳关税实质上是贸易保护主义的一种新形式,是发达经济体为保护自身利益而限制发展中国家经济体的经贸措施之一。碳关税被冠以应对全球气候变化重要举措之名,却无视产业全球化发展规律。在经济全球化发展进程中,发达国家向发展中国家转移高碳排放产业,造成了大量的碳排放转移,如今再用碳关税对发展中国家进行一次利益收割。

碳关税的启动施行将给发展中国家的绿色低碳发展之路平添更多障碍。以中国为例,2020 年,中国在全球碳排放总量中的占比为 30.7%。中国是世界第二大经济体、第一大工业国和第一大货物贸易国,西方联手征收碳关税对中国的对外贸易、产业发展的深远影响不容低估。当前,中国对外出口产品大多处于国际产业链的中低端,产品能耗高、排碳量大、附加值低,是对外贸易隐含碳排放的净输出国。按照 2020 年的出口数据,欧盟碳关税将直接影响中国相关产业出口规模约 1.1 万亿美元,占贸易总额的 42.0%;如果仅对其中的高碳行业征税,受影响的出口规模约为 4 550 亿美元,占贸易总额的 17.6%。从当前情况看,受冲击最大的是钢铁和铝制品产业;从中长期看,绝大部分高碳产业最终都将被纳入碳关税实施范围,特别是石油石化产品及其下游制品,成本竞争力、出口竞争力、风险承受力整体偏弱,过早在碳关税问题上承压,将给高碳产业出口贸易带来极大负担,对整个产业链产能输出造成显著冲击,深刻影响中国制造业参与全球产业分工。

发展中国家应变"危"为"机",全面促进低碳转型。碳关税的施行也将倒逼发展中国家变"危"为"机",不得不加快推进绿色低碳转型,提高整体能源利用效率,加快建立绿色低碳循环经济体系。面对碳关税这把"双刃剑",中国应积极应对这道现实考验。首先,应大力推动低碳减排,切实转变外贸发展方式。加强低碳技术的研发创新,鼓励企业攻克关键技术难关,通过绿色技术降低生产成本,提高出口产品附加值。其次,优化碳排放监测手段,完善碳市场交易机制。进一步完善透明的碳交易机制,完善全国碳市场,畅通碳价传导机制,充分引导企业减排,使碳市场不断为产业低碳转型注入活力。再次,加强培训指导,提升企业维护自身经贸利益的能力。加强企业在气候变化和国际经贸规则方面的培训，促使企业充分把握碳关税贸易保护主义实质，提升其积极利用世界贸易组织的争端解决机制解决碳关税带来的不公平的能力。最后，广泛团结发展中国家，增强发展中国家在气候谈判中的话语权。积极参与国际气候治理、国际环境公约和碳排放标准等相关议题的规则制定，立足维护发展中国家利益，倡导减排量在生产国与消费国之间的合理分配，力争建立以历史排放量和人均碳消耗量为基准的新型碳减排责任标准，厘清不同国家应承担的减排责任，探索建立"共同但有区别"的国际贸易碳排放标准和规则，防止碳关税演变为绿色贸易壁垒。

本章小结

工业革命以来，人类活动特别是发达国家在工业化过程中大量排放温室气体，是导致当前全球气候发生变化的主要因素。为有效地应对气候变化问题，以传统化石能源为主的全球能源结构将面临根本性变革。传统产业低碳化转型、新能源产业蓬勃发展将成为全球产业发展的主流趋势。其中，加快发展风电和太阳能等可再生能源、稳步发展核能、积极发展氢能，是能源结构由高碳向低碳转型的战略举措。在过去近 20 年里，中国光伏产业、电动汽车产业迅速崛起，在全球市场中逐渐获得优势地位，但在新能源产业全球博弈中仍面临着诸多挑战。

思考习题

1. 简述气候变化时代全球各产业的发展趋势。
2. 为何能源问题是应对气候变化的核心？
3. 简述推动能源低碳转型的核心产业及其发展概况。
4. 思考中国产业在全球博弈中的优劣势及有效应对策略。

拓展性阅读

第九章 全球气候治理的国际气候谈判

内容摘要

全球气候治理和国际气候谈判密切相关。它们都属于广义的气候政治范畴,是围绕人类活动引起的气候变化问题而发生的行为体之间的互动,是全球应对气候变化的手段。"气候政治既包含宏观的联合国气候谈判、全球气候治理（理论与实践）,又涵盖中观和微观层次的气候传播、气候外交、气候政策等。"本章将分析国际气候谈判的内容与冲突、历史困局与现实困境,以及突破国际气候谈判困局的原则与途径。

学习目标与要求

1. 熟悉国际气候谈判的内容与冲突。
2. 了解国际气候谈判中的历史困局与现实困境。
3. 掌握突破国际气候谈判困局的原则和思路。

第一节 国际气候谈判的内容与冲突

人类活动所导致的气候变化已经发生,威胁人类发展的极端天气事件频繁出现。在各方共同努力下,全球应对气候变化的工作取得积极进展,针对与气候变化治理相关的问题进行了长期且艰巨的谈判。然而,气候问题本身具有复杂性,因此气候谈判过程中涉及的问题涵盖范围很广,包含了温室气体减排、责任分担、气候金融、减缓与适应、风险与援助等各个方面的问题。

一、温室气体减排问题

国际气候谈判的核心内容一直没有变化,"20 世纪 90 年代的主要议题到今天还是一样"。由于温室气体是造成全球变暖的主要原因,因此国际气候谈判的核心问题首先是各缔约方的温室气体减排。

1. 温室气体减排的特征与性质

温室气体减排具有紧迫性。波茨坦气候影响研究所所长、地球联盟联合主席约翰·罗克斯特伦(Johan Rockström)曾提出:"因为我们都共享同一个小小的地球,并且行星有边界,如果我们不支持自然,我们就不能依靠自然来支持我们。从所有这些科学见解中,应该产生一项政治见解:如果我们为自己的安全着想,想要有一个机会稳定我们的气候,那么减少温室气体排放的最后机会就是现在。"

温室气体减排是个多方面的复杂问题。气候变化带来的问题不仅存在于自然生态领域,还渗透在社会发展、经济金融、政治体制和国家安全等诸多方面。劳伦·E. 伊斯特伍德(Lauren E. Eastwood)曾在《就环境问题谈判》一书中指出:"很显然,针对国际环境问题的讨论本身就很混乱,因为各国政府的谈判立场是建立在一系列利益基础上的,这些利益与外交关系、全球经济衰退、基于化石燃料的基础设施和历史发展不平等等诸多极其复杂的问题纠结在一起。"

温室气体减排影响深远。实际上,国际气候谈判中聚焦的温室气体减排问题可以归纳为两个层次,即"全球温室气体可允许排放资源的公平分配问题"和"全球温室气体排放资源成本的有效管理和利用问题"。前者是大气容量资源享用权的初始分配;后者是产权分配后资源的有效流动。"国际气候制度的本质是一种稀缺战略资源的排放权的分配,它会影响到国际政治和经济格局。"因此,温室气体减排从自然科学与社会科学角度而言,都是影响深远的。

2. 关于温室气体减排的立场冲突

温室气体减排直接影响各国的根本利益,一个变暖的地球会让所有人付出代价。面对气候变化,没有捷径或简单的解决方案,那些质疑气候变化的人,实际上同其他人一样要承受气候变化的恶果。虽然气候变化造成的后果显而易见,但由于温室气体减排会直接影响各国的根本利益,因此,减排的问题必然会导致各国之间产生冲突。例如,大西洋、太平洋上的岛国受到海平面上升的威胁,这些国家希望世界各国都尽可能多地减少温室气体的排放。与此相反,石油生产国则极力反对制定减少温室气体排放的国际规章制度。

虽然在过去的几十年中，发达国家和发展中国家之间的分歧在结构与特征上已经发生了变化，但是气候谈判又唤起了国际体系中的南北分歧。南北之间的分歧主要集中在谁应该承担气候变化减缓和适应措施的代价这个问题上。发达国家追求"向前看"的正义和公平的观念，认为当下的人们不应该对他们自己没有犯下的"罪行"和他们的前辈所犯下的"罪行"负责。如果发达国家根据《京都议定书》的要求进行强制性减排，而发展中国家并不承担这种责任，那么这是不公平的。因此，发达国家认为不管过去情况如何，强制性减排应当适用于所有国家，而且排放量迅速增加的发展中国家更应制定重大的减缓和适应气候变化的目标。而发展中国家遵循的是"向后看"的正义和公平的概念，认为目前大气中的二氧化碳浓度增加主要是来自发达国家的排放量，因此它们必须承担气候变化的相关代价，而且强制发展中国家采取量化削减目标是不合理的。发展中国家认为发达国家的排放是"奢侈排放"，但对于广大的发展中国家而言，那是"生存排放"。不仅如此，由于当时由发达国家造成的环境污染影响了发展中国家，因此发达国家应该对发展中国家给予补偿，并且以技术转让、赠款、贷款等不同形式进行的补偿不应仅仅是出于善意做出的举动，而应被视为是对发展中国家造成的历史性损害的赔偿。

二、责任分担问题

在气候谈判中，同意温度提升目标只是各国就减排问题进行谈判的基础，让各国认同自己应承担什么样的减排份额才是最关键的问题。或者说，谈判的核心议题是怎样分配温室气体减排的责任。考虑到不同国家的历史贡献和各自的能力，特别是发展中国家可接受的参与程度，各国如何分担共同但有区别的责任是国际气候谈判的重点内容。

《巴黎协定》第四条第4款写道："发达国家缔约方应当继续带头，努力实现全经济范围绝对减排目标。发展中国家缔约方应当继续加强它们的减缓努力，鼓励它们根据不同的国情，逐渐转向全经济范围减排或限排目标。"这一条款明确了对发达国家减排与发展中国家减排的不同程度的要求，目的在于确保所有国家都能够减排和追求可持续发展。

气候问题是个全球性问题，因此参与谈判的各方很容易认同"谈判应达成公平和可持续的气候变化协议"的总体概念，"如果谈判被认为是不公平的，那么谈判过程的合法性和结果的可接受性都有可能会受到损害"。但是什么是公平和可持续的协议？关于各自应该承担怎样的责任算是公平这个根本问题，发达国家和发展中国家实际存在原则上的分歧。虽然"共同但有区别的责任"原则是全球气候治理的核心原则，但"围绕'共同但有区别的责任'这一原则，从由发达国家强制减排且向发展中国家提供资金支持,到要求发展中国家量化减排,再到最终将发展中国家纳入自主贡献减排的协议中,'公平'问题始终备受争议。"

1. "共同但有区别的责任"的具体含义

"共同但有区别的责任"的具体含义是国际气候谈判中责任分担的南北分歧点。由于发达国家和发展中国家在公平公正的标准上有不同的判断,而且互不相让,使得各方很难找到一个"公平公正"的程序来分配气候变化的重担。如果全球气候治理中,发达国家只追寻具有"向前看"公平的观念,而忽略发展中国家的利益诉求,那么国际气候谈判必将陷入困局。

2. 气候变化问题的复杂性和不确定性

气候变化问题很复杂,而且充满了不确定性,公平概念存在基本的歧义。例如,对二氧化碳排放估算就存在很大的争议,气候谈判中对于碳排放的统计时间范围究竟怎样确定才是公平的?应该从18世纪初的工业革命开始,还是应该从1990年开始?简单地说,哪一年应该是估算温室气体的基准年?对基准年的选择本身就具有正义和公平的含义。工业化国家认为,现在的人不应该为前人的行动负责,把工业革命包括在减排时间框架内是不公平的。然而,在追求工业化目标时,不可避免地会产生碳排放,因此发展中国家认为不把过去的碳排放量纳入总排放量评价是不公平的。

3. 核心利益致使责任共担不易实现

国际气候谈判涉及各国的切身利益,而且气候变化不仅是环境问题,更是发展问题。从本质上讲,气候谈判所要解决的问题包括资源问题(如资金或技术)、主权问题(如验证措施)和安全问题(如自然灾害)。因此,气候谈判涉及各国以发展权为核心的气候博弈过程,立场对立和利益冲突不可避免,特别是要以牺牲发展中国家的经济发展的权利来实现节能减排必然面临巨大困难。另外,世界贸易组织(WTO)框架下与气候变化相关议题(如环境产品清单、碳关税)的谈判是气候问题在国际贸易上的表现,关于贸易隐含碳排放的现实差距也使得共担责任成为一个难题。再者,气候问题在政治上表现为地缘政治,实际上,气候变化改变了地缘政治争夺的手段、范围和内容,发达国家以碳排放空间、新能源技术作为新手段进行地缘政治竞争。因此,气候变化带来的安全问题不仅仅局限于单个国家的地理范围,还可能进一步上升到国际社会安全的层面,气候谈判上的分歧可能进一步加大南北国家之间的矛盾冲突,给国际社会带来诸多的不稳定因素。

三、气候金融问题

气候金融是全球气候治理体系中的重要组成部分,是以推动低碳发展或气候适应力建设为目标的资金流动。气候金融体现了采用经济手段改变全球发展的方向，引导经济向着低碳模式转型的原则。它的内涵是通过有效的气候政策，"让碳排放的成本更高，同时发展新的对气候友好的先进技术"。而产业或者技术的发展都需要资金的支持，发达国家和发展中国家之间经济地位悬殊，应对气候变化时所面临的资金压力不同，所以在国际气候谈判中，气候金融始终是一个核心问题。

1. 气候金融问题的实质

气候金融问题的关键机制是发达国家要通过为发展中国家提供资金和技术支持，来帮助发展中国家提高应对气候变化的能力，减少温室气体排放，实现可持续发展。《联合国气候变化框架公约》2001年设立了全球环境基金，管理气候变化特别基金和最不发达国家基金。《京都议定书》确定了适应基金，2009年正式运营，由全球环境基金提供秘书处服务，适用于诸如自然栖息地之类的适应气候变化的项目。2009年在哥本哈根举行的联合国气候变化大会上，缔约方重申了发达国家为发展中国家提供"新的、额外的"气候资金的义务，并且发达国家做出了自愿出资承诺。承诺包括短期承诺和长期承诺两部分：第一，发达国家2010—2012年提供约300亿美元的"快速启动资金"，用于帮助发展中国家立即采取紧急措施应对气候变化；第二，发达国家到2020年每年为发展中国家筹集1 000亿美元的气候资金。

虽然国际社会已经设立了诸多气候发展基金，但发展中国家在应对气候变化方面的资金缺口仍然巨大。发展中国家缔约方在向《联合国气候变化框架公约》提交的国家报告中表达了总体资金需求。截至2021年5月31日，来自153个国家、地区及国际联盟的"国家自主贡献报告"提出了4 274项需求，其中78个缔约方提出了1 782项成本需求，累计达5.8万多亿美元。

2. 关于气候金融的立场冲突

气候融资资金的落实与执行困难重重，使得气候融资一再成为气候谈判的关键障碍。发展中国家适应和减缓气候变化日益增长的融资需求与为发展中国家筹集资金的现实形成了鲜明对比。由于相对贫穷的国家根本没有能力自己承担适应和减缓气候变化行动所需的成本，它们严重依赖外来资金来执行气候战略，除非它们确信发达国家将履行提供资金支持的承诺，否则它们根本不愿意推动《巴黎协定》实施细则的工作。

在已经达成的气候融资协议中，发达国家应通过短期承诺和长期承诺，提供资金支持，帮助发展中国家积极应对气候变化。但是从全球绿色环境基金的补充情况来看，从1991年启动期到第七个周期，累计募集资金仅为247.5亿美元，充分表明资金执行情况严重落后。虽然一些捐助国再次确认它们对集体气候融资目标的承诺，但是各国对气候资金的总体规模和可预期性仍然有很多担忧。

四、减缓与适应问题

应对气候变化的路径中，减缓与适应是两个主要思路，但是在《联合国气候变化框架公约》的谈判中，适应气候变化长期处于减缓气候变化的从属地位。《联合国气候变化框架公约》第13次缔约方大会通过的《巴厘路线图》提出减缓与适应并重，之后适应在气候谈判中的地位逐渐上升，议题也慢慢增多。目前，国际气候谈判中的适应机制包括"知识共享机制、国家规划与行动机制和增强行动机制"。

发展中国家希望达到的目标是不能光谈温室气体减排，还得谈适应气候变化，特别是相应的条件支撑。现在国际气候谈判基本达成共识，即减缓与适应一样重要。分歧在于给多少钱、怎么给。发展中国家认为可以根据发达国家所能给的资金来决定能做什么；发达国家则认为，必须先由发展中国家提出战略和需求，它们再根据发展中国家的需求来筹钱。所以实际上，虽然减缓与适应问题在气候治理进程中的重要性发生了变化，但发达国家和发展中国家的根本诉求问题并没有得到有效解决，仍是冲突的症结。

五、风险与援助问题

气候谈判中，如何理解风险并促进各地适应气候变化，特别是那些独自适应能力较差的国家，它们应该得到怎样的帮助，一直是非常尖锐的问题。按照《联合国气候变化框架公约》，《京都议定书》附件B中的国家必须提供财政资源，使发展中国家能够开展减排活动，并帮助它们适应气候变化带来的不利影响。此外，它们还必须采取一切切实可行的步骤，促进向处于经济转型期的缔约方和发展中国家开发和转让环境友好型技术，包括资金支持、技术支持、能力建设等不同思路。而《京都议定书》附件B中的发达国家却不愿做出任何可能给经济造成负担的承诺。

总之，由于国家间经济、技术、社会责任担当等方面的差异，发达国家和发展中国家在应对气候变化中的角色也不尽相同，发展中国家始终是应对气候变化过程中不可忽视的角色，但仅凭发展中国家自身来减少碳排放、为全球气候变化做出应有的贡献将不能达到理想的效果。为了提高各国减排的积极性、实现大幅度减排，国际气候谈判针对减排、融资、责任等内容展开，这些内容代表了各方的利益诉求，成为各方谈判立场的分歧点。

第二节 国际气候谈判的历史困局与现实困境

谈判是各方对有待解决的重大问题进行会谈。谈判各方各有所求,但又都无法独立解决问题,相互依赖的关系使得谈判各方必须付诸努力,达成协议,并落实各自的行动。在谈判中,进程受阻的情况不时发生,并且表现为不同的形式,典型的谈判困局表现为各方冲突非常激烈,显得矛盾不可调和,导致某个或某些谈判方撤出。气候谈判作为参与方数量最多、谈判问题最为复杂的国际治理体系,也出现了很多次困局。本节分析国际气候谈判的历史困局和现实困境。

一、国际气候谈判的历史困局

1. 围绕《京都议定书》的谈判困局

《京都议定书》于 1997 年 12 月 11 日在日本京都召开的第 3 次缔约方大会上通过,于 1998 年 3 月 1 日至 1999 年 3 月 15 日在纽约联合国总部开放供签署,于 2005 年 2 月 16 日生效,成为具有约束力的法律文件,标志着人类对环境的保护迈出了一大步。2001 年 3 月 28 日,当选不久的美国总统乔治·布什以减少温室气体排放会影响美国经济发展,发展中国家也应承担限制温室气体排放的义务为借口,认定《京都议定书》有致命的缺陷而宣布拒绝执行。实际上,在京都举行的第 3 次缔约方会议上,美国代表团对议定书的内容设置影响深远。在此过程中,美国具有显著的主导地位,《京都议定书》中的大多数想法就来源于美国 1997 年 1 月的提案。而美国拒绝批准《京都议定书》的行为不仅破坏了《京都议定书》的长期有效性,并且给《京都议定书》的执行效力带来了沉重的打击。这是不负责任的单边行为,充分反映了当时的美国政府对多边合作,特别是对联合国奉行的气候政策的抵制。

2. 美国退出《巴黎协定》造成的谈判困局

2015 年,《巴黎协定》通过;2016 年 9 月 3 日,中国同美国向联合国交存《巴黎协定》批准文书;2017 年 6 月 1 日,美国总统唐纳德·特朗普在华盛顿宣布,美国将退出应对全球气候变化的《巴黎协定》。美国退出《巴黎协定》也是典型的全球气候变化治理困局。伊恩·安格斯曾经在著作 *A REDDER Shade of Green* 中指出,"如果我们必须指明什么是最危险的环境概念的话,拒绝接受人类世科学应该排在首位。我们生活在一个腐朽的资本主义正在摧毁我们星球的生命维持系统的时代。为了防止结束其破坏性统治的政治变革，强大的公司和政客积极宣传有关地球系统科学的错误信息。美国新任总统正在建立这个国家历史上最为反科学的政府。无知和蒙昧主义正在进行中"。

实际上，美国拒绝执行《京都议定书》和退出《巴黎协定》如出一辙，都代表了气候谈判的困局。就美国退出《巴黎协定》而言，它破坏了各国应对气候变化的努力，深远危害已经显现。例如，在2018年波兰卡托维茨气候大会上，美国一方面贬低科学、质疑《巴黎协定》、拒绝接受气候变化报告、大肆宣传化石燃料，另一方面又积极制定严格的透明度规则。自相矛盾的举动在全球气候治理中动摇了各方的决心、冲击了各国的努力、瓦解了各方的共识。同时，美国的退出表明其不愿承担全球最大和最具技术含量的国家所需要承担的气候领导者的职责。美国大幅削减国际气候援助资金，削弱发展中国家减缓和适应气候变化的能力，导致全球减排错失最佳时间窗口。作为《联合国气候变化框架公约》缔约国，美国对《巴黎协定》的落实已经起到搅局作用。这些历史上发生的气候谈判困局都体现了各方立场冲突和利益诉求的协调难度。

二、国际气候谈判的现实困境

2015年，巴黎气候大会通过的《巴黎协定》为全球合作应对气候变化确立了治理框架，其创设的"国家自主贡献+国际评估"的"自下而上"的治理模式带来了最广泛的参与，是全球气候治理模式转型的重要一步，标志着全球气候治理取得了积极进展，被广泛认为是国际社会应对气候变化的突破。《巴黎协定》也成为当前全球气候治理的核心机制。然而，随着全球气候治理形势的变化，《巴黎协定》的后续执行仍然面临着许多困难和挑战，出现了结构性的困境，体现为《巴黎协定》生效与行动迟滞的矛盾。

1.《巴黎协定》后全球气候治理思路

《巴黎协定》将全球气候治理的架构建立在承认主权国家主导性的基础上。当前的全球气候治理以各缔约方的"国家自主贡献"为核心，辅之以定期的全球盘点，本质上是将全球应对气候变化行动的决定权分散到各国国内政治手中。全球气候治理服从于国际政治的现实，形成了一种"国内驱动型"的全球气候治理形式。这种机制的特征体现在包容性、国内驱动和"退出协定"风险上。

包容性：以"贡献"替代"责任"。气候治理的重要任务是在尊重国家主权，同时支持可持续经济发展和消除贫困的条件下，确保各方以最低的成本减少温室气体排放。在气候治理的长期努力中，存在着气候治理体制中所谓的"自上而下"和"自下而上"两种机制。在《京都议定书》时代，采用的是"自上而下"的模式。在《巴黎协定》时代,这个路径被改为"自下而上"的模式。也就是说,各国根据自己的能力,制定各自的减排目标,约定每五年向联合国汇报一次减排的政策、做法以及成效,对所设定的自主贡献目标做评估,力度不够的再加大力度。目前存在的问题是"'自下而上'治理模式实施中面临一些困境,包括制度安排较为松散,欠缺强制约束力;主体参与的广泛性与行动力度之间难以协调;与'自上而下'模式过渡衔接也面临难题"。而且即使按照各方提出的自主贡献进行减排,也仍然无法达到将全球气温上升幅度控制在 2 ℃ 以内的目标。

国内驱动:气候治理效果根本上取决于国内政治。各方用自主决定的"贡献"替代了分配任务的刚性"责任"。这虽然允许了最大范围的行为主体参与其中,但也把气候治理效果的决定权交到了各国国内政治体系手里。全球气候危机应对进程面临的严重困境之一就是全球气候危机渐进长期性与国内短期政治利益诉求之间的矛盾。美国导致的国际气候谈判困局暴露的就是美国国内政治体系对全球气候治理的主流态度。不仅是美国,其他发达国家在应对气候变化的政治意图和实际表现上也有明显的局限性。在提交自主贡献阶段,由于国际机制尚未内化为国内政策,加之国内利益相关方对自己的收益和成本尚不明确,所以谈判代表可以利用各种因素暂时性地排除来自国内的阻力。然而,到了落实自主贡献阶段,各利益相关方,尤其是国内与减排相关的能源部门和经济部门,就会切实感受到自身的利益得失,会调整自己的立场。由此,国家就会面对更大更复杂的压力,需要在平衡国际承诺和国内利益诉求之间做更为复杂的权衡。这就会为自主贡献的落实带来不确定性,并进而影响国内驱动型气候治理的整体落实效果。

"退出协定"风险:核算、盘点和履约机制不完备。《巴黎协定》的法律约束力主要体现在程序方面,各国的自主贡献方案并未被写入协定,也就不受法律约束力的制约。为了解决这一问题,《巴黎协定》要求各缔约方基于"促进环境完整性、透明性、精确性、完备性、可比和一致性"原则,核算其国家自主贡献。为了保证各方有效履行承诺,《巴黎协定》提出设立一个透明度框架,以便为全球盘点提供信息。全球盘点旨在评估各国落实自主贡献的进展情况。在履约机制方面,建立一个由委员会组成、以专家为主的促进性机制,通过"透明、非对抗性的和非惩罚性的方式",促进各方落实其自主贡献。各国自主贡献由各个缔约方自己决定,失约行为没有明确的惩罚和制裁机制,仅仅依靠国际舆论进行谴责。这使得有些缔约方试图逃避减排责任,甚至退出《巴黎协定》。此外,相当一部分国家抱着"搭便车"态度,企图从其他国家的减排行动中获益,自身却不积极作为。

2.《巴黎协定》生效与行动迟滞的矛盾

《巴黎协定》创建了一个更贴近现实的框架,各国在这个框架中基于本国国内现实做出自愿减排承诺。"《巴黎协定》更加注重采用非对抗、非侵入性和非惩罚性的模式，给予各缔约方极大的自主性和自由度来决定各自减排温室气体的目标形式和力度，这样'自下而上'的治理模式使全球几乎所有国家都参与到应对气候变化的进程中来。"而实际上，全球气候治理面临的现实困境就是《巴黎协定》生效与行动迟滞的矛盾。《巴黎协定》通过后，全球遏制气候变化的行动效果并未像各缔约方批准《巴黎协定》那样令人瞩目。联合国环境规划署发布的报告表明，全球升温问题愈发严重，即使《巴黎协定》得以完全兑现，2030 年的预计排放仍有可能使世界平均气温升高 2.9~3.4 ℃。

导致全球各缔约方气候治理行动迟滞的首要原因是谈判各方的义务模糊、自主决定权扩张。《巴黎协定》在碳减排的责任分配问题上，采用对各国自主减排贡献的公平性评估，即不再遵循"升温控制、温室气体浓度控制、分配减排额度"的传统减排方式，而是在"国家自主贡献"的基础上，从各国自身出发达成新的量化减排协议。然而，由于各国在历史排放量、经济实力及人均排放量等方面存在差别，这必然导致在认定政府减排责任的问题上出现新争议。《巴黎协定》并未制定出一套明确的责任分担规则，无法准确地推算出各个成员国的减排目标。

导致国际气候谈判现实困境的另一个原因和《巴黎协定》的关键条款措辞有关。《巴黎协定》关键条款措辞导致集体行动逻辑障碍。例如，根据联合国政府间气候变化专门委员会的评估要求，2020 年发达国家的排放量需要在 1990 年排放量的基础上，减少 25%~40%。可见，减排目标本身就是一个可浮动的范围，它肯定会让很多国家在提交的国家自主贡献方案中，制定趋于保守的目标，这样各国的贡献力度加起来必然无法达到全球减排的总体目标。

《巴黎协定》关键条款的措辞使承诺成本与执行成本不一致。世界各国尽管在表明气候治理决心时显得雄心勃勃，但在实际决策与行动时则逃避责任，避重就轻。造成这种困境的主要原因在于："各国开展减排行动和国际合作的意愿不强，尤其是发达国家希望转移其引领全球气候治理的责任，要求发展中国家承担更多义务、采取更加积极的行动。而发达国家向发展中国家提供的支持却越来越难以兑现，导致预计的气候合作难以有效开展。"

3. 影响全球气候治理未来的《巴黎协定》第六条

巴黎气候谈判促使全球气候治理进程发生关键转变，但全球气候治理任重而道远。在《巴黎协定》已经生效的现实下，其落实成为亟待解决的问题。《巴黎协定》实施细则的最后一块短板，即《巴黎协定》第六条终于在格拉斯哥会议（COP26）上补齐了，这是《巴黎协定》生效后应对气候谈判的困局实现突破的标志。

《巴黎协定》第六条并不长,只有九项条款。其宗旨是:"有些缔约方选择自愿合作,执行他们的国家自主贡献,以能够提高他们减缓和适应行动的力度,并促进可持续发展和环境完整。"在关于《巴黎协定》第六条实施细则的谈判中,各方的分歧立场主要聚焦在以下几个关键问题上。

一是全球排放总体缓解(Overall Mitigation of Global Emission, OMGE)。《巴黎协定》第六条第 4 款中的(d)部分所规定的实现全球排放的全面减缓与《京都议定书》下的碳交易安排不同。它要求全面缓解全球排放,这意味着应该确保碳排放量的净减少,而不仅仅是用其他国家节省的碳排放量去抵消一个国家的排放量。

二是"重复计算"和"相应调整"。从表面上看,这个问题非常简单,当减排量被出售给另一个国家或者海外公司时,东道国必须对其排放量进行调整,以考虑到碳减排已经转移到其他地方。很明显,不应该允许出售方将这些额度计入自己的气候目标。如果允许这种情况发生,就会导致这些减排量被计算两次,这将影响全球减排的努力。

三是京都时代的项目和碳信用额度的过渡。谈判中另一个最具争议的问题是是否允许京都时代的清洁发展机制项目纳入第六条第 4 款。拥有大量正在进行的清洁发展机制项目的国家都希望允许京都时代的碳信用额度一起过渡。反对的意见认为全面过渡可能会破坏国际气候治理机制的雄心壮志,因为如果允许过渡,那就意味着各国不做任何额外努力就能实现全球减排目标。京都时代的清洁发展机制所授出的碳信用规模很大,减排信用额度高达近 10 亿 t,而且正在进行中的项目还会生成新的额度,所以过渡这些项目和信用额度有可能会严重影响全球的减排努力。

总之,全球气候治理还面临诸多现实困境。就《巴黎协定》第六条而言,市场机制和非市场机制仍涉及各方真正的努力问题,因此有必要为各种结构性困扰做好积极准备。

第三节 国际气候谈判困局的突破

"各方在新的国际经济、排放格局下对应对气候变化进程中各国的责任、义务的认识还存在分歧,所秉持的谈判立场也必然存在差异,导致全球气候治理进程陷入困境。"然而,在人类对于气候变化问题的共识越来越明确的时候,突破国际气候谈判困局也是有可能的。本节分析突破国际气候谈判困局的原则、基本条件和途径。

一、突破国际气候谈判困局需遵循的原则

要突破国际气候谈判困局，各国更应秉承共商共建共享的全球治理观，稳步推进后续谈判，坚持全面落实《巴黎协定》，这是全球气候治理的重要任务。习近平主席在 2017 年指出："《巴黎协定》的达成是全球气候治理史上的里程碑，我们不能让这一成果付诸东流，各方要共同推动《巴黎协定》实施，中国将继续采取行动应对气候变化，百分之百承担自己的义务。"

1. 共商原则

共商原则是解决共性问题的根本要求。气候变化问题是全球性的问题，气候变化并不会区分发达国家和发展中国家，世界上所有国家和地区都要受到气候变化的影响。谈判各方应认识到气候变化是全人类面临的重大挑战，在应对气候变化的问题上，各国存在实质意义上的共同利益，因此需要加强沟通和合作，弥合分歧。共商原则可以体现在很多方面，比如不能推行单边主义和强权政治，各国共同商讨应对气候变化、生物多样性丧失和环境保护领域面临的严峻挑战，共同研究推动应对气候变化的解决方案，认同高层领导人在应对气候变化问题上的重要作用。各方应坚持气候变化会影响人类未来的信念，满怀构建人类命运共同体的美好目标，为清洁美丽世界的实现而共同努力。

2. 共建原则

共建原则是各国应对气候变化的必经之路。一方面，共建原则要求各国发挥各自的作用，努力解决气候变化的复杂问题。很多国家均明确表示，愿全面落实《巴黎协定》，就应对气候变化的行动加强交流与合作，完成各自在《巴黎协定》下的国家自主贡献。另一方面，共建原则体现在必须摒弃狭隘的民族主义原则。具有里程碑意义的《巴黎协定》为全球合作应对气候变化指明了方向。如果某国不遵守，不真正地减排，那么这个框架就没有什么意义了，因此将《巴黎协定》落到实处，不仅体现了各国领导人的政治承诺，而且也是各国不容推辞的治理义务，更是各国顺应全球发展大势需要承担的历史责任。各国必须摒弃狭隘的民族主义观，共享技术、市场、金融领域的专业知识，共同努力，秉承绿色、低碳发展的理念，才能既满足自身发展的需求，又能成功地应对全人类面临的威胁。

3. 共享原则

共享是全球气候治理的目标。国际社会普遍认为《巴黎协定》是世界各国经过多年努力才达成的应对气候变化的协定，它体现了发达国家和发展中国家的共同努力，代表着世界各国为应对气候变化达成的共识。2017 年，特朗普政府宣布退出《巴黎协定》，

反而促使美国民间力量加强应对气候变化的努力。国际气候谈判中，各国共同行动，在温室气体减排、气候金融、碳定价、基于自然的解决方案等方面不断探索。这些都表明，世界各国已经认识到，每个国家都必须增强自身应对气候变化的雄心，各国携手合作，寻找并落实解决方案，才能真正解决全人类共同面对的气候变化问题。国际气候谈判涉及各国的发展权，共享原则恰恰体现了各国愿意和其他国家一起，持之以恒地逐步形成有效持久的全球解决框架。

二、突破国际气候谈判困局的基本条件

1. 认同气候变化的影响

应对气候变化需要各方真正认同气候变化的影响。厄斯·鲁特巴赫（Urs Luterbacher）和德特勒夫·F. 斯普林斯（Detlef F. Sprinz）在他们编著的《全球气候政策：主体、概念和持久的挑战》一书中指出，"气候协定的有效性取决于其成功缓解人为气候变化的程度。因此，有效性需要广泛的参与、参与国的深度承诺和很高的遵守率。重要的是，所有这三个要求都必须满足；只满足其中的一个或者两个作用微乎其微，或者根本没有帮助。"广泛的参与取决于各方是否真正认同气候变化及其影响。实际上越来越多的地区和人群受到气候变化、极端天气的影响。应对气候变化领域非常令人痛心的现实情况就是，发生的气候危机事件越多，认同气候变化问题严峻、认真对待的人就越多，但是如果不真正早日实现广泛的参与，人类仍将付出更多更大的代价。谈判各方的深度承诺需要站在对方的立场和更高的层面看待气候问题，只有认同气候变化的影响，才能确保设计出的应对政策"从全球角度出发，在较长的时间尺度上，重点考虑气候变化带来的经济风险和不确定性，并探究出现重要的非边际变化的可能性"。

2. 维护多边主义治理原则

突破全球谈判困局需要真诚地接受多边主义治理体系，接受全球气候治理进程不是零和博弈，而是变和博弈的理念。气候变化问题关系到全人类的利益和人类的未来，构建人类命运共同体是突破国际气候谈判困局，将国际气候谈判从零和博弈变为变和博弈的指导方针。在气候治理领域，维护多边主义治理体系就需要各方坚持"共同但有区别的责任"的重要原则，要客观接受发达国家和发展中国家在应对气候变化问题上的能力差异和历史责任。只有承认责任与能力的差异，看到各国的努力，才能真正接受应对气候变化的多边主义制度。多边主义原则一直在发展，不仅主权国家成为气候治理的主体，而且多边主义代表的主体外延在不断扩大。要真正解决气候危机问题，以开放的心态支持多边主义是必须具备的条件。

3. 有效落实《巴黎协定》

维护多边主义治理体系、构建人类命运共同体，在现阶段就是要将《巴黎协定》落实好。《巴黎协定》解决了当下要求更快地减少温室气体排放的问题；《巴黎协定》凝聚了全球力量，减排覆盖了全球各国，无论发达国家还是发展中国家，都投入到了应对气候变化的努力中。

《巴黎协定》照顾了各国国情，讲求务实有效，特别是承认了发达国家和发展中国家的差异，在减排目标方面规定了发达国家缔约方应当继续带头，实现全经济范围绝对减排目标，发展中国家缔约方应当继续加强它们的减排努力，鼓励它们根据不同的国情逐渐转向全经济范围减排或限排目标。《巴黎协定》认可应对气候变化不应该妨碍发展中国家消除贫困、提高人民生活水平的合理需求。实现共赢共享，坚持绿色低碳，建设一个清洁美丽的世界，是《巴黎协定》的追求，更是建设人类命运共同体的一部分，因此，将《巴黎协定》落到实处，既体现各国领导人的政治承诺，也是各国顺应全球发展大势承担历史责任的表现。

4. 开展有效的南北合作

针对气候变化，发达国家与发展中国家必须开展有效的合作。例如，就资金和技术而言，问题不仅在于发达国家向发展中国家提供更多的资金，更在于南北关系能否从依赖和对抗转变为富有成效的相互支持。发展中国家希望发达国家承担更多的责任，也希望发达国家承认，要达到世界资源更加公平的分配，发达国家的生活方式必须改变。"面对跌宕起伏的国际形势和《巴黎协定》的不确定性，全球气候治理机制尚未完善等严峻挑战，如何加强世界各国的联系和合作是一项长期性的国际任务。"联合国确立并坚持的国际气候谈判应秉承"共同但有区别的责任"的原则，正是充分肯定了发展中国家应对气候变化所做的贡献，照顾其特殊困难和关切，体现了以国际法为基础、以公平正义为要旨、以有效行动为导向的全球气候治理体系，它是全球气候治理的基石。随着发展中国家在国际舞台上的发声，从发达国家和发展中国家根本分歧考虑解决之道是必须的。南北合作要求提高发展中国家的能力建设，深化气候治理领域的南北合作领域，其重要原则是在尊重各国主权的前提下，发达国家要支持增强发展中国家应对气候变化的能力。

三、突破国际气候谈判困局的途径

解决冲突是谈判的重要目标，"创造性解决冲突的途径模型"是分析谈判困局的重要模型，可以用来梳理突破国际气候谈判困局的路径。如图 9-1 所示，这个模型依据两个维度来梳理创造性解决冲突的路径,即"简单—复杂"维度和"聚焦谈判者还是场合"维度。"谈判立场"和"利益诉求"是理解这个模型的关键。谈判立场指的是冲突各方在谈判时提出的明确条件;而利益诉求指的是各方在冲突中真正追求的根本利益,也就是谈判立场背后的核心诉求。这个模型将八种解决冲突的途径归为四大类,其中第一类和第二类均与"谈判立场"有关,分别是双方就各自提出的立场做出妥协以及双方实现各自要求的条件;第三类和第四类均与"利益诉求"有关,分别指双方实现自己利益诉求或者找到替代各自利益的方案。

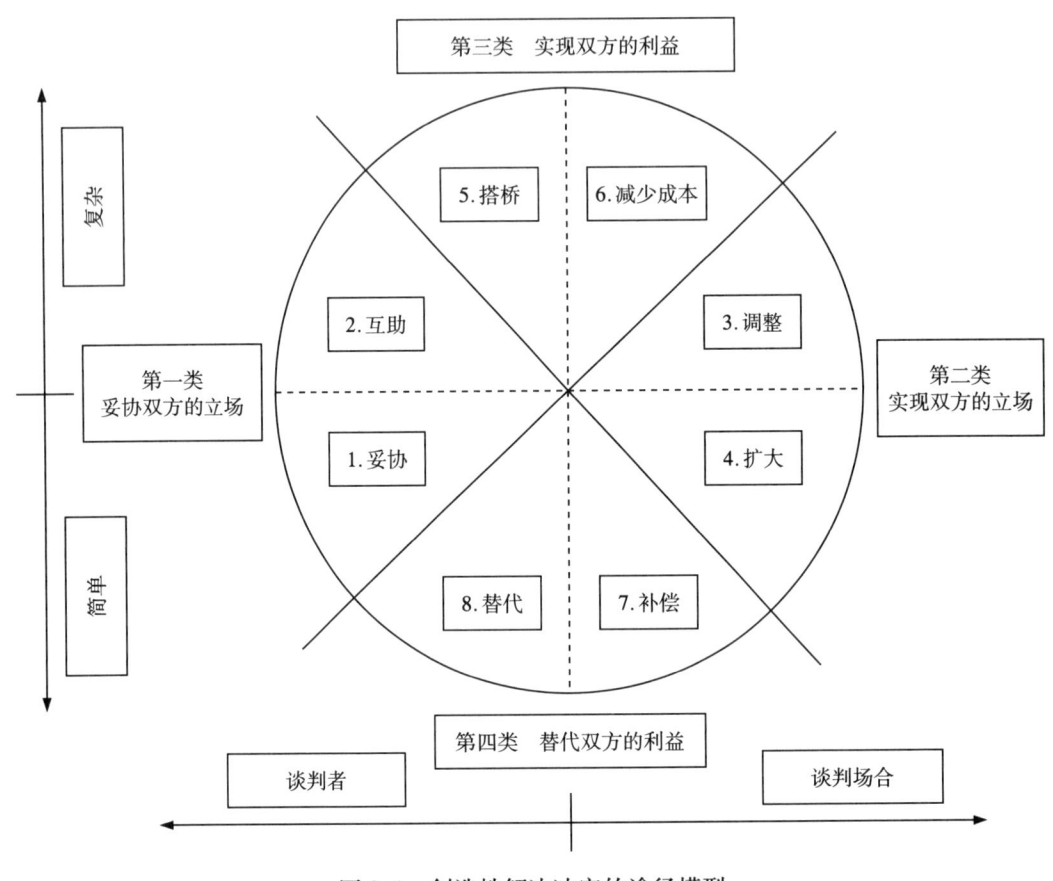

图 9-1　创造性解决冲突的途径模型

在第一类"妥协双方的立场"中,有两种具体的途径,一是"妥协",二是"互助"。"妥协"是大多数冲突双方解决问题的方法,各退一步,但是这种方法并非解决冲突的最佳途径;"互助"指的是冲突双方识别出来不止一个问题,在就多个问题进行协商时,双方可以交换一些对自己不重要的条件来换取对自己重要的条件,这在双方看来都是帮助了对方,比"妥协"方案更好。在第二类"实现双方的立场"中,也有两种具体途径,分别是"调整"和"扩大"。这两种途径与前面两种方案最大的不同在于双方在遵循这些途径时，可以完全实现自己在谈判中所要求的条件。"调整"指的是双方对谈判的具体情形进行分析，采取改变地理要素、流程安排等物理变化的方式使得双方都达到满意结果；"扩大"则是众所周知的"将蛋糕做大"，彼时即使双方各自的份额不变，但双方要求的条件都能得到满足。在第三类"实现双方的利益"中，"搭桥"和"减少成本"是两种很有创意的重要途径。这两种途径追求的是了解双方产生冲突的根本原因，也就是找到双方各自在冲突中要什么。"搭桥"，即连接双方的利益诉求，是指如果能了解双方在产生冲突时各自所追求的核心利益，那么就有机会将这个核心利益上升为双方的共同点，满足这个共同点的方法就可以让冲突双方实现和解；"减少成本"反映的是，对于任何一方，冲突产生或涉及的都不会仅仅是金钱上的投入，诸如时间、精力、感情等方面的投入都可以被认为是成本，那么无论是减少哪一类成本，只要能降低一方的成本，那么这种方法就有可能解决冲突。在第四类"替代双方的利益"中，双方在冲突中追求的利益同样是关注的焦点，但是"补偿"和"替代"两种途径都离开了双方的利益诉求本身，去寻找能让双方的利益诉求得到补偿或者替代的其他崭新途径。

国际气候谈判是非常复杂的谈判，并非仅仅聚焦于某一个或某一些具体的谈判者。因此，第一种和第八种路径，即"妥协"和"替代"路径，在国际气候谈判中并非主流的路径，但是另外的六种路径都可以帮助突破国际气候谈判的困局。

1. 互助路径

"互助"指的是冲突双方识别出来不止一个问题，在就多个问题进行协商时，双方可以采用交换的方式，让双方都感觉到帮助了对方，这样就有可能实现双赢或多赢。《京都议定书》中规定的减少温室气体排放的三个国际合作机制，即联合履约机制、排放权交易机制和清洁发展机制都是非常好地采用互助路径的例子。这些国际气候合作机制中，各方都是因为有重要性不同的利益诉求，机制才能够被成功地施行。《巴黎协定》第六条实施细则的成功谈判也为实现全球应对气候变化远大目标、鼓励私营部门参与奠定了基础。例如，一个名为"南极"的机构帮助瑞典和瑞士，连接哥伦比亚和泰国，开发应对气候变化的项目。这些项目证明，"为了将全球资金流重新引导到气候活动中，私营部门还必须清楚它们面临的机遇。当企业充分了解如何利用这一快速增长的国际合作机制为增加商业价值的项目筹集公共资金和合作伙伴时，实现各国政府根据《巴黎协定》制定的减排目标将取得重大进展。"

2. 调整路径

"调整"指的是双方对谈判的具体情形进行分析，改变具体的解决冲突的安排方式使得双方都达到满意结果的方法。当今世界的气候治理困局，"一个关键性的问题是，当世界各国步调不一，只有少数几个国家正在迈向正确的道路，而多数国家仍然挡在路上时，少数国家或地区如何来执行跨越式的气候政策"。而且，"对于依靠愿望、信任、富有责任感的公众、环境道德和内疚感来实现主要的减排目标是不现实的"。因此，改变解决冲突的方式可以解决部分气候危机的难题。全球气候治理中具有代表性的调整路径就是清洁发展机制。作为一个发达国家与发展中国家合作减排温室气体的灵活机制，其运行原理是承担温室气体减排任务的《京都议定书》附件 A 中的缔约国可以在非附件 A 中的缔约国通过投资温室气体减排项目获得"经核证的温室气体减排"（Certified Emission Reduction，CER），并借此抵消附件 A 中的缔约国依据《京都议定书》所应承担的部分温室气体减排任务。

3. 扩大路径

"扩大"思路是大多数人所熟悉的"将蛋糕做大"，彼时即使双方各自的份额不变，但双方要求的条件都能得到满足。在全球气候治理体系中，全球各国努力减排才能真正实现减排目标。所以"仅仅是为所有温室气体排放定价，还不足以实现所需的减排量。现有的以市场为基础的减排计划，比如欧盟碳排放交易体系或个别欧洲国家和美国各州的碳税，到目前为止都还没有诱发大型研究产生突破性的技术进步"。因此，"在适当级别提供全球公共品的国际集体行动可以以多种方式开展，包括具体的、有约束力的条约，嵌入其他协议的安排，有抱负的宣言，以及参与伙伴关系和区域联盟。正式的多边协议是一系列合作的一端，如果承诺有力，而且执行机制可信，那么这些正式的多边协议就可以高度保证各国将为实现共同目标做出贡献。其他的机制允许各方采取协调行动，即使在没有国际法律文书规定具有约束力的义务的情况下，也是如此"。从微观的角度讲，"将蛋糕做大"就是让绿色经济路径受到更多的欢迎。低碳产品的未来市场越有希望，投资者和企业就会投入更多的资源来开发和改进低碳产品，以便在未来的市场中占据更大的份额。

4. 搭桥路径

在"实现双方的利益"诉求中，"搭桥"是一种很有创意的重要途径，追求的是了解双方产生冲突的根本原因。"搭桥"相当于"连接双方利益"。近年来，气候变化、生物多样性丧失、荒漠化加剧、极端气候事件频发，给人类生存和发展带来严峻挑战。国际气候谈判参与各方具有内生的立场冲突，利益诉求共同点和差异点并存，只要找到各方核心利益的相同点，就有可能突破合作的困局。面对全球环境治理前所未有的困难，国际社会要以前所未有的雄心和行动，始终围绕各方的共同利益实现突破。

5. 减少成本路径

"减少成本"指的是谈判双方无论哪一类成本减少，都有助于解决冲突。气候变化带来的经济风险体现在多个方面，包括能源、农业、劳动力、健康、犯罪、沿海社区等。气候变化会影响工人、工作环境，并最终影响工作效率。升高的平均气温和极端气温都很可能对工作条件产生直接的影响。气候变化也会通过频发的暴风雨、洪水、山火等事件，对劳动力队伍产生间接影响，从而打乱或中断某些区域的商务活动和生产活动。因此，无论各方的努力是解决农业中的气候危机，还是解决气候给健康带来的问题，或者是采用新能源方式，只要能从任何一个侧面帮助解决气候问题，就都是有益的。另外，"无论气候谈判如何划分减排责任，现实的各国减排目标之和依旧无法达到将气温上升幅度控制在 1.5 ℃以内的目标，各国减排任务艰巨，将涉及国内产业结构调整、行业升级、技术革新、消费观念和行为转变等方方面面"。因此，减少成本的路径还可以从这个切入点加以考量，各方通过调整产业结构向更加环保、更加绿色的方向发展，无论采用技术升级或创新，还是引导消费者采用更加环保的生活方式，都有助于气候谈判困局的突破。

6. 补偿路径

"补偿"属于第四类"替代双方的利益"诉求的一种路径。双方在冲突中追求的利益同样是关注的焦点。"补偿"指的是如果可以采用别的方式给予谈判方某种补偿，那么虽然双方的直接利益诉求本身没有得到满足，但谈判各方仍然可以找到双赢甚至多赢的崭新途径。技术转让和能力建设是典型的国际气候谈判中的补偿路径。技术转让是《联合国气候变化框架公约》给发达国家规定的义务，该公约下的技术转让应该是一种在非商业基础上的或者是优惠的技术转让活动，是"共同但有区别的责任"原则的具体体现。"从应对气候变化的技术转让的效果来看，在这些有限的面向发展中国家和欠发达国家的低碳技术转让实践中，作为技术接收方的发展中国家及欠发达国家，大多仅停留在接受和使用了低碳技术设备方面，并未从中获得直接的低碳技术创新能力。"因此采用这种路径突破气候谈判困局就要强化技术开发和转让行动的目标，发达国家要支持发展中国家减缓和适应气候变化行动。而能力建设要求提供援助和接受援助的双方建立有效的合作伙伴关系，设立一致的目标，并且"相互尊重、相互信任、相互支持、共同决策、彼此问责、财务透明、长期承诺、尊重各国主权"。

本章小结

各国为应对气候变化进行了长期的努力，取得了长足的进展，同时也出现了不少历史困局,现实谈判仍面临着各种障碍。但是,由于气候变化问题关乎全人类,因此突破国际气候谈判困局是有可能的。"历史和现实给我们的启迪是:沟通协商是化解分歧的有效之策,政治谈判是解决冲突的根本之道。只要怀有真诚愿望,秉持足够善意,展现政治智慧,再大的冲突都能化解,再厚的坚冰都能打破。"

思考习题

1. 试从国际气候谈判主体的角度分析谈判中的冲突。
2. 国际气候谈判的主要内容有哪些?
3. 为何国际气候谈判中存在困局?
4. 历史上出现过哪些气候谈判的困局?深层原因是什么?
5. 国际气候谈判面临哪些现实困境?
6. 如何突破国际气候谈判困局?

拓展性阅读

第十章　全球气候治理中的中国行动

内容摘要

气候变化是全人类面临的共同挑战。应对气候变化，事关中华民族的永续发展，关乎全人类的前途命运。作为世界上最大的发展中国家，中国高度重视应对气候变化。党的十八大以来，在习近平生态文明思想的指引下，中国将应对气候变化摆在了国家治理更加突出的位置，积极实施应对气候变化的国家战略，推动共建公平合理、合作共赢的全球气候治理体系，为应对气候变化贡献中国智慧、中国方案、中国力量。本章通过回顾20世纪90年代以来中国参与全球气候治理的进程，了解我国在不同时期所发挥的不同作用，并剖析其角色转变的原因，梳理总结中国在此过程中所做出的国际贡献与所实施的国内行动。

学习目标与要求

1. 熟悉中国在参与全球气候治理中扮演的不同角色以及角色转变的原因。
2. 熟悉中国在国际和国内两个层面为气候治理做出的贡献与实施的行动。

第一节　中国参与全球气候治理的发展进程

中国始终是全球气候治理的重要参与者，但在不同时期发挥的作用和扮演的角色有所不同。根据中国在全球气候治理中所实施的政策、在国际谈判中立场的变化和不同时期在国内所做的积极应对行动这三个指标，将中国参与全球气候治理的历史进程按所扮演的角色分为积极参与者、积极贡献者和积极引领者三个阶段，并进一步分析中国在参与气候治理中所扮演的角色转变的原因。

一、中国参与气候治理的角色转变

1. 积极参与者（1990—2006 年）

自 1979 年中国参加首届世界气候大会以来，气候变化问题作为一个科学问题开始被关注，随后中国将其纳入国际环境与发展政治议程，开始参与全球气候变化的国际进程。自 1992 年联合国环境与发展会议通过《联合国气候变化框架公约》以来，中国加入全球气候治理潮流并开展探索、建立、深化和推广。

在政策建立方面，这一阶段是中国应对气候变化的起步阶段，气候问题被视为发展问题。中国政府于 1990 年成立国家气候变化协调小组，1998 年更名为国家气候变化对策协调小组，参与相关国际谈判和气候政策制定。1994 年，中国正式通过《中国 21 世纪议程》作为实施国内可持续发展战略的行动纲领，但还是以经济增长作为发展第一要义。"九五"规划纲要首次提出平均 5% 的年节能率，"十五"规划纲要明确要求将主要污染排放减少至少 10%，并且正式在经济社会发展目标中加入节能减排。从 2002 年起，科技部、中国气象局、中国科学院等多个部委共同组织对中国气候变化问题进行全面评估，分别于 2007 年、2011 年、2015 年出版了三次气候变化国家评估报告，为中国气候治理奠定了科学基础。

中国积极认真参与联合国气候变化谈判，在参与初期就认为，气候变化需要能源生产结构的适应和转变，将影响各国经济社会发展。国际气候公约致力于限制温室气体排放，并采取可能影响中国经济发展的相关执法措施。然而，应对气候变化是全球共同利益所在，作为碳排放主要国家，中国应该积极参与国际气候谈判。协调小组本着"积极认真、坚持原则、实事求是、科学态度"，于 1990 年采纳了中国关于气候公约谈判的基本立场，为中国参与公约谈判奠定了良好的基础。中国在谈判进程中还提出了一份完整的公约草案——《〈关于气候变化的国际公约〉条款草案》，发展中国家只有中国和印度提出了完整的公约草案。《联合国气候变化框架公约》于 1992 年 6 月生效之后，中华人民共和国全国人民代表大会于 1992 年 11 月批准该公约，由此，中国成为最早缔结《联合国气候变化框架公约》的国家之一。

在此期间，中国在国际气候谈判中的立场发生改变，态度变得更为积极灵活，这体现在：中国对三大灵活机制特别是清洁发展机制的态度由怀疑转为支持；在资金和技术方面，中国从主张发达国家向发展中国家提供援助转变为倾向支持建立双赢互惠互利的技术资金合作；中国接受支持其他形式的国际气候合作。同时，中国始终保持着量化温室气体减排的承诺。

2. 积极贡献者（2007—2014年）

2007年以来，中国经济快速增长造成环境减排压力加大，截至2018年，根据美国能源署对燃烧化石燃料（煤炭、石油和天然气）二氧化碳排放量的统计，2003年中国以40.52亿t超过欧盟28国总和38.42亿t，2006年以59.12亿t超过美国56.02亿t，成为世界最大的碳排放国。

2007年，国务院成立了国家气候变化及节能减排工作领导小组，并立即发布了《中国应对气候变化国家方案》。方案中明确提出"到2020年，实现单位国内生产总值能源消耗比2005年降低20%左右，相应减缓二氧化碳排放"的目标。这是中国首次在国际气候谈判中做出自愿减排承诺；"十二五"规划纲要提出要降低17%的单位国内生产总值二氧化碳排放量，同时将能耗强度和碳排放强度列为发展的约束性指标。该方案是中国首份全面应对气候变化的政策性文件，也是发展中国家颁布的第一部应对气候变化的国家方案，意义重大。自2008年起，中国每年发布《中国应对气候变化的政策与行动》白皮书，以此全面表明中国应对气候变化的积极态度以及介绍每年气候变化的新进展。2013年，中国发布《国家适应气候变化战略》，将适应气候变化的要求纳入国家经济社会发展的全过程。党的十八大报告进一步强调"坚持共同但有区别的责任原则、公平原则、各自能力原则，同国际社会一道积极应对全球气候变化"，这使中国应对气候变化的决心和根本路径更加清晰。

2007年是中国履行《联合国气候变化框架公约》要求、积极参与国际气候谈判进程的重要一年，标志着中国在应对气候变化中扮演的角色从积极参与者转变为积极贡献者。2007年，中国代表团对"巴厘岛路线图"做出极大贡献，一方面强调了要"坚持共同但有区别的责任"原则，另一方面在除减缓气候变化问题外还提出了适应气候变化、技术开发和转让以及资金问题。在筹备2009年哥本哈根气候变化大会期间，中国起草了哥本哈根会议成果的中国草案，随后温家宝总理和"基础四国"代表在中文本的基础上编写了"基础四国"最后的文件草案，受到发展中国家的广泛欢迎和认可。"基础四国"的草案赋予了中国更大的主动权，使其能够引领哥本哈根气候大会的谈判进程，并推动其会议成果完成。在2012年多哈气候会议上，中国本着积极、务实、开放的精神，广泛深入地参与多哈会议各项问题的谈判和磋商，在各个层面开展工作，为多哈会议的顺利开展发挥了建设性的作用。

3. 积极引领者（2015年至今）

2015年12月12日，《巴黎协定》在法国COP21上签署。《巴黎协定》是全球气候治理进程中的一个重要里程碑,标志着 2020 年后全球气候治理进入前所未有的新阶段。巴黎气候变化大会的成功举办标志着中国在全球气候治理中的角色从积极贡献者转变为积极引领者。

中国在巴黎气候大会召开之前就做了许多双边合作的工作。习近平主席和奥巴马总统于 2014 年 11 月发表了历史性的《中美气候变化联合声明》,这对中美两国在应对气候变化问题上的合作具有重要意义;在法国元首 2015 年访华时,中法两国领导人于北京达成《中法气候联合声明》,提出双方坚信气候变化问题是人类面临的最重大的挑战之一;后来又分别达成了《中欧气候联合声明》《中印气候联合声明》等文件。《巴黎协定》为全球气候治理未来的发展增添了信心,而中国作为最大的发展中国家,在《巴黎协定》的达成中功不可没。

这个时期中国经济进入新常态,以减排约束倒逼经济转型,力求通过供给侧转型实现绿色低碳发展,使经济增长摆脱能源消耗依赖。《国家应对气候变化规划(2014—2020 年)》成为指导中国应对气候变化的中长期规划。"十三五"规划特设"积极应对气候变化"专章,将资源环境指标数量扩大到 10 项,其中包括将单位 GDP 能耗降低 15%、一次能源消费非化石能源消费增加 3%、单位 GDP 二氧化碳排放量减少 18% 等。面对新阶段、新矛盾、新目标,中国积极进行体制改革,重视积极应对气候变化和减排任务,为环境保护和气候治理的统筹规划和整体推进提供制度保障。

在国际气候变化的谈判进程中,中国作为积极引领者的作用表现得越来越明显。2015 年 1 月,习近平主席在巴黎气候大会开幕式上发表讲话,他表示,"应对气候变化的全球努力是一面镜子,给我们思考和探索未来全球治理模式、推动建设人类命运共同体带来宝贵启示"。2017 年 1 月 18 日,习近平主席在瑞士日内瓦万国宫出席"共商共筑人类命运共同体"高级别会议,发表了题为《共同构建人类命运共同体》的讲话。2020 年 9 月 30 日,习近平主席在联合国生物多样性峰会上强调,"中国将秉持人类命运共同体理念,继续作出艰苦卓绝努力,提高国家自主贡献力度,采取更加有力的政策和措施,二氧化碳排放力争于 2030 年前达到峰值,努力争取 2060 年前实现碳中和,为实现应对气候变化《巴黎协定》确定的目标作出更大努力和贡献"。

二、中国参与气候治理角色转变的原因

1. 国际格局发生调整

进入 21 世纪以来,特别是 2008 年国际金融危机后,两极分化在各个层次、不同领域持续扩大,广度和深度不断加剧,发展中国家集体崛起使国际力量更加平衡,发达国

家、新兴国家和发展中国家的差距不断缩小。尽管各国应对气候变化的初衷相同，但为了追求各自的利益，气候治理合作已经上升到大国博弈的政治层面。面对发达国家提出的企图限制发展中国家经济发展空间的自愿承诺的议题，中国积极参与气候治理，提升发展中国家的地位，保护自己和发展中国家的国家利益。

同时，随着 2000 年国际海牙会议谈判的失败和 2001 年美国布什政府宣布退出《京都议定书》，国际气候谈判格局和形势发生了巨大转变，气候谈判各利益方之间的矛盾日趋尖锐，表现为发达国家和发展中国家之间在减排责任、碳汇利用、遵约程序上的分歧以及发达国家对发展中国家资金和技术援助上的问题，国际社会迫切需要"在妥协中为打破僵局寻求一条可行的解决途径"。在这种情况下，为了实现国际气候治理的最终目标，防止国际气候治理机制和模式的彻底失败，需要像中国这样的气候谈判领域的"关键方"调整其原先的气候战略和立场态度。

2. 生态安全面临威胁

20 世纪 80 年代末，工业迅速发展带来的大气污染、荒漠化的不断加深、极端天气的频繁出现，使得中国国内的生态环境重塑迫在眉睫，中国政府逐渐意识到应对气候变化的重要性和必要性。在气候变暖的背景下，水资源安全风险明显上升，冰川呈退缩趋势，多年冻土范围缩小。植被物候受气候变化影响显著，稳定性下降，植被带分布总体向高纬度、高海拔地区推移，有害生物和生物入侵增多。沿海海平面变化高于同期全球平均水平，海洋灾害趋频趋强，海岸侵蚀、海水入侵加剧，海洋和海岸带生态系统受到严重威胁。气候变化也通过影响虫媒、病原体和人体系统，加剧传染病暴发流行的风险，同时，也会影响基础设施和重大工程建设的运营环境，威胁基础设施的安全稳定性和可靠耐久性，影响重大工程安全运行。自 2013 年中国发布《国家适应气候变化战略》以来，各部门各地区相继强化重点领域和地区适应气候变化的行动，全国性的适应气候变化的政策体系基本形成。气候观测能力不断提升，达到世界先进水平。灾害监测预警水平不断提高，水资源、农业、生态系统、城市等领域和地区的适应能力明显提升。全方位多渠道开展适应气候变化相关培训和宣传教育，全社会适应气候变化的意识逐步增强。不断深化适应气候变化国际合作，分享中国经验，讲好中国故事，帮助更多的发展中国家提高适应能力，彰显负责任的大国形象。

同时国际社会已开始对海平面上升、极端天气条件的加剧以及气候变化对农业日益严重的负面影响表示关注和关切，这些都无法通过一个或几个国家的努力来解决，需要全球各个国家共同努力、共同治理。加之从《联合国气候变化框架公约》到《巴黎协定》，国内生态问题愈加严重，生态文明建设不断发展，使得中国需要参与到全球气候治理中来。中国也深刻认识到应对气候变化、减少温室气体排放、走低碳经济发展道路符合全人类的共同利益，是人类社会经济发展的必然趋势和走向，符合可持续发展的战略理念。

3. 中国经济快速发展

全球气候变化已成为当今世界面临的最严峻挑战之一，也是规模最大、影响最广、难度最大的全球性问题，涉及经济、政治、生态环境等方方面面。同时，全球气候治理提出的减排政策必然与参与国家的经济发展情况挂钩，无论是减少温室气体排放，还是开发新能源，都需要付出经济成本。这势必会影响一个国家的经济发展，而在减排模式下，必然要求国家进行低碳经济转型发展，使对低碳技术的掌握成为影响未来国家经济发展的主要因素，而经济发展是一个国家在国际社会上立足的根本，所以气候治理框架下的减排机制能够影响国家的总体经济发展，进而影响国家的综合国力以及在国际社会中的地位。

2010年，中国超过日本成为世界第二大经济体，中国经济在全球经济中所占的份额继续增加。2012年，中国国内生产总值占世界总量的11.4%，比1978年增长了9.6%；2018年，中国国内生产总值占世界总量的15.9%，比2012年增长了4.5%。在经济发展新常态下，中国以创新发展转变发展动力，以绿色发展转变发展方式，更加重视经济发展质量和效益，加快经济结构调整和产业转型升级提质增效，建立可持续的绿色低碳循环发展经济体系。随着中国经济的快速发展，国际社会对中国在全球气候治理中的作用寄予了更高的期望。中国政府也对这些期待做出了积极回应，随着国家实力的不断增强，中国将在力所能及的范围内承担更多的国际责任和义务，为人类和平与发展做出更大贡献。

4. 绿色低碳转型成为趋势

21世纪以来，绿色低碳发展逐渐成为各国的战略选择。2015年《巴黎协定》的缔结，意味着全球绿色低碳转型成为趋势。目前，全球绿色低碳转型的大趋势主要体现在：中国、欧盟、美国、日本、韩国等相继出台低碳转型规划，做出碳中和、气候中和承诺；2000年以来，全球能源体系经历了从常规化石能源向清洁低碳新能源的快速转型；技术创新正在兴起。截至2022年5月，全球已有127个国家提出或正在准备提出碳中和目标。其中，中国对碳中和的承诺是最大减幅的减排承诺。

随着综合国力的提升和在国际上话语权、影响力的增强，中国越来越成为气候治理的重要力量。中国在全球气候治理中的表现和贡献，使中国越来越具有核心地位，也越来越受到国际社会的关注。在全球绿色低碳发展的大趋势推动下，中国更应该与时俱进，发挥自身负责任大国的作用，为全球气候治理贡献中国智慧。

第二节　中国参与全球气候治理的国际行动

在气候变化、环境风险挑战、能源资源制约等全球性问题日益严峻的情况下，中国践行人类命运共同体理念，团结一致，携手各国共同行动，特别是帮助其他发展中国家提高应对气候变化的能力，积极推动绿色低碳能源转型。2016 年以来，中国在发展中国家启动了 10 个低碳试验区、100 个气候变化减缓和适应项目，以及 1 000 个应对气候变化培训名额的合作项目，帮助发展中国家实现能源转型，共同应对全球气候变化。中国利用项目、物资、技术、人员培训等，推动援助方式多样化，不仅解决受援国的燃眉之急，而且帮助其提高自主应对气候变化的能力，向其他发展中国家提供力所能及的援助和支持，分享中国的智慧和经验，为全球气候管理做出更大的贡献。

一、帮助提升适应气候变化的能力

《国家适应气候变化战略 2035》（以下简称《适应战略 2035》）明确指出，当前至 2035 年，适应气候变化应坚持"主动适应、预防为主，科学适应、顺应自然，系统适应、突出重点，协同适应、联动共治"的基本原则，提出"到 2035 年，气候变化监测预警能力达到同期国际先进水平，气候风险管理和防范体系基本成熟，重特大气候相关灾害风险得到有效防控，适应气候变化技术体系和标准体系更加完善，全社会适应气候变化能力显著提升，气候适应型社会基本建成"。中国积极参与全球气候治理，同时为其他发展中国家适应气候变化伸出援手。

第一，根据当地环境、所具有的物质资源以及人才资源，以适应气候变化为目的，帮助当地改造基础设施或者直接输入技术设备。依托南南合作平台，结合国际形势、双边关系、国际气候谈判进程、受援国援助需求以及我国实际情况等因素，针对不同国家展开援助。例如，针对小岛国家热带风暴重灾区东加勒比岛国多米尼克，中国向其输送人才，在援多医院改建项目中，建设团队给房顶增加了钢筋混凝土屋面，大大提高了建筑结构的稳定性，又通过加强门窗防护、使用加厚玻璃、增加通风口等工作提高了建筑抵御气候灾害的能力；同时，还在多米尼克传播农业技术和援助相关农用物资，派遣农业技术人员和高级农业专家传授农业生产技术并提供农业发展咨询，积极支持多米尼克发展。中国实施基础设施援助的目的在于提高其基础设施抗灾防灾的水平，减轻气候变化带来的不利影响，提高其应对气候变化的能力。

第二，落实人力资源开发合作，为其他发展中国家培养环保和气候变化方面的专业人才。中国在 120 多个发展中国家举办了 150 多场环境保护与气候变化研讨会，培训了 4 000 多名政府官员和技术人员，涉及低碳发展与能源政策、生态保护、水资源管理与水土保持、可再生能源开发利用、林业管理、防沙管理等领域和早期天气灾害预警。

第三，开展技术交流合作项目，和其他国家深入开展各领域的合作。中国依照"共同但有区别的责任"原则，致力于加强南南合作，积极帮助发展中国家应对气候变化。中国科学院新疆生态地理研究所、中亚生态环境研究中心，与哈萨克斯坦林业委员会、塞富林农业科技大学共同开展哈萨克斯坦首都地区生态森林建设技术示范项目，开发百亩苗圃并开展了种植技术和灌溉培训。该项目已完成 20 公顷防护林固碳建设，有助于在哈萨克斯坦首都地区建立生态屏障，减少大风天气对居民生活的影响。

二、助力产业化发展打造绿色经济

中国在产业升级中落实生态优先和绿色发展要求，持续推进绿色低碳产业和绿色低碳工业化，努力走出产业发展和降碳减污的新制胜之路。中国本着这个原则，以长远的眼光，善于发现国际绿色产业发展趋势，根据行业或国际需求并考虑中国现有的资源，选择某种产业，通过建立国际合作项目或者人才交流，依靠专业服务和质量管理，形成系列化和品牌化的经营方式和组织形式，以此实现绿色低碳化，打造绿色经济。

第一，加快绿色转型，推动产业发展。推动对外援助，推进当地产业绿色升级改造，实现最大限度地减少资源浪费，同时密切关注推动能源产业清洁化转型，加快发展生态利用型、循环高效型、低碳清洁型和环境治理型的产业，帮助实现产业绿色化，更好地适应气候变化。"东非竹子发展计划"项目启动于 2016 年，由中国、荷兰与埃塞俄比亚、肯尼亚和乌干达等东非三国开展国际合作，发展当地竹产业，其可以支持减贫、促进可持续发展、适应气候变化行动和加速国际贸易。竹子不仅可以制成竹炭，也可以用于材料工业、建筑涂料加工业、食品工业等，具有重要的生态和经济价值。中国在竹价值链发展、产品设计、市场和标准化等方面拥有丰富经验。这对埃塞俄比亚实现竹子产业化发展以及消除贫困具有重要意义。2017 年，近 2 000 名学员接受了竹子育苗、种植、可持续收割和管理方面的培训。大约 200 户家庭在农场和宅基地种植了更多竹子，利用竹子恢复了大约 300 公顷退化土地。这对埃塞俄比亚乃至全球增加森林、湿地、草地和农田的碳储存并降低温室气体排放具有重要意义。

第二，建立合作产业园区，加大绿色产业投资。在推动制造业转型升级的基础上，围绕绿色低碳板块推进园区循环改造，大力推进节能减排，构建资源循环利用、能源流动、产业可持续发展、全面环保的循环经济发展格局。随着"一带一路"中韩合作的推进，韩国在中国的绿色产业投资有了较大提升：据韩国商务部调查数据显示，2020年第二季度，韩国企业对华直接投资20.4亿美元，其中绿色农产品投资4.3亿美元，占韩国企业在华投资总额的21.07%。近年来，中韩（盐城）产业园积极顺应"双碳"趋势，深入践行"两山"理论，大力实施绿色生产项目，大力推进产业绿色化和绿色产业化，推动全产业链绿色再生，已被批准为国家生态工业示范园区和国家绿色工业园区。随着中韩绿色合作园区创建步伐的加快，中韩（盐城）产业园也加强了与工信部和韩国产业通商资源部的沟通对接，积极展开深度合作，在园区构建绿色产业结构、提高绿色生产水平、加快低碳产业转型、深化工业节能、促进保护和提高利用率，引入更多韩国先进绿色制造项目，全面加快构建绿色产业体系，积极探索建设零碳产业园区，坚定不移地走好生态优先、绿色低碳的高质量发展之路。

三、开发推进国际能源清洁化

中国积极参与同其他发展中国家在清洁能源、环境保护、防洪抗旱、水资源利用、森林可持续发展、水土保护、气象信息服务等领域的合作。2010—2012年，中国帮助58个发展中国家建设了太阳能路灯、太阳能发电等可再生能源利用项目64个。2013—2018年，中国援建了13个应对气候变化的成套项目。其中，援建风能、太阳能项目10个，沼气项目1个，小水电项目2个。2013年以来，中国已与韩国、加州、老挝、柬埔寨、塞舌尔等国家和地区签署了"低碳示范区建设实施谅解备忘录"，促进当地绿色、低碳和可持续发展。

第一，中国以技术援助的形式，帮助受援国获得应对气候变化的技术运营能力。沼气、小水电等清洁能源的使用是我国较早、较好的辅助领域，既能提高受援国农业废物综合利用水平、减少环境污染，又能降低对其他生物质能源的消耗，从而保护森林植被，提高受援国农民的生活水平。在对外援助初期，中国帮助亚非发展中国家利用当地水资源建设中小型水电站和输变电工程，为当地工农业生产和人民生活提供电力。20世纪80年代，中国与联合国有关机构合作，向许多发展中国家传授沼气技术。同时，中国还通过双边援助渠道向圭亚那、乌干达等国传授沼气技术，取得了良好效果，降低了受援国对进口燃料的依赖。中国与突尼斯、几内亚、瓦努阿图和古巴开展沼气技术合作，为喀麦隆、布隆迪和几内亚援建水电站，与蒙古、黎巴嫩、摩洛哥和巴布亚新几内亚合作进行太阳能和风能的开发利用。此外，中国还为其他发展中国家举办清洁能源和应对气候变化相关的培训，2000—2009 年，中国举办了 50 场研讨会，涉及沼气、太阳能和小水电等可再生能源的开发利用、林业管理和防沙管理，来自其他发展中国家的 1 400 多名学员来华参加了培训。

第二，中国通过多边平台向发展中国家提供资金支持，帮助他们获得技术援助。一些小岛国基于其特殊的地形适合开发小水电及清洁能源项目，但这些国家往往难以单独开展项目，因而帮助这些国家获得技术援助是我国气候变化对外援助的重要方面。例如，2018 年，中国扶贫信托基金向亚洲开发银行能源部门提供了 100 万美元的技术援助，以支持亚洲开发银行在发展中国家测试和推广相关的先进清洁能源技术。

第三，加大对新能源项目的投入，积极开拓新能源合作项目。为顺应新能源发展趋势和中国新能源产业蓬勃发展的势头，中国逐步加大了对新能源项目的投入，但由于新能源项目成本高，对于后期维护的技术、人才要求较高，所以我国重点加强和其他国家在新能源方面的合作。而中美能源合作对国际能源安全、气候变化和核安全至关重要，始终是两国合作的优先方向。自 1979 年建交以来，中美在能源领域的合作不断深化，逐步从能源科技的一个领域扩展到能效、能源研发和能源信息与统计等诸多领域，实现了能源种类全覆盖和合作机制多样化，合作日益紧密，初步实现了机制化和制度化。2009 年，中美设立能源合作项目（ECP），2021 年，ECP 携康菲石油、贝克休斯、霍尼韦尔等美方企业赴江苏省开展能源绿色低碳转型考察调研活动，对气候变化、清洁能源转型、深化双边贸易等领域的合作机遇展开深入研讨。由中国能源集团与法国电力集团共同建设的江苏东台海上风电项目已启动，这是中国第一家中外合资企业，预计运营后将满足近 200 万居民的年用电需求。

四、积极助力国际气候投资

中国通过提供物质援助的方式帮助其他发展中国家解决气候问题。中国与一些发展中国家签署了"气候变化贡献谅解备忘录"，向对方提供风能和太阳能发电和照明设备、太阳能移动电源、清洁炉灶、沼气设备、垃圾车、排水和灌溉设施等物资援助。2019 年，中国捐赠给埃塞俄比亚的微型卫星成功发射，帮助埃塞俄比亚提高预警和应对气候灾害的能力；中国为乌拉圭提供了气象移动网络，帮助乌拉圭提高应对气候变化的能力。2020 年，中国与博茨瓦纳签署谅解备忘录，将向博方提供多星一体化气象卫星数据移动接收处理应用系统，在气象、减灾、农业、环保等方面造福当地社会。2021 年，中国向古巴援助 5 000 套家用太阳能光伏发电系统和 2.5 万盏 LED 灯，帮助古巴解决偏远农村居民用电问题。2022年，中方向埃及援助的1 835盏太阳能LED路灯、40 000只LED节能灯、1 000套太阳能户用发电系统和906台节能空调等物资将应用于埃及开罗市，主要解决埃及办公场所节能改造、周边区域道路照明及周边城镇贫困居民的基本用电需求等问题，有助于促进埃及能源消费方式的低碳转型，为埃及提供实实在在的支持。

同时，中国还以直接资金援助的方式为其他国家提供气候援助。长期以来，中国本着"力所能及、尽力而为"的原则，向其他发展中国家提供力所能及的帮助，帮助它们应对气候变化。随着经济实力的增强，中国将加大国际贡献，进一步加大气候援助力度。2011—2014年，中国累计出资2.7亿元人民币促进气候变化南南合作。2015年，中国宣布设立200亿元人民币的"中国气候变化南南合作基金"，在发展中国家开展低碳示范区、减缓和适应气候变化项目、应对气候变化培训合作项目。在巴黎气候大会开幕式上，习近平主席又提出了"十百千"计划，即启动在发展中国家开展10个低碳示范区、100个减缓和适应气候变化项目以及1 000个应对气候变化培训名额的合作项目。截至2021年年初，中国已与34个国家开展了合作。

第三节　中国参与全球气候治理的国内行动

应对气候变化是中国实现可持续发展的内在要求。长期以来，中国克服自身经济、社会等方面的困难，实施了一系列应对气候变化的战略、措施和行动。尤其是党的十八大以来，在以习近平同志为核心的党中央的坚强领导下，中国把应对气候变化作为推进生态文明建设、实现高质量发展的重要抓手，推动经济社会发展全面绿色转型不断取得新成效，以大国担当为全球应对气候变化做出了积极贡献。

一、推动产业结构的低碳化转型

低碳经济是一种发展模式，世界各国都注重低碳产业的培育。发展低碳产业、推动产业结构升级、加速能源结构优化都是低碳经济发展的重要内容。中国发展低碳经济的主要内容以传统产业的低碳化为主，以发展新能源产业为辅。

改革开放以来，在加快工业化和城镇化的进程中，中国的产业结构发生了巨大变化，2012年服务业比重首次超过第二产业，成为国民经济第一大产业，2021年第二产业比重较1978年下降约8个百分点。特别是近年来，中国加快淘汰落后产能，积极化解过剩产能，培育战略性新兴产业，发展现代服务业，为产业绿色低碳转型创造了有利条件。同时中国积极推进重大技术突破，实现产业绿色低碳转型，推动互联网、大数据、人工智能、第五代移动通信（5G）等新兴技术与绿色低碳产业深度融合，释放数字化、智能化、绿色化叠加倍增效应。

2021年规模以上工业中，高技术制造业增加值比上年增长18.2%，占规模以上工业总增加值的比重为15.1%；新能源汽车产量为367.7万辆，比上年增长152.5%；光伏组件产量达到182 GW，连续15年位居全球首位；打造662家绿色工厂、989种绿色设计产品、52家绿色工业园区、107家绿色供应链企业。聚焦轻工、纺织、建材、化工、电气电子等行业，培育117家工业产品绿色设计示范企业，截至2021年，培育430家节能环保类专精特新"小巨人"企业，节能环保产业产值超8万亿元，年增速10%以上，战略性新兴服务业企业营业收入比上年增长16.0%，高技术产业投资比上年增长17.1%。绿色产品认证覆盖建材、快递包装、电器电子产品、塑料制品、洗涤用品等近90种产品，颁发统一的绿色产品认证证书近2万张，获证企业2 000余家。

2021年，中国煤炭占能源消费总量的比重由2012年的68.5%下降至56.0%，非化石能源的消费比重占到16.6%左右，水电、风电、太阳能发电和生物质发电装机容量稳居全球第一。中国实施能源消费强度和总量双控制度，成为全球能耗强度降低最快的国家之一。2012—2021年，中国以年均3%的能源消费增速支撑了年平均6.5%的经济增长，能耗强度累计下降28.6%，相当于少用14亿t标准煤，少排放29.4亿t二氧化碳。中国持续推进产业结构调整，坚决遏制高耗能、高排放项目盲目发展。2021年，中国高技术制造业增加值占规模以上工业增加值的比重达到15.1%，新能源汽车产销规模连续七年位居世界首位。

在碳达峰、碳中和目标下，各行各业都已取得一定成效。火电行业作为排放大户，积极通过技术创新减少排放。例如，重庆富燃科技有限公司以储量高、价格低的劣质煤粉为基料，以富氧燃料节能减排，结合煤炭分选分级，高效利用综合产业链技术生产清洁能源——干馏气加水煤气，结合IGCC系统（整体煤气化联合循环）以混合气为燃料，利用循环中的纯氧和烟气代替原有空气进行混合气体的燃烧，实现电力、煤焦油、一氧化碳等能源的清洁生产，断开了能源产品与碳的联系。在石化行业，中石化近日宣布将开工建设百万吨级CCUS（碳捕集、利用与封存）项目——齐鲁石化—胜利油田CCUS项目，涵盖碳捕集、利用与封存三个环节，建成后将成为国内最大的CCUS产业链展示基地，为国家推动CCUS规模化发展提供应用案例。这标志着我国CCUS项目建设取得重大进展，对有效提高碳减排能力、构建"人工碳循环"模式具有重要意义。

与此同时，中国碳市场建设也取得了重大成就，不断完善温室气体排放统计核算体系，建立健全温室气体自愿减排交易机制，出台气候投融资综合配套政策，启动气候投融资地方试点。2022 年，全国碳市场正式启动，第一个履约周期碳排放配额累计成交量为 1.79 亿 t、成交额 76.61 亿元，履约完成率 99.5%，纳入发电行业重点排放单位 2 162 家，覆盖约 45 亿 t 二氧化碳排放量，成为全球规模最大的碳市场。碳市场的运行健康有序，交易价格稳中有升，发挥了推动能源结构调整、节能和提高能效、生态保护补偿等作用，促进企业减排温室气体和加快绿色低碳转型的作用初步显现。

二、加强生态环境的持续性改善

山水林田湖草沙是生命共同体。中国加强系统治理、综合治理、源头治理和依法治理，坚持保护优先、自然恢复为主，大力推动生态系统保护修复，筑牢国家生态安全屏障。

第一，建立新兴自然保护区体系。中国努力构建以国家公园为主体、以自然保护区为基础、以各种自然公园为补充的自然保护区体系，正式设立了第一批国家公园——三江源国家公园、大熊猫国家公园、东北虎豹国家公园、海南热带雨林国家公园和武夷山国家公园，积极持续有序推进重要生态国家公园建设。截至 2021 年年底，各级共建立各类自然保护区近万个，占国土面积的 17% 以上，90% 的陆地自然生态系统和 74% 的国家重点保护野生动植物得到有效保护。

第二，实施重要生态系统保护和修复重大工程。启动实施包括湖泊、森林、田野、草沙等自然要素在内的景观修复一体化工程，将景观区域划分为多个功能区，制定综合规划目标，并推进系统化治理和源头管理。科学开展陆上大面积绿化作业，促进森林、草原、湿地、江河湖泊稳步增长，有效扭转土地荒漠化发展。2012—2021 年，我国已完成林业 9.6 亿亩、防沙 2.78 亿亩、草坪整治 6 亿亩，新增和恢复湿地 1 200 多万亩。2021 年，中国森林覆盖率达到 24.02%，森林蓄积量达到 194.93 亿 m³，森林覆盖率和森林存量连续 30 多年保持"双增长"，标志着中国是全球森林资源增幅最大、人工林面积最大的国家。中国率先实现土地退化"零增长"，荒漠化土地面积和沙化土地面积"双减少"，为实现 2030 年土地退化零增长目标发挥了积极作用。自 2000 年以来，中国始终是全球"增绿"的主力军，全球新增绿化面积中约 1/4 来自中国。

第三，建设人与自然和谐共生的美丽城市。中国把保护城市生态环境摆在突出位置，推进以人为核心的城镇化，科学规划布局城市的生产空间、生活空间、生态空间，打造宜居城市、韧性城市、智慧城市，把城市建设成为人与自然和谐共生的美丽家园。坚持尊重自然、顺应自然，依托现有的山水脉络等独特风光推进城市建设，让城市融入大自然。持续拓展城市生态空间，建设国家园林城市、国家森林城市，推进城市公园体系和绿道网络建设，大力推动城市绿化，让城市再现绿水青山。2012—2021 年，城市建成区绿化覆盖率由 39.22% 提高到 42.06%，人均公园绿地面积由 11.8 m² 提高到 14.78 m²。大力发展绿色低碳建筑，推进既有建筑改造，建筑节能水平持续提高。

第四，注重资源养护。中国坚持精准治污、科学治污、依法治污，以解决人民群众反映强烈的大气、水、土壤污染等突出问题为重点，区域联防联控和重污染天气应对成效显著，全国地级及以上城市细颗粒物（PM2.5）年均浓度由 2015 年的 46 μg/m³ 降至 2021 年的 30 μg/m³，空气质量优良天数比例达到 87.5%，成为全球大气质量改善速度最快的国家。加快改善工业、农业、生活污染源和水生态系统，饮水安全得到有效保障，水体严重污染和水体不足比例明显下降，2021 年全国地表水水质优良断面比例达到 84.9%。全面禁止洋垃圾入境，实现固体废物"零进口"目标，土壤环境风险得到基本管控。对高耗水行业实施节水技术改造，推广农业高效节水灌溉。创建节水型城市，推行水效标识制度和节水产品认证，推广普及节水器具，城市人均综合用水量持续下降。中国还将再生水、淡化海水、集蓄雨水、微咸水、矿井水等非常规水源纳入水资源进行统一配置，有效缓解了缺水地区的水资源供需矛盾。2021 年，万元国内生产总值用水量较 2012 年下降了 45%。

三、完善气候治理的政策体系

2022 年以来，中国政府持续完善应对气候变化的政策体系和支撑保障，在立法和标准、经济政策、人才培养和能力建设、绿色低碳全民行动等方面取得显著成效。

第一，加快推动应对气候变化相关立法，研究构建应对气候变化法律框架。对建设项目温室气体排放量和排放水平进行预测和评价，在电力、钢铁、建材、有色、石化等重点行业开展温室气体排放环境影响评价；修订并公布《规划环境影响评价技术导则 产业园区》，其中规定了以减少污染和降低碳排放为目标的评估要求；积极推进《碳排放权交易管理暂行条例》立法进程，努力完善全国碳市场的法规保障；引导和推动地方制定相关地方性法规，深圳市出台《深圳经济特区生态环境保护条例》，特设了"应对气候变化"专章，对应对气候变化和温室气体减排做出了制度安排。推动修改《消耗臭氧层物质管理条例》，将氢氟碳化物（HFCs）等有温室效应的物质纳入环保管控体系范围。持续完善应对气候变化的相关标准体系，加强与现有标准体系的打通融合，已批准 2 项碳排放相关国家计量基准、57 项碳排放相关计量标准，研制 229 种碳排放相关标准物质,在节能、高标准农田和生态保护修复领域批准发布多项国家标准、行业标准。

第二,完善相关财税、绿色采购政策支持,积极推进绿色金融发展和电价机制改革。建立健全绿色金融标准体系,逐步完善激励和强制制度,开展绿色金融评估,创建和推出碳减排支持工具,引导金融机构在自主决策和自担风险的基础上,为企业提供清洁能源、节能环保、碳减排技术等重点领域的碳减排服务。政府不断加大投资力度,推动可再生能源生产和固定电价补贴政策。建立完善的新能源汽车财政支持政策体系,出台一系列税费优惠政策,完善资源综合利用增值税政策,完善环境保护、节能节水项目和资源综合利用企业所得税优惠目录。推进政府采购支持绿色建材促进建筑品质提升试点工作。截至2021年年底,纳入试点的工程项目有222个,投资金额近1 000亿元,累计采购绿色建材53亿元。深化燃煤发电上网电价市场化改革,出台新能源平价新政策,创新抽水蓄能电价,优化峰谷电价安排,出台更严格的高耗能产业分级电价政策,加快建立符合高质量发展和碳达峰、碳中和要求的能源电价政策体系。

四、推动低碳技术的研发与利用

注重对低碳负碳技术的研发,组织实施"可再生能源技术""碳达峰、碳中和关键技术研究与示范"等重点项目,重点开展能源领域低碳、负碳技术研发以及工业、建筑和运输技术攻关。推动科研机构开展太阳能及燃料热化学充注、氢内燃机等关键技术的重大科技研究,推动系统集成和规模化应用关键技术发展。支持中央企业研发先进核能、清洁煤能源、先进储能等一批重点研究项目,开展煤炭清洁高效利用科学研究,推进煤炭清洁高效利用和二氧化碳捕集、利用与封存等原创技术园区建设。成立海上风能产业技术创新集团和CCUS技术创新集团,支持能源企业建设国内最大的CCUS全流程示范项目。

同时强化对重点领域相关技术的研究升级,推进气候变化基础科学技术的研发,在先进可再生能源技术装备、新能源系统等领域设置创新项目,推动新能源储能技术研究推广,推动内河船舶绿色智能技术的研究、开发和应用,支持清洁电动飞机、混合动力飞机和其他技术研究。加强温室气体监测、评价、预测等基础技术研究。

本章小结

本章首先回顾中国参与全球气候治理的进程,从政策、谈判、行动三个方面梳理中国在全球气候治理进程中的角色演变,并从国际格局、生态安全、中国经济、绿色低碳四个方面分析中国角色转变的原因。同时,中国在此期间不断贡献中国智慧、承担中国责任，在每一时期都对全球气候治理做出了贡献。本章从国际和国内两个角度阐述中国积极参与全球气候治理的行动：在国际上，通过物质、资金、人力实现基础设施养护、产业绿色化帮助、清洁能源合作促成，实施对外援助；在国内，则是以不断推进产业结构转型促进绿色低碳化，加大技术研发实现绿色发展，不断完善政策法规。

思考习题

1. 中国在参与全球气候治理的进程中角色转变的原因有哪些？
2. 中国在参与全球气候治理合作进程中做出了哪些贡献？
3. 为什么说中国要以实现传统产业低碳化为主，以发展新能源产业为次？

拓展性阅读

第十一章 全球气候治理国际合作的发展趋势

内容摘要

全球气候治理国际合作热度增高、减排目标不断提升、国家自主贡献不断提高等是当前全球气候治理国际合作的新特征,也是研究未来国际合作应对气候变化的出发点,体现了对气候变化科学与决策议题不断深入的认识过程。本章主要介绍全球气候治理国际合作的新特征及未来为应对气候变化所进行的国际合作的发展趋势与面临的挑战。

学习目标与要求

1. 掌握全球气候治理国际合作的新特征。
2. 了解气候治理国际合作的发展趋势及挑战。

第一节 全球气候治理国际合作的新特征

一、全球气候治理国际合作热度增高

气候变化问题长期以来一直伴随着争论和质疑,导致相关谈判崎岖进行,也对各国应对气候变化的态度产生了重大影响。然而,随着极端天气的频繁出现和全球变暖的持续,气候变化已经开始对许多国家的生存和发展构成严重挑战,恶劣的现实条件倒逼各国政府及民众对气候变化的影响有了更深刻的认识,也使全球气候治理得到了大众的认可及支持。

第一,气候条约生效时间缩短,国际参与全球气候治理认可度提升。与《联合国气候变化框架公约》《京都议定书》相比,《巴黎协定》在生效时间间隔、缔约方数量等

方面均有明显进步。《联合国气候变化框架公约》《京都议定书》从通过到正式生效均经历了较长的时间间隔，其中，围绕《京都议定书》的意见分歧使其从通过到正式生效的时间间隔长达七年多。相比较而言，《巴黎协定》从通过到正式生效仅用了 11 个月的时间。此外，截至 2017 年 5 月底，签署并批准《巴黎协定》的国家数量虽然暂时只有 148 个，但已明显多于《联合国气候变化框架公约》《京都议定书》通过后相同时间间隔的缔约方数量，说明各国参与全球气候治理的积极性明显变强，全球气候治理认可度在显著提升。

第二，参与气候治理的主体多元化，全球气候治理积极性提高。长期以来，多边机制的谈判及敲定协议的主要关注方是一些主权国家和政府，城市及地方政府、企业、研究机构、社会团体、公民等非国家行为体在全球气候治理中的地位不被重视。但自 2009 年哥本哈根气候大会以来，由于历届气候变化大会取得的进展较为有限，许多城市及地方政府、社会团体、跨国企业等非国家行为体都开始以更为积极主动的态度，参与到全球气候治理中，利用各种双边、多边平台，推动全球气候治理取得实质性进展。特别是近三年来，非国家行为体的参与一直是全球气候治理的显著特征之一，出现了混合多边主义的趋势。《巴黎协定》进一步强化了这一特点，首次明确让地方政府和企业参与进来，使无党派组织越来越有效，即使在美国联邦政府宣布退出《巴黎协定》之后，美国许多地方政府、企业和组织仍然表态会继续支持温室气体减排，并在州或其他层面支持《巴黎协定》。在波恩气候大会中，美国共有 15 个州政府派出代表参会，此外还有大量美国企业和民间组织参会。可以说，全球气候治理的参与主体呈现出日益多元化的特征和趋势，非国家行为体的影响力正在日趋上升，更加有利于激发多元主体参与全球气候治理的积极性。

第三，气候治理国际合作形式多样，"三方合作"充分调动多方自愿适应气候变化。南北合作和南南合作是目前气候变化国际合作的两种主要模式，其中南北合作是指发达国家向发展中国家提供资金、技术和能力建设方面的支持，南南合作则是指发展中国家之间共享知识和技术并采取集体行动来应对共同的发展挑战。近年来，随着新兴发展中国家的经济发展和技术进步，南南合作的作用变得日益重要。但是，发展中国家作为新的捐资方，面临着政策和机制不完善以及能力和管理经验不足等问题，全球气候变化南南合作仍然面临着各种制约与挑战。在此背景下，"三方合作"作为一种新的、可充分调动多方资源开展气候变化国际合作的模式诞生。

"三方合作"，又称"三角合作"，是在南南合作的基础上发展而成的一种国际合作模式。它在 2009 年联合国南南合作高级别会议发表的《内罗毕宣言》中被正式提出，是指"传统捐助国和多边组织通过提供资金、培训、管理和技术系统以及其他形式的支持促进南南倡议的合作"。因此,"三方合作"一般包括经济合作与发展组织(OECD)发展援助委员会中的传统捐助国、发展中国家中的新兴捐助国及受援国三方,一些合作还有多边国际组织的参与。与南南合作与南北合作相比,"三方合作"可以增大传统南南合作和南北合作的援助资金规模,能充分利用发达国家和发展中国家捐助国互为补充的知识、资源和技术,包括多边组织在内的多方介入易于激发更灵活和更创新的解决方案,因此被普遍认为是一种具有广阔发展前景的新型国际合作模式。

二、减排目标不断提升

当前全球气温已上升 1.1 ℃,世界各个区域均面临着前所未有的气候系统变化,从海平面上升、极端天气事件频发到海冰迅速融化。气温的持续上升则会进一步加剧这些变化。例如,全球气温每上升 0.5 ℃,极端高温、强降雨和区域干旱就会愈加频发、程度更加严重。全球气温上升也加大了气候系统达到临界点的风险。温度跨过临界点或将引发永久冻土融化或大面积森林枯萎等内部增强效应,加剧全球变暖的趋势,这将进一步导致气候系统发生突然且不可逆转的实质性变化。如果全球平均气温上升 2~3 ℃,南极西部和格陵兰岛几乎所有的冰盖可能以在数千年都不可逆转之势融化,导致海平面上升数米。现有建立气候韧性的措施多为小范围、被动和渐进的,且多侧重于缓解当前影响或短期风险。随着全球气温逐渐升高,各个国家势必会增加关于气候适应的措施,积极应对全球气温升高的风险。

早在格拉斯哥会议召开之前,欧盟、中国、美国等主要世界大国(集团)已经提出了各自的碳中和目标或净零排放目标。欧盟把"气候中和"目标纳入 2019 年 12 月发布的《欧洲绿色协议》(EGD),并在 2021 年 6 月正式通过了《欧洲气候法》,将 2050 年实现气候中和的目标写入法律。2020 年 9 月 22 日,习近平主席在第 75 届联合国大会一般性辩论上明确提出,中国力争于 2030 年前达到二氧化碳排放峰值,努力争取 2060 年前实现碳中和。美国总统拜登在竞选期间就提出实现净零排放的目标。2021 年 1 月 27 日,拜登发布"关于在国内和国外应对气候危机"的行政命令,明确提出美国经济将在 2050 年前实现净零排放。格拉斯哥气候大会的召开进一步扩大了确立碳中和目标的缔约方的数量,提高了全球总体减排力度,让各国的目标在实施时具有更强的外在规制性。截至 2022 年 3 月,已有 136 个缔约方和 234 个城市提出或正在商讨碳中和目标,覆盖全球 GDP(按购买力平价计算)的 90%,全球人口的 85%。可以说,在全球气候治理进程中,格拉斯哥气候大会第一次以会议文本的形式正式对全球经济发展的碳中和目标提出明确要求，这无疑会大大增强世界各国努力实现碳中和目标或净零排放目标的外部驱动力，积极提升减排目标。

《格拉斯哥气候协议》写入 1.5 ℃目标的相关表述和"消减甚至退出煤炭使用"的表述后，国际社会对于各国减排目标的要求也会相应提升。格拉斯哥会议相对 2019 年之前的气候协议，更加凸显了对 1.5 ℃目标以及减煤退煤目标的关注。一方面，随着全球经济、技术的发展，之前各方分歧较大的问题正逐步形成共识；另一方面，欧盟、小岛国联盟等也必将站在 1.5 ℃目标的角度，要求各国提出更具雄心的减排目标，或是与 1.5 ℃目标相匹配的全球和各国的减排目标。这将导致目前以《巴黎协定》中提及的 2 ℃目标为主要考虑的缔约方可能面临大幅提高减排目标的压力，这种压力将会是持续的，并且伴随着减排目标的不断提升会越来越大。

《第六次评估报告综合报告：气候变化 2023》（简称《报告》）中的各种研究情景显示，在 2021—2040 年，全球温升达到或超过 1.5 ℃的可能性超过 50%。特别是在高排放路径下，全球气温可能会更快（2018—2037 年）达到这一临界点；到 2100 年，全球气温可能上升 3.3～5.7 ℃，而上一次全球气温超过工业化前水平 2.5 ℃是在 300 多万年前。若要将全球温升限制在 1.5 ℃以内，且不超过或仅小幅超出这一范围，温室气体排放量最迟需在 2025 年之前达到峰值，然后迅速下降。即使各国实现了各自的气候承诺，到 2030 年，它们的温室气体排放量相较 2019 年仅减少 7%，这对于各个国家的减排任务提出了重大挑战，全球必须不断提升国家自主贡献值才能减少与目标排放的差距。

美国政府于 2021 年 1 月 21 日拜登上任当天即宣布签署并重返《巴黎协定》，并于 1 月 28 日颁布应对气候危机总统行政令，从联邦政府层面全面重启、部署应对气候危机工作，并积极争取国际气候治理领导权。同时，美国政府提出新目标，力求达到在 2030 年比 2005 年温室气体排放总量降低 50%～52%，这相比 2015 年奥巴马政府提出的 2025 年相对 2005 年温室气体减排 26%～28% 的目标有了显著提升。美国自重返国际气候治理进程后，为提升气候问题在国际、国内的显示度，联合欧盟、小岛国联盟等，通过推动各方提出《巴黎协定》下的更新目标以及通过多边、双边机制，推动各国不断更新减排承诺目标，在形式上实现共同减排。

三、国家自主贡献不断提高

国家自主贡献（简称 NDCs）的模式设想最早可溯源到《联合国气候变化框架公约》。该公约创设了以发达国家与发展中国家为分类标准的减排制度设计，其中对发展中国家的制度安排是，其自行决定是否承担公约中与发达国家相同的承诺。从狭义角度来看，国家自主贡献仅是指《巴黎协定》中规定的内容。从广义角度来看，国家自主贡献的目标包括了三项：第一，减排目标。应实现"把全球平均气温升幅控制在工业化前水平以上低于2℃之内，并努力将气温升幅限制在工业化前水平以上1.5℃之内"。第二，适应目标。应"提高适应气候变化不利影响的能力并以不威胁粮食生产的方式增强气候复原力和温室气体低排放发展"。第三，资金目标。应"使资金流动符合温室气体低排放和气候适应型发展的路径"。

2022年国家自主贡献综合报告综合了代表《巴黎协定》166个缔约方的193个最新可用的国家自主贡献的信息，所有缔约方都提供了关于缓解目标或适应行动产生的缓解共同利益的信息，从整个经济的绝对减排目标到低排放发展的战略、政策、计划和行动都涵盖其中。在这份报告中，我们可以看到大多数缔约方都更新了国家自主贡献，以此更好地应对气候变化，并加强国际合作。

具体而言，92%的缔约方表示国家自主贡献的执行期到2030年，8%的缔约方规定执行期到2025年、2035年、2040年或2050年。55%的缔约方将2021年1月确定为开始实施国家自主贡献的日期；31%的缔约方表示，它们在2020年前开始实施国家自主贡献；仅有3%的缔约方提到将于2022年开始执行。93%的缔约方提供了关于其缓解目标的量化和参考信息。在提交新的或更新的国家自主贡献的缔约方中，84%的缔约方更新了确定其目标的基础，包括参考点或"一切照旧"的设想。这种更新将导致更高质量的国家自主贡献。

同时，根据此次通报，实施其国家自主贡献产生的温室气体排放总量在2019年为45.6亿t，到2025年估计约为46.4亿t，到2030年估计约为45.6亿t。而按绝对值计算，在2025和2030年的预计排放水平分别比其以前的国家自主贡献低1.8亿t和4.8亿t。与2010年的水平相比，这些缔约方的温室气体排放总量估计到2025年将增加12.3%，到2030年将增加10.5%；而与2019年的水平相比，到2025年它们的温室气体排放总量估计将增加1.6%，到2030年与2019年大致相同。在2021年的报告中提出实施国家自主贡献所产生的温室气体排放总量估计在2025年约为54.7亿t，在2030年为54.9亿t，这比在2022年本次NDCs更新后的排放水平分别高出2.4%和4.7%。

各缔约方继续通报或更新NDCs，气候多边进程也进一步强化呼吁各方提高力度。《巴黎协定》确定了各缔约方"自下而上"、自主决定贡献的安排，与此同时，也在条款中形成了NDCs通报频次、通报力度应不断提升的要求。但正因为《巴黎协定》的机制不具有"自上而下"的约束性安排，一定程度上缺乏对于各方行动力度的保障，因此，需要各方通过国际合作延续积极行动的势头，主动更新和落实自主贡献，不断提高气候行动雄心，以此推动《巴黎协定》持续、有效实施。同时，各国气候行动目标标志着各国气候行动的力度，在如今的气候状况下，各国必将不断更新其气候目标，树立全面合理的国家自主贡献"力度观"。

第二节　全球气候治理国际合作的趋势

一、气候治理与可持续发展深度融合

1987 年，世界环境与发展委员会发布报告《我们共同的未来》，正式提出"可持续发展"的理念和基本原则。1992 年，联合国环境与发展大会召开，其间发布《21 世纪议程》。为响应《21 世纪议程》，中国政府于 1994 年制定全球第一个国家级可持续发展议程《中国 21 世纪议程》，并在两年后将可持续发展作为一条重要的指导方针和战略目标上升为国家战略，纳入国民经济与社会发展规划。2015 年 9 月，世界各国领导人在历史性的联合国峰会上通过《2030 年可持续发展议程》。2016 年 1 月 1 日，《2030 年可持续发展议程》中的 17 项可持续发展目标（SDGs）（表 11-1）正式生效。

表 11-1　可持续发展目标

可持续发展目标（SDGs）	内容
目标 1（SDG1）	无贫穷
目标 2（SDG2）	零饥饿
目标 3（SDG3）	良好的健康与福祉
目标 4（SDG4）	优质教育
目标 5（SDG5）	性别平等
目标 6（SDG6）	清洁饮用水和环境卫生
目标 7（SDG7）	经济适用的清洁能源
目标 8（SDG8）	体面工作和经济增长
目标 9（SDG9）	产业、创新和基础设施
目标 10（SDG10）	减少不平等
目标 11（SDG11）	可持续城市和社区

续表

可持续发展目标（SDGs）	内容
目标12（SDG12）	负责任的生产和消费
目标13（SDG13）	气候行动
目标14（SDG14）	水下生命
目标15（SDG15）	陆地生命
目标16（SDG16）	和平、正义和强大机构
目标17（SDG17）	促进目标实现的伙伴关系

气候变化等一系列的问题不仅对环境的可持续性构成严重威胁，而且对人们的福祉产生负面影响，特别是对环境风险抵御能力较差的低收入群体而言。2019年，在哥本哈根举行的一次致力于促进《巴黎协定》与《可持续发展议程》之间协同作用的国际会议上，与会者呼吁全球、区域和国家层面的利益攸关方采取具体步骤，使气候行动与可持续发展保持一致，以实现最大的共同利益。这反映了气候治理与可持续发展目标深度融合的必要性。

一方面，落实《巴黎协定》规定的温控目标是实现SDGs的重要组成部分，其直接联系是气候行动与经济适用的清洁能源两项目标。落实《巴黎协定》的有效进展有助于提升全球能源效率，促进清洁能源开发和能源基础设施建设，加强各国抵御和适应气候相关灾害的能力和将应对气候变化的举措纳入国家政策、战略和规划等目标的实施。此外，由于SDGs各目标之间相互依存、相互影响，气候行动也将对其他目标如优质教育、清洁饮水、卫生设施和消除贫穷等产生间接影响，从而影响整个《SDGs议程》的实现进程。因此，气候治理已成为实现SDGs的重要内容和核心目标。

另一方面，SDGs的良好实现反过来又将有力推动气候治理在全球、地区和国家等层面的落实。消除贫穷、减少不平等、推进产业创新和基础设施建设以及可持续城市和社区建议，能够有效增强人类抵御灾害风险的能力。因此，实现SDGs与开展气候治理在本质上是一致的，两者相辅相成、互为助益。

然而，《SDGs议程》目标与指标间复杂的交互关系也给同时落实SDGs和气候治理带来了挑战。首先，为实现全球温升2℃以内的目标，减少温室气体排放必须被视为全球联合行动，而目前占世界人口三分之二的发展中国家仍处于工业化和城市化的初级和中级阶段，能源需求紧张，全球仍有14亿人无法获得现代能源服务，气候治理与能源服务之间的政策协同较为困难。其次,各国发展经验表明,温室气体减排行动往往会限制工业尤其是制造业的发展,从而在一定程度上阻碍经济增长。因此可以说,短时间内气候治理与经济增长之间的权衡关系远大于协同效应。此外,鉴于区域间经贸联系日益密切,国际产业分工日益细化,严格的减排政策很可能导致发达国家和地区将高污染、高排放产业向欠发达国家和地区转移,这一"污染天堂"效应又会加剧地区间的不平等。实事求是地说,气候治理与可持续发展目标之间也存在着矛盾,可持续发展目标的实现对气候治理存在着威胁。

总之,气候治理与可持续发展的最终目标都是为了实现全人类的共同发展与繁荣,这说明二者是深度融合的关系。可持续发展目标与气候治理相融合表现在维持生物多样性、荒漠化治理、水资源管理、灾害管理、能源与基础设施建设、清洁能源使用研发、城市管理、绿色金融等方面。目前,国际社会已经形成了一系列相关的国际条约、公约及准则(表11-2),它们体现了气候治理已嵌入可持续发展之中。

表11-2 国际条约、公约、准则与气候治理融合

融合方面	国际条约、公约及准则
生物多样性	《生物多样性公约》《濒危野生动植物种国际贸易公约》《国际植物保护公约》《野生动物迁徙物种保护公约》《卡塔赫纳生物安全议定书》《粮食和农业植物遗传资源国际条约》《拉姆萨尔公约》《世界遗产公约》、SDG14、SDG15
荒漠化	《联合国防治荒漠化公约》
水资源管理	《联合国海洋法公约》、SDG6
灾害管理	《2015—2030年仙台减少灾害风险框架》
能源与基础设施建设	SDG7、七国集团促进优质基础设施投资原则
清洁能源使用研发	《关于汞的水俣公约》、SDG12、SDG14、消除含铅涂料全球联盟业务计划
城市管理	《新城市议程》、SDG11
绿色金融	《国际金融公司社会和环境可持续性政策及绩效标准》和世界银行集团、《环境、健康与安全准则》

对中国而言,气候治理与SDGs高度关联。首先,中国在NDCs(国家自主贡献)中明确提出将落实《国家应对气候变化规划(2014—2020年)》作为积极应对气候变化的行动纲领。《中国落实2030年可持续发展议程国别方案》也提出在环境领域与《国家应对气候变化规划(2014—2020年)》进行战略对接,这说明应对气候变化的国家战略本就属于中国实现SDGs进程中的一部分,两者在政策制定与落实上存在巨大的协同增

效空间。其次，可持续发展目标既是对气候危机全球化特征的回应，符合构建"人类命运共同体"的基本内涵，也是对生态系统和经济体系协调发展的重视，与生态文明理念相呼应。建设生态文明既是环境保护的问题，也是经济发展的问题，还是双方的关系问题。党的十九大报告提出"构建人类命运共同体，建设持久和平、普遍安全、共同繁荣、开放包容、清洁美丽的世界"，其中"清洁美丽的世界"从全球治理的视角勾勒出了生态环境保护的根本目标。因此，气候治理与SDGs的深度融合既顺应了构建"人类命运共同体"的历史潮流，也是新时期对生态文明理念的延续与发展。最后，尽管减排任务艰巨，但中国正在积极帮助其他发展中国家提高应对气候变化的能力，不断借助"一带一路"等多边国际合作平台推进气候治理与SDGs的深度融合。

二、加强气候脆弱国家的气候治理

根据《联合国气候变化框架公约》的定义，"损失和损害"即气候变化导致的极端天气或如海平面上升等事件所造成的不可逆转的经济与非经济损失，损失和损害基金就是在此背景下，专门针对脆弱的发展中国家，为它们在气象灾害和极端气候事件中遭受的损失和损害提供资金补助和支持。损失和损害基金主要致力于温室气体的减排和提高气候适应能力，通过资金支持气候减缓和气候适应，并在损失和损害发生之前尽量避免或者减少可能产生的负面影响。

1991年，在《联合国气候变化框架公约》起草阶段，小岛屿国家联盟就强调需要解决脆弱国家面临的损失和损害问题，并提议建立一个国际保险共同体，以弥补由于海平面上升受到影响的国家。然而，直到2007年的巴厘岛气候变化大会才将"损失和损害"的概念纳入正式谈判的文本。

COP19中，华沙国际损失和损害机制（WIM）正式建立，为后续推动解决损失和损害问题奠定了重要的基础。作为损失和损害的监督机构，WIM主要有以下几个方面的作用：增强对综合风险管理方法的理解，以解决损失和损害问题；加强利益相关方之间的对话沟通，增强协调性、一致性和协同性；通过资金、技术、能力建设等方式提供支持。其中，最值得关注的是第三点提及了"资金"支持，但从其具体内容来看，WIM主要强调为解决损失和损害问题提供建议和信息指导，并没有明确指出要提供资金帮助。

2015年，COP21召开，首次将损失和损害作为一项独立于适应之外的条款纳入《巴黎协定》，这意味着损失和损害与减缓、适应并列，成为UNFCCC需要单独关注的问题。《巴黎协定》第八条明确了"避免、尽量减少和解决与气候变化不利影响相关的损失和损害"的重要性，包括极端气候事件和缓慢发生事件等，同时也进一步细化并明确了需要加强理解、行动和支持的领域，包括预警系统、应急准备、缓慢发生事件、可能涉及不可逆转和永久性损害的事件、全面的风险评估和管理、非经济损失、社区及生计和生态系统的复原力，以及风险保险设施、气候风险分担和其他保险解决方案等。然而，第八条也明确指出并不涉及任何损失和损害相关的"责任"或者"补偿"的依据。

在 COP25 中，各缔约方同意建立圣地亚哥网络（the Santiago Network），并将其作为 WIM 的一部分，其宗旨是促进相关组织、机构、网络和专家等的技术援助，从地方、国家和区域层面帮助发展中国家应对损失和损害问题。圣地亚哥网络作为一个平台，其主要功能仍旧是提供知识、技术等形式的援助和支持，缺乏关键的提供资金的功能。

在 COP26 中，美国、澳大利亚和欧盟等发达国家（集团）拒绝了发展中国家联合提议建立"格拉斯哥损失和损害融资机制"的要求，转而将其变成为期两年的格拉斯哥损失和损害融资对话，以讨论为避免、尽量减少和解决与气候变化不利影响相关的损失和损害活动提供资金的安排。同时，会议上商定了圣地亚哥网络的一系列职能，还提出为其提供资金以支持工作的开展。尽管关于损失和损害资金的谈判没能在 COP26 上有所进展，但是苏格兰政府承诺提供 200 万英镑，和来自慈善机构捐助的 300 万美元、比利时瓦隆尼亚地区提供的 100 万欧元的资助一起，帮助脆弱的发展中国家解决损失和损害问题。

长期以来，美国等一些发达国家反对建立"损失和损害"机制，主要原因是它们担心新的国际机制可能引起国际气候补偿或不利于发达国家的环境。虽然政府间气候变化专门委员会和联合国秘书长安东尼奥·古特雷斯（António Guterres）强调迫切需要解决由于美国等发达国家的持续反对而造成的气候变化带来的损失和损害，但格拉斯哥关于气候损害的对话机制在很大程度上并没有奏效，它越来越关注南北之间的差异：小岛屿国家、最不发达国家和发展中国家强调，必须加强对损失和损害的监测，并确定损失和损害的目标；而发达国家认为，现有的金融机制，足以解决损失和损害问题，不需要建立新的融资机制。在气候变化危机的背景下，发达国家继续保持其以邻为壑的经济和技术优势，这一趋势的进一步发展不仅会破坏大国在气候治理方面的互信，还会扭曲"共同但有区别的责任"原则，扩大全球适应融资缺口。在格拉斯哥会议上，发达国家做出了 2019 年的承诺：将发展中国家可获得的适应资金数额至少增加一倍。

脆弱的发展中国家由于极端气候事件遭受损失的情况越发严重，对于建立损失和损害资金机制的呼吁也越发强烈。因此，在 COP27 上，以巴基斯坦为代表的发展中国家积极呼吁建立损失和损害基金，要求发达国家出资对发展中国家因极端气候事件遭受的损失和损害给予赔偿。然而在 COP27 上，发达国家在向发展中国家提供资金和技术支持等问题上依然态度消极。发达国家之前承诺的每年1 000亿美元的资金支持仍未兑现，也没有就适应资金翻倍做出明确的出资安排，全球适应资金缺口继续扩大。经过两周的谈判，各缔约方最终还是在"损失和损害"问题上迈出了历史性的一步，使损失和损害的资金安排成为正式议程，促成了损失和损害基金的建立。损失和损害基金的建立很大程度上是因为发展中国家保持了团结，发挥了比过去几年更大的影响力。

此外，COP27还计划采取大规模的气候行动，投资清洁能源和基础设施建设；但国际资本一般都侧重于投资可再生能源或提高传统能效，而发展中国家迫切需要必要的投资流入本国。发达国家对气候融资长期"口头上说"，导致发展中国家气候适应和绿色低碳项目建设出现延误，南北科技与绿色低碳发展差距拉大。广大发展中国家要求根据"共同但有区别的责任原则"推进全球发展治理的迫切性不断增强，这也是COP27能够通过"损失和损害"机制的重要动力来源。

三、国际自愿交易市场的发展趋势

1997年年底《京都议定书》通过后，国际碳市场交易额逐步提高，特别是2005年2月16日《京都议定书》生效后，全球碳交易市场迅速发展，2010年成交额已达到1 200亿美元。从建立的法律基础上看，碳交易市场可分为强制交易市场和自愿交易市场。如果在国家或地区立法明确规定了温室气体排放总量，并确定了减排计划所涵盖的每个企业的具体排放量的情况下，为了避免超标排放的经济处罚，排放配额不足的企业必须从有盈余配额的企业获得排放权，这种为了达到法律强制减排要求而产生的市场被称为强制交易市场。而基于社会责任、品牌结构、未来环境、政策变化等考虑，一些企业通过内部协议协商温室气体排放，而另一些企业则根据协议要求通过配额交易进行调整，基于此类交易创建的碳市场即为自愿交易市场。截至2021年年底，全球正在运行的碳交易市场有25个，覆盖17%的温室气体排放、50%以上的GDP以及近三分之一的人口。自愿交易市场是助力国家和企业实现碳中和的重要市场机制，是推动碳市场深入发展、实现低成本减排的重要工具，对于优化能源结构、促进生态保护补偿、鼓励全社会共同参与减排具有积极意义。

第一，国际自愿交易市场有望进入面向企业、由私营部门主导的新阶段。全球自愿交易市场发展至今已有30多年，但仍存在一些明显的不足，如市场碎片化、体系不统一、价格信号差异大等，导致自愿交易市场长期以来呈现出分散和多元的状态，增加了交易成本，降低了交易效率，严重制约了国际自愿减排交易发展。而全球自愿交易市场扩大工作组（TSVCM）的设立可以增强碳信用质量。TSVCM由渣打银行、国际金融协会赞助支持，组织全球超过250家组织、430名以上的各领域专家参与其中，基本囊括了自愿碳市场全产业链条上的各巨头和利益相关者代表，可以说是到目前为止机构参与度最为广泛的自愿减排计划。TSVCM的目标一方面是建立一个新的、超越现有所有自愿减排标准的高质量和高诚信的自愿减排标准，另一方面是改变现有自愿交易市场分散、不透明和小规模的状态，建立一个全球统一、高透明度和高流动性的自愿交易市场，实现自愿减排信用在全球的大规模交易。

第二，国际自愿交易市场有助于推动产品和技术创新，促进绿色低碳转型。相较于强制碳市场基于配额且相对单一的产品架构，以及受制于各国碳交易政策强约束的本质，自愿交易市场无疑是一片更适合产品与技术创新的土壤。近年来，数家国际碳交易所聚焦自愿交易市场，围绕碳信用机制开展了多元化的产品探索和技术创新。德意志交易集团全资子公司欧洲能源交易所（EEX）面向全球上市了专项自愿减排碳市场系列产品。EEX为满足企业日益增长的碳抵消或者碳中和的需求，提供四种自愿减排碳市场产品合约，包括符合国际航空碳抵消与减排机制（CORSIA）资格规则的核证减排量、基于自然的解决方案（NBS）产生的核证减排量、碳去除合约以及全球减排量（GER），并提供可以跨时区的全球自愿减排产品交易。碳交易所越来越注重应用区块链、物联网等新兴数字技术赋能绿色低碳转型，释放高价值、低流动性资产的价值，保证碳交易过程中交易数据的安全存储与交互，促进碳交易市场公平、安全、高效运行。

中国CCER交易（国家核证自愿减排量）始于2012年，国家发展改革委印发了《温室气体自愿减排交易管理暂行办法》和《温室气体自愿减排项目审定与核证指南》，确定了自愿减排项目的工作流程。2015年，国家自愿减排交易信息平台正式上线，CCER交易正式开启，标志着中国绿电消费模式发展进入新阶段。生态环境部编制的《全国碳排放权交易市场第一个履约周期报告》显示，第一个履约周期从2021年1月1日至当年12月31日，847家重点排放单位存在配额缺口，累计使用CCER约3 273万t用于配额清缴抵消。抵消机制为风电、光伏、林业碳汇等189个CCER项目的业主或相关经营主体带来收益约9.8亿元。同时根据未来全国碳市场年配额量70亿t（将发电、石化、化工、建材、钢铁、有色金属、造纸和国内民用航空等大行业全部纳入）进行简单估算，在完全使用的情况下，CCER的年抵消需求量约为3.5亿t，再加上区域试点碳市场，以及国际航空碳抵消与减排机制和各种项目层面的碳中和所带来的潜在抵消需求，未来每年市场对于CCER的需求量会更高。因此，中国自愿交易市场未来发展前景广阔。

第一，作为实现碳中和的重要渠道，中国自愿交易市场将为企业提供更加多元的净零排放实现途径。通过自愿交易市场机制，为碳减排提供市场激励机制，形成有效的碳减排价格信号，引导企业开展节能减排，鼓励开发碳减排项目，带动更多资本投向绿色低碳领域，推动中国绿色低碳转型和技术革新，加快促进环境治理可持续发展。

第二，为适应全球气候变化新格局，国际自愿交易市场流动将带动中国自愿交易市场迈入新阶段。自愿交易市场在全球应对气候变化中占据着重要地位。根据世界银行《碳定价机制发展现状与未来趋势——2022》报告，当前，全球26个碳信用机制是跨国碳市场联动的桥梁。COP26就《巴黎协定》第六条关于国际碳市场与减排成果国际转让问题达成初步共识，即缔约方为满足其国家自主贡献的需求，可自愿选择相关机制来实现碳减排指标跨境转移。同时，自愿交易市场也是与"一带一路"开展应对气候变化合作的潜在途径，有利于推动中国资金和绿色低碳产业"走出去"，带动"一带一路"地区实现绿色低碳转型发展。因此，自愿交易市场将成为国际资金和低碳技术"走进来"、中国资金和低碳技术"走出去"的纽带，也将带动中国自愿交易市场进入新格局。

第三，中国积极发展自愿交易市场有利于推动全民践行绿色低碳行动，实现可持续发展。通过自愿交易市场的建立，不仅能培养全民的绿色低碳生活意识，推动全社会的低碳行动，健全生态产品价值实现机制，逐渐在全社会形成绿色低碳生产生活和消费方式，还能营造全社会节能降碳、节约资源的氛围，为全民参与气候变化行动提供渠道。

第三节　全球气候治理国际合作的挑战

一、国际能源政策的波动

全球能源转型和能源稀缺相互伴随，世界各国都在寻求协调绿色低碳能源和能源供应的发展。世界各国围绕气候变化目标，制定和实施了多项应对气候变化的战略、措施和行动，提出了更加积极的碳减排目标。各国正在推行支持能源部门、优化和调整能源结构的政策，一些国家已经彻底放弃了煤炭和核武器；为了应对能源短缺和价格上涨，各国政府正在限制价格、补贴、减税和其他措施，以尽量减少能源价格上涨对消费者和中小企业的影响。总体来看，国际上应对气候变化的政策框架主要包括设定净零排放目标，围绕碳中和出台行动计划，煤电退出，实施碳税、碳排放权交易等碳定价政策，以及在建筑等行业实施节能改造等。

2019年年末以来，全球能源在国际供应链受阻和全球经济严重衰退等因素的影响下遭到严重打击，供给能力不足导致能源价格上升。高能源价格刺激化石能源投资特别是油气上游投资增加，美国、东地中海、非洲的油气投资增长，而碳中和行动与能源转型加快会对煤炭行业的投融资增长构成制约。在经历了 2020 年因经济衰退导致的用能需求骤降后，2021 年各国经济从抑制状态大幅反弹，导致全球能源消费需求激增，加之一系列极端气候及灾害的叠加影响，导致全球能源价格持续上涨，并一度在多国引发能源供应危机，成为经济复苏和社会稳定的重要挑战。为应对全球能源需求激增引发的能源价格暴涨，世界各国普遍采取了提高煤炭产量、增加煤炭发电的做法，导致 2021 年内与能源相关的碳排放增长 6%，达 363 亿 t，煤炭造成的碳排放达 153 亿 t，创历史最高纪录，对全球通向净零排放的路径带来新的挑战。

尽管俄罗斯此前曾提出到 2060 年实现碳中和的目标，但在俄乌冲突开始后，俄罗斯需要更多地依靠其传统化石能源的发展，因此能否在 2060 年实现碳中和的预期目标，变数很大。2022 年 2 月爆发的俄乌冲突导致全球油价发生巨大变化，国际能源市场原油价格快速上涨，对欧洲最初的碳排放目标提出了挑战。从欧洲来看，一些欧洲国家在很大程度上都依赖于俄罗斯的石油供应。因此，在俄乌冲突爆发之后，这些国家迫切需要实现能源转型。从全球来看，原本美国、沙特和俄罗斯在全球能源市场上具有很大的话语权，但俄乌冲突爆发之后，美国和沙特在全球能源市场上的话语权上升。因此，由全球能源话语权的改变造成的全球能源效率的改变也存在着不确定因素。

二、国际博弈格局的改变

在减排方面处于领先地位的发达国家的减排意愿减弱，发展中国家的承诺逐渐增强，气候治理在主要发展中国家的地位有所提高。以巴西、南非、俄罗斯、印度和中国等新兴经济大国为代表的新兴市场国家自 2008 年金融危机以来发展迅速。美国、日本和欧洲等发达经济体遭受了经济损失，并受到全球经济结构改变的沉重打击。在未来的 20—30 年中，与 20 世纪 70 年代的西方集团相比，发展中国家的规模会有所扩大。经过 20 多年的发展，其减排能力、减排潜力、经济实力等发生了巨大变化，全球排放格局的焦点逐渐转移到发展中大国上来。

1. 排放大国与小国区分明显

排放大国与小国的划分最早是由美国提出来的，并得到了欧盟及其他一些国家的支持。这种划分的依据是排放量、减排能力和潜力。美国小布什政府在退出《京都议定书》后，推出了所谓亚太六国"清洁发展与气候变化合作伙伴关系"（APP），强调"大国减排"思想，并在此后的 2003 年二十国集团峰会与 2005 年八国集团峰会中继续推动"大国减排"概念。2007年，加拿大前总理马丁就提出了"L20计划"，希望通过主要排放大国的直接行动来解决陷入僵局的气候政治问题。丹麦首相提出，中国和印度等发展中排放大国也需要做出到2020年减排15%～30%的承诺。美国进步协会主席（CAP）帕斯塔提出中美两个排放大国共同治理气候危机的主张。在2012年波恩会议上，美国气候变化谈判代表乔纳森·潘兴认为，南北国家简单的二元体系已经不适用于当前气候谈判的新发展。在哥本哈根会议上，欧盟开始把美国和发展中大国定位为需要量化减排的排放大国，即所谓的"排放三大国"（美国、中国和印度）。德班会议之后，欧洲和美国都认为过去按照穷国和富国来划分减排责任的方式应逐渐被排放大国和排放小国的区分法所取代。最不发达国家和小岛国联盟也表示，德班成果是让欧盟、美国以及中国等新兴经济体尽可能明确排放目标。一些发展中国家还和欧盟组成卡塔赫纳论坛（Cartagena Dialogue for Progressive Actions），并对谈判进程起到推波助澜的作用。这也是发达国家与中小发展中国家在气候谈判中立场走向一致的信号。

2. 中美探索"竞争中共存"模式

作为世界上最大的发达国家和最大的发展中国家，美国和中国能否携手合作是全球气候治理成败的关键所在。作为世界排名前两位的温室气体排放大国，中美两国在气候领域应该秉持合作共赢理念，共同引领全球气候治理进程。如果美国顽固坚持"零和博弈"思维，以气候变化问题作为发起地缘政治对抗的筹码，只会破坏中美气候合作来之不易的相互信任局面，进而影响全球气候治理进程。回顾巴黎气候大会，因为中美两国在会前、会中和会后的携手合作，《巴黎协定》才能签署和生效。2021年英国格拉斯哥气候大会陷入僵局之际，《中美关于在21世纪20年代强化气候行动的格拉斯哥联合宣言》发布，向世界展示了引领全球重铸应对气候变化的雄心。2022年8月，中国宣布暂停中美气候商谈，迅速引发国际社会对全球气候治理进程的普遍担忧。2022年11月，中美两国元首举行会晤，宣布恢复在气候问题上的合作，法新社对此评价道："这两个超级大国之间的合作是应对全球变暖的关键，并且这一合作在过去的联合国气候会议上取得了众多突破，尤其是具有里程碑意义的2015年《巴黎协定》。"

3. "共同但有区别的责任"原则出现松动

发展中国家阵营的分裂趋势明显，其中新兴发展中大国逐渐被孤立出来，并被要求同其他发达国家一起接受量化减排的指标限制。一旦这种趋势成为现实，无疑是对"共同但有区别的责任"原则的根本性颠覆。"共同但有区别的责任"原则强调，发达国家应对其历史排放和当前的高人均排放负责，应率先采取措施减少温室气体排放，并向发展中国家提供资金和技术支持，帮助它们采取措施减缓或适应气候变化。该原则在过去的气候谈判中一直被坚持下来，如哥本哈根大会将美国纳入承诺温室气体强制减排的轨道，坎昆会议要求发达国家承诺到 2020 年减排温室气体 25%~40%（以 1990 年为排放基准年），其间发展中国家仅承担自愿减排义务。但这项原则在德班会议上出现了松动。德班会议启动了新的谈判进程——"德班增强行动平台"，它被授权就 2020 年后的适用于所有缔约方的"议定书""其他法律文书"或"经同意的具有法律效力的成果"进行谈判。"德班增强行动平台"没有再强调"共同但有区别的责任"原则，它提倡单一的全球减排体系，即一个涵盖中国和印度的所有排放大国参与的"具有法律约束力"的机制。在单一减排体系中，发达国家与发展中国家的减排责任界限将变得模糊，减排义务将可能趋同。

国际格局日趋复杂，全球气候治理体系在公平性和约束力等方面仍然存在缺陷。随着国家利益的不断分化，从初期相对简单的发达国家与发展中国家两大阵营，演变到今天的非常复杂的南北阵营与基于不同利益成立的各种集团并存的格局。例如，在发达国家内部，有美国牵头的"伞型集团"和欧盟之分；在发展中国家之中，有"基础四国"、小岛国与最不发达国家集团、立场相近发展中国家集团、非洲国家集团、石油输出国国家集团，以及跨南北的环境完整性集团等阵营。在巴黎气候大会上，还出现了包含发达国家和发展中国家的"雄心壮志联盟"等。同时，在践行最能体现公平性的"共同但有区别的责任"原则时，发达国家未能在资金和技术转让问题上兑现其对发展中国家的承诺，导致许多发展中国家在减排和适应两方面都缺乏足够的能力。

三、国际政治关系的不稳定

近年来，国际格局演变呈现出"东升西降"的特点，即新兴大国崛起，同时美欧实力相对下降。发达国家对全球化趋势下现行发展道路、分配制度、治理模式不满意，更不愿再承担提供公共物品、充当率先减排和提供出资的"资源型权威"，并将全球既定秩序的失衡归因于新兴经济体的蓄意破坏。

自 20 世纪 90 年代以来，中美欧三边关系经历了微妙的演变，呈现出不同的阶段性特征。在《京都议定书》于 1997 年达成前后，中美欧三方在气候变化问题上总体上实现了合作，但欧美的合作程度要高于中美和中欧。2001 年美国拒绝签署《京都议定书》之后，中美欧在维持总体合作关系的同时，中欧的合作水平得到提升，超过了美欧和中美。在 2007 年达成《巴厘路线图》后，中美欧三边关系出现了一种有趣的现象，即双边层次上的"三角共处"关系和大多边层次上的美欧共同与中国竞争的态势。这样的关系在 2009 年哥本哈根气候变化会议后出现了戏剧性的变化，特别是在 2015 年年末《巴黎协定》达成前夕，美国与中国联手在"自下而上"的模式上实现了合作，而与欧盟的分歧要更多一些。在近期的实施细则谈判中，中美欧围绕《巴黎协定》展开整体合作的可能性下降，竞争性反而加剧；二十国集团峰会在气候议题上反复出现19∶1的情况，美国被孤立。同时，中欧在市场经济地位等议题上的分歧也影响到了气候领域的合作意愿。

本章小结

本章立足当前全球气候治理的新阶段，分别从国际合作的热度、减排目标的制定以及国家自主贡献的角度进行详细梳理，并归纳新形势下国际气候治理合作的新特征。未来全球气候治理国际合作过程中呈现出气候治理与可持续发展深度融合、气候脆弱国家的气候治理水平不断提升以及国际自愿交易市场蓬勃发展的态势。同时，国际能源政策的波动、国际博弈格局的变动以及国际政治关系的不稳定等因素成为全球气候治理过程中国际合作所面临的诸多挑战。

思考习题

1. 当前的国际气候治理机制能够应对气候变化带来的全球挑战吗？
2. 在国际谈判博弈中，国家利益与全球责任之间如何协同？
3. 还有哪些国际条约、公约、准则体现了与气候治理的融合？

拓展性阅读

参考文献

［1］威廉·诺德豪斯. 均衡问题：全球变暖的政策选择［M］. 王少国，译. 北京：社会科学文献出版社，2011.

［2］克里斯蒂安·阿扎. 气候挑战解决方案［M］. 杜珩，杜柯，译. 北京：社会科学文献出版社，2012.

［3］戴维·赫尔德，安格斯·赫维，玛丽卡·西罗斯. 气候变化的治理：科学、经济学、政治学与伦理学［M］. 谢来辉等，译. 北京：社会科学文献出版社，2012.

［4］《第四次气候变化国家评估报告》编写委员会. 第四次气候变化国家评估报告［M］. 北京：科学出版社，2022.

［5］ABEL G J, BARAKAT B, SAMIR K C, et al. Meeting the sustainable development goals leads to lower world population growth［J］. Proceedings of the National Academy of Sciences, 2016, 113(50): 14294-14299.

［6］BACKSTRAND K, KUYPER J W, LINNER B O, et al. Non-state actors in global climate governance: From Copenhagen to Paris and beyond［J］. Environmental Politics, 2017, 26(4): 561-579.

［7］BINZ C, TANG T, HUENTELER J. Spatial lifecycles of cleantech industries：The global development history of solar photovoltaics［J］. Energy Policy, 2016, 101: 386-402.

［8］BP. 世界能源统计年鉴(2021年版)［EB/OL］. (2021)［2021-10-18］. https://www.bp.com/content/dam/bp/country-sites/zh_cn/china/home/reports/statistical-review-of-world-energy/2021/Statistical-Review-of-World-Energy-2021-China.pdf.

［9］GARDNER C J, STRUEBIG M J, DAVIES Z G. Conservation must capitalise on climate's moment［J］. Nature Communications, 2020, 11(1): 109.

［10］HOPPMANN J, HUENTELER J, GIROD B. Compulsive policy-making：The evolution of the German feed-in tariff system for solar photovoltaic power［J］. Research Policy, 2014, 43(8): 1422-1441.

［11］INCROPERA F P. Climate change: A wicked problem: Complexity and uncertainty at the intersection of science, economics, politics, and human behavior［M］. Cambridge, UK: Cambridge University Press, 2016.

［12］JORDAN A J, HUITEMA D, HILDEN M, et al. Emergence of polycentric climate governance and its future prospects［J］. Nature Climate Change, 2015, 5(11): 977-982.

［13］MCCOLLUM D L, ZHOU W, BERTRAM C, et al. Energy investment needs for fulfilling the Paris Agreement and achieving the Sustainable Development Goals［J］. Nature Energy, 2018, 3 (7):589-599.

［14］NORDHAUS W. Climate change: The ultimate challenge for economics［J］. American Economic Review, 2019, 109(6): 1991-2014.

［15］OH C. Political economy of international policy on the transfer of environmentally sound technologies in global climate change regime［J］. New Political Economy, 2019, 24(1): 22-36.

［16］PAUW W P, CASTRO P, PICKERING J, et al. Conditional nationally determined contributions in the Paris Agreement: Foothold for equity or Achilles heel?［J］. Climate Policy, 2020, 20(4): 468-484.

［17］TANAKA K, MATSUHASHI R, YAMADA K. An integrated contribution approach focusing on technology for climate change mitigation and promotion of international technology cooperation and transfer［J］. Low Carbon Economy, 2016, 7(2): 71-87.

［18］薄燕.全球气候治理中的中美欧三边关系：新变化与连续性［M］.上海：上海人民出版社，2018.

［19］曹怡.共商共建共享全球治理观在气候治理中的实践研究［J］.湖北经济学院学报（人文社会科学版），2021（6）：22-26.

［20］陈兰，张黛玮，朱留财.全球气候融资形势及展望［J］.环境保护，2019，47（1）：33-38.

［21］陈林，万攀兵.《京都议定书》及其清洁发展机制的减排效应：基于中国参与全球环境治理微观项目数据的分析［J］.经济研究，2019，54（3）：55-71.

［22］陈敏鹏.《联合国气候变化框架公约》适应谈判历程回顾与展望［J］.气候变化研究进展，2020，16（1）：105-116.

［23］陈永森，陈云.习近平关于应对全球气候变化重要论述的理论意蕴及重大意义［J］.马克思主义与现实，2021（6）：18-25，195.

［24］陈昱，朱忠军，王光镇，等.我国非政府组织参与应对气候变化国际合作的挑战及对策［J］.环境保护，2022，50（7）：74-77.

［25］党文婷，严圣禾.在全球气候治理中体现大国担当［N］.光明日报，2022-05-30（12）.

［26］段居琦，袁佳双，徐新武，等.对IPCC AR6报告中有关农业系统结论的解读［J］.气候变化研究进展，2022，18（4）：422-432.

［27］范英，衣博文.能源转型的规律、驱动机制与中国路径［J］.管理世界，2021，37（8）：95-105.

［28］冯琦雅，覃鑫浩，王雅菲，等.全球REDD+筹资状况与对策研究［J］.世界林业研究，2016，29（4）：1-6.

［29］高凛.《巴黎协定》框架下全球气候治理机制及前景展望［J］.国际商务研究，2022，43（6）：54-62.

[30] 何晶晶. 从《京都议定书》到《巴黎协定》：开启新的气候变化治理时代[J]. 国际法研究, 2016（3）：77-88.

[31] 和音. 构建公平合理、合作共赢的全球气候治理体系[N]. 人民日报, 2021-10-31（003）.

[32] 胡鞍钢. 中国实现2030年前碳达峰目标及主要途径[J]. 北京工业大学学报（社会科学版）, 2021, 21（3）：1-15.

[33] 黄素梅. 气候变化"自下而上"治理模式的优势、实施困境与完善路径[J]. 湘潭大学学报（哲学社会科学版）, 2021（5）：87-91.

[34] 计露萍, 周国模, 顾蕾, 等. "REDD+"的研究现状与展望[J]. 世界农业, 2017（6）：161-167.

[35] 蒋佳规, 王文涛, 仲平, 等. 科技合作引领气候治理的新形势与战略探索[J]. 中国人口·资源与环境, 2017, 27（12）：8-13.

[36] 李建涛. 全球气候治理的"中国智慧"[J]. 合作经济与科技, 2023（6）：33-35.

[37] 李力. 低碳技术创新的国际比较和趋势分析[J]. 生态经济, 2020, 36（3）：13-17.

[38] 李强. 国际气候合作与可持续发展[J]. 社会主义研究, 2009（1）：123-127.

[39] 李晓西, 夏光, 蔡宁. 绿色金融与可持续发展[J]. 金融论坛, 2015, 20（10）：30-40.

[40] 李昕蕾, 王彬彬. 国际非政府组织与全球气候治理[J]. 国际展望, 2018, 10（5）：136-156, 162.

[41] 李彦文, 李慧明. 全球气候治理的权力政治逻辑及其超越[J]. 山东社会科学, 2020（12）：168-176.

[42] 李耀华, 孔力. 发展太阳能和风能发电技术加速推进我国能源转型[J]. 中国科学院院刊, 2019, 34（4）：426-433.

[43] 厉以宁, 朱善利, 罗来军, 等. 低碳发展作为宏观经济目标的理论探讨：基于中国情形[J]. 管理世界, 2017（6）：1-8.

[44] 林灿铃, 张玉沛. 气候灾害防治之国际环境法机制探析[J]. 北京理工大学学报（社会科学版）, 2023, 25（1）：102-113.

[45] 林洁, 祁悦, 蔡闻佳, 等. 公平实现《巴黎协定》目标的碳减排贡献分担研究综述[J]. 气候变化研究进展, 2018, 14（5）：529-539.

[46] 刘传明, 孙喆, 张瑾. 中国碳排放权交易试点的碳减排政策效应研究[J]. 中国人口·资源与环境, 2019, 29（11）：49-58.

[47] 刘倩, 王琼, 王遥. 《巴黎协定》时代的气候融资：全球进展、治理挑战与中国对策[J]. 中国人口·资源与环境, 2016, 26（12）：14-21.

[48] 刘世增, 常兆丰, 朱淑娟, 等. 沙漠戈壁光伏电厂的生态学意义[J]. 生态经济, 2016, 32（2）：177-181.

[49] 刘小菊. "一带一路"建设下中韩绿色投融资机制建设研究[J]. 北方经贸, 2021（6）：38-41.

[50] 刘晓凤. 美国区域性碳市场：发展、运行与启示[J]. 江苏师范大学学报（哲学社会科学版）, 2017, 43（3）：137-143.

[51] 刘燕华,李宇航,王文涛.中国实现"双碳"目标的挑战、机遇与行动[J].中国人口·资源与环境,2021,31(9):1-5.

[52] 罗必良.科斯定理:反思与拓展 兼论中国农地流转制度改革与选择[J].经济研究,2017,52(11):178-193.

[53] 吕永龙,王一超,苑晶晶,等.关于中国推进实施可持续发展目标的若干思考[J].中国人口·资源与环境,2018,28(1):1-9.

[54] 马涛,许颖达.REDD+机制发展实践中的热点和争议[J].世界农业,2015(5):60-64.

[55] 潘寻,朱留财.后巴黎时代气候变化公约资金机制的构建[J].中国人口·资源与环境,2016,26(12):8-13.

[56] 秦大河.气候变化科学概论[M].北京:科学出版社,2018.

[57] 邱巨龙,曲建升,李燕,等.小岛国联盟在国际气候行动格局中的地位分析[J].世界地理研究,2012,21(1):158-167.

[58] 沈满洪.习近平生态文明思想研究:从"两山"重要思想到生态文明思想体系[J].治理研究,2018,34(2):5-13.

[59] 史丹.绿色发展与全球工业化的新阶段:中国的进展与比较[J].中国工业经济,2018(10):5-18.

[60] 宋效峰.非政府组织与全球气候治理:功能及其局限[J].云南社会科学,2012(5):68-72.

[61] 孙新章,张新民,夏成.对全球可持续发展目标制定中有关问题的思考[J].中国人口·资源与环境,2012,22(12):123-126.

[62] 孙永平.中国碳市场的目标遵循、根本属性与实现逻辑[J].南京社会科学,2020(12):9-18.

[63] 唐葆君,刘江鹏.中国新能源汽车产业发展展望[J].北京理工大学学报(社会科学版),2015,17(2):1-6.

[64] 汪惠青.碳市场建设的国际经验、中国发展及前景展望[J].国际金融,2021(12):23-33.

[65] 汪亚光.东南亚国家应对气候变化合作现状[J].东南亚纵横,2010(5):44-48.

[66] 王常召.国际气候谈判中伞形集团的立场分析及中国的对策研究[D].长春:吉林大学,2016.

[67] 王慧慧,刘恒辰,何霄嘉,等.基于代际公平的碳排放权分配研究[J].中国环境科学,2016,36(6):1895-1904.

[68] 王礼茂,李红强,顾梦琛.气候变化对地缘政治格局的影响路径与效应[J].地理学报,2012,67(6):853-863.

[69] 王琳琳.多层治理视角下东盟气候治理研究[D].北京:北京外国语大学,2022.

[70] 王谋,潘家华.气候安全的国际治理困境[J].江淮论坛,2016(2):66-70.

[71] 王伟光,郑国光,陈迎,等.气候变化绿皮书[M].北京:社会科学文献出版社,2017:90-97.

[72] 王文涛, 刘燕华. 全球气候治理格局与中国战略[M]. 北京: 中国社会科学出版社, 2017.

[73] 王兴帅, 王波. 绿色金融发展创新: 韩国实践经验与启示[J]. 生态经济, 2019, 35 (5): 82-87.

[74] 王遥, 刘倩. 气候融资: 全球形势及中国问题研究[J]. 国际金融研究, 2012 (9): 34-42.

[75] 王一鸣, 木其坚. 全球碳关税变局的驱动因素、相关影响与应对[J]. 宏观经济管理, 2022 (5): 15-23.

[76] 伍艳. 论联合国气候变化框架公约下的资金机制[J]. 国际论坛, 2011, 13 (1): 20-26, 79.

[77] 习近平. 论坚持推动构建人类命运共同体[M]. 北京: 中央文献出版社. 2018: 422.

[78] 夏堃堡. 习近平生态文明思想和全球气候治理[J]. 中华环境, 2022 (10): 52-55.

[79] 项目综合报告编写组. 中国长期低碳发展战略与转型路径研究[J]. 中国人口·资源与环境, 2020, 30 (11): 1-25.

[80] 谢富胜, 程瀚, 李安. 全球气候治理的政治经济学分析[J]. 中国社会科学, 2014 (11): 63-82, 205-206.

[81] 谢来辉. 巴黎气候大会的成功与国际气候政治新秩序[J]. 国外理论动态, 2017 (7): 116-127.

[82] 谢平. 中国引领全球气候治理的三重逻辑[J]. 南京林业大学学报(人文社会科学版), 2023, 23 (1): 38-47.

[83] 邢佰英. 碳壁垒加剧情况下低碳发展路径探析[J]. 宏观经济管理, 2013 (1): 61-63.

[84] 徐枫, 王帅斌, 汪亚楠. 财政金融协同视角下的碳中和目标实现: 内涵属性、内在机理与路径选择[J]. 国际经济评论, 2023 (1): 8, 152-173.

[85] 徐玉高, 徐嵩龄, 贺菊煌. 全球温室气体减排态势的时点分析与发展中国家在气候变化谈判中的策略选择[J]. 数量经济技术经济研究, 2000 (12): 3-8.

[86] 严双伍, 高小升. 欧盟在国际气候谈判中的立场与利益诉求[J]. 国外理论动态, 2011, 422 (4): 42-45.

[87] 晏娇. 关于全球气候治理路径变化的研究[D]. 长春: 吉林大学, 2020.

[88] 杨宇, 于宏源, 鲁刚, 等. 世界能源百年变局与国家能源安全[J]. 自然资源学报, 2020, 35 (11): 2803-2820.

[89] 叶辉华. 气候变化背景下对技术转让的知识产权制度调适[J]. 河北法学, 2015, 33 (3): 162-170.

[90] 叶江. 浅析联合国 2015 年后全球发展议程新动向: 兼谈中国的应对之道[J]. 当代世界, 2015 (4): 6-9.

[91] 于宏源, 余博闻. 低碳经济背景下的全球气候治理新趋势[J]. 国际问题研究, 2016 (5): 48-61.

[92] 于宏源. 非国家行为体在全球治理中权力的变化: 以环境气候领域国际非政府组织为分析中心[J]. 国际论坛, 2018, 20 (2): 1-7, 76.

[93] 俞可平. 全球化: 全球治理[M]. 北京: 社会科学文献出版社, 2003.

[94] 袁倩. 全球气候治理[M]. 北京：中央编译出版社，2017.

[95] 张海滨. 关于全球气候治理若干问题的思考[J]. 华中科技大学学报（社会科学版），2022，36（5）：31-38.

[96] 张海滨. 中国在国际气候变化谈判中的立场：连续性与变化及其原因探析[J]. 世界经济与政治，2006（7）：36-43.

[97] 张静文. 美国在国际气候领域中的话语权研究[D]. 北京：北京外国语大学，2022.

[98] 张宁. 小岛屿国家联盟的气候谈判策略及其效果[D]. 济南：山东大学，2021.

[99] 张晓华，胡晓，祁悦. 气候变化国际谈判中"基础四国"机制的作用和影响[J]. 当代世界，2014（9）：36-39.

[100] 张中祥，张钟毓. 全球气候治理体系演进及新旧体系的特征差异比较研究[J]. 国外社会科学，2021（5）：138-150.

[101] 张中祥. 碳达峰、碳中和目标下的中国与世界：绿色低碳转型、绿色金融、碳市场与碳边境调节机制[J]. 人民论坛·学术前沿，2021（14）：69-79.

[102] 赵斌. 全球气候治理的复杂困局[J]. 现代国际关系，2021（4），37-43，27.

[103] 郑保卫，李玉洁. 论气候变化与气候传播[J]. 国际新闻界，2011，33（11）：56-62.

[104] 中国气象局气候变化中心. 中国气候变化蓝皮书（2022）[M]. 北京：科学出版社，2022.

[105] 中国清洁发展机制基金管理中心. 气候变化融资[M]. 北京：经济科学出版社，2011.

[106] 中华人民共和国国务院. 国务院总理温家宝出席哥本哈根气候变化会议纪实[EB/OL]. (2009-12-24)[2021-07-05]. http://www.gov.cn/ldhd/2009-12/24/content_1496008.html.

[107] 中华人民共和国国务院. 习近平在联合国生物多样性峰会上的讲话（全文）[EB/OL]. (2020-09-30)[2021-03-12]. http://www.gov.cn/xinwen/2020—09/30/content_5548767.html.

[108] 中华人民共和国国务院. 习近平在气候变化巴黎大会开幕式上的讲话（全文）[EB/OL]. (2015-12-01)[2021-01-12]. http://www.xinhuanet.com/politics/2015—12/01/c_1117309642.html.

[109] 中央财经大学绿色金融国际研究院. 全球气候投融资进展情况及相关建议[EB/OL]. https://iigf.cufe.edu.cn/info/1012/5488.htm.

[110] 周焱. 绿色气候基金发展与对策建议[J]. 金融纵横，2020（4）：88-95.

[111] 周逸江. 国际组织自主性与全球气候治理中的联合国：聚焦2019年联合国气候行动峰会[J]. 国际论坛，2020，22（5）：76-96，158.

[112] 朱松丽，高世宪，崔成. 美国气候变化政策演变及原因和影响分析[J]. 中国能源，2017，39（10）：19-24，31.

[113] 庄贵阳，周宏春. 碳达峰碳中和的中国之道[M]. 北京：中国财政经济出版社，2021：50.

[114] 庄贵阳. 全球气候治理与构建中国低碳经济话语权[J]. 当代世界，2022（6）：10-14.

[115] 邹骥，傅莎，陈济，等. 论全球气候治理[M]. 北京：中国计划出版社，2015.